现代农业科技研究与实践

（第四辑）

北京市昌平区农业服务中心　编著

中国农业大学出版社
·北京·

内 容 简 介

本书是北京市昌平区农业服务中心2022年高级研修班学员的论文集，主要包括草莓产业技术集成、粮食与经济作物生产技术、农业安全与环境保护以及未来农业展望与探索等方面的内容。书中既有农业技术推广人员扎根农业一线，开展新品种、新方法、新技术试验的科研成果，也有结合未来农业的发展方向，围绕新材料、新应用、新模式推广做的深入思考，注重过程比较、数据分析，兼顾前沿技术研究、田间地头实践，对于农业产业提质增效、转型发展具有一定的参考价值和指导作用。

图书在版编目(CIP)数据

现代农业科技研究与实践．第四辑 / 北京市昌平区农业服务中心编著．--北京 ：中国农业大学出版社，2024.7．--ISBN 978-7-5655-3267-2

Ⅰ．S-53

中国国家版本馆 CIP 数据核字第 2024CP5427 号

书　　名　现代农业科技研究与实践(第四辑)
Xiandai Nongye Keji Yanjiu yu Shijian

作　　者　北京市昌平区农业服务中心　编著

策划编辑　何美文　　**责任编辑**　何美文　刘学楚
封面设计　北京中通世奥图文设计中心
出版发行　中国农业大学出版社
社　　址　北京市海淀区圆明园西路2号　　**邮政编码**　100193
电　　话　发行部 010-62733489，1190　　读者服务部 010-62732336
编辑部 010-62732617，2618　　出　版　部 010-62733440
网　　址　http://www.caupress.cn　　**E-mail** cbsszs@cau.edu.cn
经　　销　新华书店
印　　刷　北京溢漾印刷有限公司
版　　次　2024年7月第1版　　2024年7月第1次印刷
规　　格　185 mm×260 mm　　16开本　　16.5印张　　409千字
定　　价　68.00元

编　委　会

前言

“三农”向好，全局主动。

党的二十大报告指出：“全面建设社会主义现代化国家，最艰巨最繁重的任务仍然在农村”，要“坚持农业农村优先发展，坚持城乡融合发展，畅通城乡要素流动”。在2022年中央农村工作会议上，习近平总书记指出，“要依靠科技和改革双轮驱动加快建设农业强国”；“产业振兴是乡村振兴的重中之重，要落实产业帮扶政策，做好‘土特产’文章，依托农业农村特色资源，向开发农业多种功能、挖掘乡村多元价值要效益，向一二三产业融合发展要效益，强龙头、补链条、兴业态、树品牌，推动乡村产业全链条升级，增强市场竞争力和可持续发展能力”；“全面提升农民素质素养，育好用好乡土人才”。2023年3月5日，在参加十四届全国人大一次会议江苏代表团审议时，习近平总书记发表重要讲话，指出“农业强国是社会主义现代化强国的根基，推进农业现代化是实现高质量发展的必然要求”。

新时代，习近平总书记的科学论断为促进农业高质量发展指明了方向。昌平区文脉资源丰富、区位优势突出，但是农业的“体量”较小，想要实现“由小向强”的转变，构筑布局合理、搭配科学的具有区域特性的产业集群，还存在这样那样的问题。培育多种功能的农业应用场景，向科技创新要效益、向提高单产要效益、向一二三产业融合发展要效益，均有待进一步加强和提速。为此，昌平区农业服务中心的干部职工把农业高质量发展牢牢记在心上、抓在手上、拼在脚下，既重视“大京郊服务大城市”、满足首都市民美好生活需要，又突出坚持农民主体地位，加强农业领域科技创新成果转化和示范推广，积极助力产业提质增效、转型升级，努力把论文写在京郊大地上。如今，他们已经用自己的行动做出了响亮的回答！

今天，出版论文集就是一个例证，也是一次检视。

这次出版的《现代农业科技研究与实践》(第四辑)，既是对前三辑的延续，也是对昌平区农业服务中心自身工作作风的传承，更是对提高“三农”服务质量的一种坚持。同时，为了突出重点、展示亮点、方便阅读，编者对征集的所有论文做了分类，分为“草莓产业新技术集成”“粮食与经济作物生产技术”“农业安全与环境保护”“未来农业展望与探索”，尝试在编撰体例上进行创新调整，希望更好地提高文集质量。

本书内容以昌平区农业服务中心2022年高级研修班学员的结业论文为基础，包括开展新品种、新方法、新技术试验的科研成果，也有结合未来农业的发展方向，围绕新材料、新应用、新模式推广所做的深入思考，很多论文不仅具有一定的理论水平，更有较好的参考价值。本书的出版将为合力孕育产业兴旺的“昌平模式”、科技创新的“昌平高地”、现代农业的“昌平板块”、乡村振兴的“昌平品牌”注入新能量。

由于编者水平有限，书中难免存在错误和不妥之处，恳请专家和读者朋友们批评指正！

最后，衷心感谢中国农业大学出版社给予的支持，尤其感谢本书责任编辑何美文、刘学楚付出的辛劳！

编　者

2023年8月

目 录

草莓产业新技术集成

粮食与经济作物生产技术

农业安全与环境保护

未来农业展望与探索

草莓产业新技术集成

草莓是昌平区的“金名片”，享誉京城内外。经过多年发展，昌平区草莓产业规模稳定在 5 000 多栋(温室)，产值达到 3.2 亿元。其中，创新驱动、科技支撑的作用日益显著。立体基质栽培、轻简化高架基质栽培、东西向起垄、智能水肥管理、智能纳米膜堆肥、全程绿色防控、水肥一体化施肥套餐等先进技术，在护航草莓产业发展的过程中发挥了重要作用。收入本章的论文，针对草莓种苗脱毒、草莓套种、草莓种植方式比较研究以及设施草莓数字化种植等一系列技术应用问题开展了大量试验，也总结了新的经验，具有较强的实用性。

我国草莓种苗脱毒技术的现状分析

周宇
（北京市昌平区农业技术推广站　102200）

摘要：本文介绍了我国主要的5种草莓病毒，草莓种苗脱毒栽培技术概况，未来草莓脱毒技术的发展趋势以及我国面临的草莓脱毒技术方面的相关问题等。

关键词：草莓病毒病；草莓脱毒技术；草莓种苗繁育

草莓是一种多年生的草本植物，属于蔷薇科（Rosaceae）草莓属（*Fragaria*）。草莓果实因其果面鲜红艳丽及果实芳香多汁、酸甜适口、营养丰富，而深受消费者喜爱。现今，草莓已经成为我国较为重要的经济作物之一。经过近30年的发展，全国草莓种植面积逐年增长，已经成为中国农业重要的一部分[1]。目前研究表明，在草莓上可侵染的病毒已超过30种，而使用大棚栽培的草莓苗基本都是无性繁殖，即采用经母株形成的匍匐茎苗作为子苗的方式进行繁殖，一旦母株感染病毒，则会世代传染，造成种性退化、果实变小、品质变差等问题。因此，种植脱毒草莓种苗是保持品种种性、解决种性退化、实现丰产丰收的重要途径。

1　5种主要的草莓病毒

随着草莓在国内大面积种植，侵染草莓的病害种类也越来越多。影响草莓产业的主要病害包括真菌性病害，如白粉病、灰霉病、炭疽病等；细菌性病害，如细菌性角斑病等以及病毒病。其中，病毒是侵染草莓的重要病原物之一。被病毒侵染的草莓，症状表现为植株整株矮小，叶片畸形、黄化、皱缩，严重影响植株的光合作用，导致草莓品质下降，产量降低。据报道，在世界范围内已发现30余种病毒可侵染草莓，其中大多数的病毒种类仅分布在局部地区，只有少数的病毒种类在世界各地广泛分布[2-3]。

在所有侵染草莓的病毒中有5种病毒对草莓的危害最为严重，分别是草莓轻型黄边病毒（strawberry mild yellowedge virus，SMYEV）、草莓斑驳病毒（strawberry mottle virus，SMoV）、草莓镶脉病毒（strawberry vein banding virus，SVBV）、草莓皱缩病毒（strawberry crinkle virus，SCV）和黄瓜花叶病毒（cucumber mosaic virus，CMV）。这5种病毒均通过蚜虫传播，且存在较多的复合侵染现象[4-5]。这5种病毒中，SMoV、SMYEV、SCV、CMV均为RNA病毒，只有SVBV是DNA病毒。

1.1　草莓轻型黄边病毒

SMYEV为线性正义ssRNA病毒，归属于甲型线形病毒科（*Alphaflexiviridae*）马铃薯X病毒属（*Potexvirus*）[6]。SMYEV主要通过蚜虫在寄主间传播，也可嫁接传播，单独侵染草莓时，草莓植株表现为轻微矮化，当与其他病毒复合侵染时，草莓植株表现为整株矮化，叶片黄化、卷曲,叶脉下弯,进而导致全叶畸形,草莓功能叶的光合作用严重下降,从而影响草莓产量[7]。

1.2 草莓斑驳病毒

SMoV 为正义 ssRNA 病毒,属于伴生豇豆病毒科(*Secoviridae*)[8]。该病毒于 20 世纪 30 年代末在英格兰凤梨草莓品种上首次被发现,20 世纪 40 年代中 Harris RV 通过蚜虫传播病毒的实验首次将该病毒进行分离。SMoV 主要通过蚜虫进行半持久性传播,可传播病毒的蚜虫包括草莓钉毛蚜(*Chaetosiphon fragaefolii*)、托马斯毛管蚜(*C. thomasi*)、棉蚜(*Aphis. gossypii*)和花毛管蚜(*C. jacobi*)等。SMoV 不能通过种子和花粉进行传播。草莓被病毒侵染后,导致植株长势缓慢或整个植株叶片稀疏,果实品质及产量降低[9]。

1.3 草莓镶脉病毒

SVBV 为环状 dsDNA 病毒,属于花椰菜花叶病毒科(*Caulimoviridae*)花椰菜病毒属(*Caulimovirus*),20 世纪 50 年代初在英国草莓 Fairfax 品种上首次被发现,寄主范围窄,以半持久性方式通过蚜虫传播,不能通过机械传播。SVBV 是一种潜隐性病毒,植株被 SVBV 单独侵染时症状不明显。但是植株被 SVBV 和其他病毒复合侵染时症状明显,植株表现为整株矮化、叶片减少、叶片扭曲等,严重时可造成绝产绝收。

1.4 草莓皱缩病毒

SCV 为单分子线性负义单链 RNA 病毒,属于弹状病毒科(*Rhabdoviridae*)细胞质弹状病毒属(*Cytorhabdovirus*)[3],20 世纪 30 年代在美国俄勒冈州草莓品种 Marshall 上首次被发现。SCV 侵染时导致植株生活力和产量严重下降。

1.5 黄瓜花叶病毒

CMV 为线形正义单链 RNA 病毒,属于雀麦花叶病毒科(*Bromoviridae*)黄瓜花叶病毒属(*Cucumovirus*)[10]。CMV 在世界各地分布广泛,据报道,CMV 可侵染 1 200 多种植物,是目前发现寄主范围最广、危害最大的病毒。CMV 的传播方式主要有两种,一种是种子传播,另一种是蚜虫传播,据报道,有 80 多种蚜虫可以传播 CMV。2014 年陈柳等[4]首次报道 CMV 侵染草莓,并发现侵染现象较为普遍,对草莓产业构成重大的威胁。

2 脱毒技术

2.1 草莓组织培养脱毒

2.1.1 草莓茎尖组培脱毒

草莓茎尖组培脱毒是指以匍匐茎尖端为外植体,在无菌环境下将茎尖接种于初代培养基进行离体培养,从而获得无菌苗的一种有效脱毒方法。最好采用 4 月中旬与 10 月中旬的草莓匍匐茎[11]。茎尖的大小与脱毒效果有密切关系,通常茎尖越小、脱毒效果越显著[12],但成活率越低。茎尖培养虽然是获得无毒苗的有效方法,但耗时长、效率低。

2.1.2 草莓花药组培脱毒

20 世纪 70 年代,我国首次利用花药进行草莓脱毒苗的培育。通过镜检观察,在花粉发育至单核中期,取花药接种到诱导和分化培养基中,经愈伤组织分化出不定芽,可形成无毒苗[13]。花药培养操作简单、易消毒、易繁殖,并且可以省去病毒鉴定的过程,但接种花粉的时期对愈伤组织的形成有很大影响,进行低温预处理可以提高花药培养再生效率[14]。

2.2 超低温脱毒

将草莓茎尖经脱水后放入液氮中,利用草莓茎尖分生组织与分化组织在细胞结构上的不同进行脱毒,并将不含病毒的分生组织进行组织培养获得无毒苗[15-16]。这是一种新型脱毒技术,具有脱毒效率高、对植株无要求等特点[17]。超低温脱毒技术已经应用于许多植物,并获得成功。但超低温脱毒处理过程复杂,耗时较长,不利于快速获得无菌苗并投入生产。

2.3 热处理钝化脱毒

热处理作为获得草莓无毒苗最简单有效的方法[18],又称为温热疗法,即采用不同的温度处理,使病毒蛋白质变性失活,这种方法的缺点是工作效率较低。后期经试验研究,先进行茎尖脱毒后再进行热处理钝化,可大大提高脱毒率与成活率。热处理时间越长,成活率越低,但处理效果越显著。甚至可以将低温处理与热处理结合,既保证了脱毒效果,又降低了对茎尖大小的限制[19]。

3 国内草莓脱毒技术的发展趋势

3.1 种源材料无毒化

近年来,我国许多研究单位始终将草莓脱毒苗培育及生产推广作为立项研究的重点工作,如利用热处理、茎尖培养及花药培养等国内外先进脱毒技术对草莓种苗进行脱毒,还采用指示植物法、血清法、分子检测法等对脱毒后再生植株进行检测及鉴定,确保种苗彻底脱毒,并将新技术在生产栽培中给予推广应用,为草莓脱毒栽培技术的集成提供了物质基础[20]。

3.2 繁育进程快速化

未来我国草莓栽培要向品种优良、无病毒方向发展,如何快速大量地繁育无毒苗就是目前我国农业科技工作者积极探索的关键技术。利用组织培养等技术繁育草莓种苗具有繁殖周期短、繁殖系数高等特点,还可将种苗进行脱毒处理,符合草莓生产向品种更新快以及无病毒栽培方向发展的需要,具有广泛的产业化应用前景。未来几年,随着草莓离体再生体系建立等国内外先进技术的研究愈加深入,将加快草莓产业发展进程,并不断提高草莓的产量和品质。

3.3 栽培技术集成化

近年来,国内外先进农业技术在草莓脱毒繁育及栽培生产中的应用不断深入,尤其是草莓茎尖培养结合低温处理脱毒、脱毒苗繁殖及苗期综合管理等技术的使用,配合工厂化育苗和无土栽培技术,不断降低了草莓脱毒苗的生产成本,提高了商业化生产效率,具有广泛的产业化应用前景。随着脱毒苗繁育及管理技术不断地集成创新,草莓脱毒栽培技术正逐步向精细化管理模式发展[21]。

4 结语

我国对草莓脱毒栽培关键技术尤其是脱毒苗繁殖等相关研究起步较晚,草莓种苗茎尖培养结合低温处理脱毒技术研究进展缓慢,很难适应全国不同地域的草莓规模化生产的需要。开展脱毒苗繁殖育苗试验,建立科学的脱毒苗繁殖技术体系,并进行示范推广,把先进实用的技术进行创新性集成,形成优质高效的草莓新品种及脱毒苗栽培技术体系,集中解决草莓新品种少、脱毒苗培育科技含量低、繁育速度慢及经济效益低等问题,为建立草莓脱毒苗优质高效栽培技术体系提供理论依据。通过草莓脱毒栽培关键技术的集成创新和示范,全面提高草莓生产的综合效益。此外,标准化的草莓脱毒栽培和生产管理技术还可以减少农药、杀虫剂的用量和对环境造成的污染,更有利于提高土壤生产力,从而有利于改善生态环境,增添城市绿色景观,对于生态涵养区的建设具有重要意义。

参考文献

[1] 邓明琴,雷家军. 中国果树志. 草莓卷[M]. 北京:中国林业出版社,2005.
[2] 李翠英. 草莓病毒病的症状与防治[J]. 四川农业科技,2014(4):50.
[3] 尚巧霞. 介体传播的草莓病毒研究进展[J]. 植物保护学报,2015,42(4):488-496.
[4] 陈柳. 北京地区草莓重要病毒的调查和快速检测技术研究[D]. 北京:北京农学院,2014.
[5] 陈道,丁新伦,张洁,等. 福建省六种草莓病毒的分子检测[J]. 植物保护学报,2018,45(6):1433-1434.
[6] 李贺. 草莓叶片中病毒 dsRNA 的分离鉴定及病毒部分基因组序列分析[D]. 沈阳:沈阳农业大学,2006.
[7] 周厚成,何水涛. 草莓病毒病研究进展[J]. 果树学报,2003,20(5):421-426.
[8] King A M Q , Carstens E B, Lefkowitz E J. Virus taxonomy:Ninth Report of the International Committee on Taxonomy of Viruses[J]. Elsevier,2011.
[9] 宗静,马欣,王琼,等. 北京市草莓产业发展现状与对策[J]. 作物杂志,2012(3):16-19.
[10] Fauquet C M, Mayo M A, ManiIoff J, et al. Virus Taxonmy:Eighth Report of the International Committee on Taxonomy of Viruses[J]. Viruses,2005,83(12):988-992.
[11] 王亚妮,武艳芍. 草莓脱毒与组培快繁技术[J]. 农业技术与装备,2020(2):13-14.
[12] 张大栋,吉晓佳,杨永华. 植物脱毒技术及其在现代农业中的应用[J]. 科技与经济,2004(4):62-64.
[13] 陈晗,徐洪国,白婧,等. 草莓病毒病及脱毒技术研究现状[J]. 烟台果树,2022(1):6-8.
[14] 陈纪鹏,彭嗣亮,卢禹,等. 预处理和激素对草莓花药离体培养的影响[J]. 核农学报,2016,30(11):2144-2150.
[15] 张慧琴,谢鸣,孙崇波,等. 草莓花药培养研究进展[J]. 浙江农业科学,2006(2):218-219,221.
[16] 陈玉波,张学明,姚环宇,等. 以草莓花药培养实现脱毒的研究进展[J]. 北方果树,2016(6):1-3.
[17] 夏冰. 草莓病毒病的发生及绿色防控[J]. 中国植保导刊,2021,41(4):61-65.
[18] 陈英,肖春林,罗燕娜,等. 红颜草莓脱毒优化及病毒检测的研究[J]. 浙江农业学报,2017,29(6):966-970.
[19] 彭芳芳,魏召新,洪林,等. 草莓脱毒技术研究进展[J]. 南方农业,2019,13(25):32-35.
[20] 肖君泽,黄益鸿,姜放军,等. 草莓病毒病及其脱毒与检测技术研究进展[J]. 江西农业学报,2010,22(8):88-90.
[21] 王佳,程芳梅,张营营,等. 草莓脱毒栽培技术研究进展[J]. 安徽农学通报,2021,27(4):44-45.

不同消毒方法对设施草莓土传病害防治效果及生长的影响

于静混[1]，齐长红[1]，陈明远[2]，田炜玮[2]，余森华[2]，邢广青[2]，麻宏蕊[1]，祝宁[1]，杨昱[2]，姚磊[2]
（1. 北京市昌平区农业技术推广站　102200　2. 北京市昌平区农业服务中心　102200）

摘要：昌平区草莓产业发展至今已有20年的历史，从20世纪80年代初的零散种植到如今的规模化生产，温室大棚种植规模稳定在5 000栋左右，平均年产量6 000 t，平均年产值3亿元。昌平区草莓种植面积和产量水平始终保持在北京市各区之首，巩固了昌平区草莓种植在京津冀地区的主导地位。随着整个产业的不断发展，草莓日光温室土传病害问题日渐突出，为了解决好这一问题，昌平区人民政府出台了一系列的扶持政策，对土壤化学消毒给予50%的补贴。在昌平区占比较高的土壤化学消毒方式是以氯化苦为主的方式，随着北京市政策的陆续出台，氯化苦土壤化学消毒方式大范围使用的持续性无法保证。为此，经过近三年的数据调查，选择目前已经在使用并且使用面积广、效果好的化学消毒方式进行对比试验，筛选出1种可以有效替代氯化苦的低毒消毒模式，为昌平区草莓产业健康持续发展做好技术支持。

关键词：化学消毒；方法；防治效果；比较

自2008年昌平区成功申办第七届世界草莓大会以来，昌平区人民政府把大力发展草莓产业写入了历年政府工作报告，开启了昌平区草莓产业的迅速发展期。经过近20年的发展调整，昌平区草莓产业温室大棚种植规模稳定在5 000栋左右，全区目前已有12个镇、72个村、1 500多户农民开展草莓种植，建成草莓专业合作社46个，上万人通过草莓种植产业实现了就业。在草莓种植产业发展过程中，草莓日光温室土壤连坐问题日渐突出，究其主要原因：一是草莓为高效经济作物，农民不愿轻易轮作其他作物；二是更换新土用工量大、投入多，极不方便[1]。昌平区在发展初期对土壤消毒方式给予了大力的政策扶持，并在2016年根据发展需要进行了调整。符合政策范围内的草莓种植企业、合作社和本地种植户使用氯化苦对土壤进行化学消毒（须聘用有资质的专业公司实施）的，给予消毒费用50%的补贴。氯化苦化学消毒模式的应用，在草莓土壤消毒中确实起到了效果，但随着北京市对化学危险品使用的限制，氯化苦无法大范围使用。本次开展的土壤消毒方式对比试验，主要目标是筛选出可以有效替代氯化苦的化学消毒模式，为昌平区草莓产业健康持续发展提供技术支持。

1　材料和方法

1.1　试验药剂

99.5%氯化苦液剂、42%威百亩、98%棉隆（微粒剂）、20%辣根素和还原法套餐有机质颗粒（ASD）。

1.2　试验地点

昌平区小汤山镇北京茂发盛生态采摘园。

1.3　试验设计

试验设置 6 个处理，具体见表 1。每个处理小区面积 400 m^2，每小区种植草莓 5 000 株，施药时间为 2023 年 7 月 16 日。

表 1　不同处理方式

处理	每亩(667 m^2)施用剂量	施药方法	药后处理
99.5%氯化苦液剂	25 kg	使用捷西 SYD-1T 基质消毒机注射消毒	覆盖 0.04 mm PE 薄膜，7 d 后揭膜敞气，敞气时间为 7 d，然后做“发芽试验”检测残留
42%威百亩	30 kg，用水稀释 3 300 倍	滴灌施药	覆盖 0.04 mm PE 薄膜，7 d 后揭膜敞气，做“发芽试验”检测残留
98%棉隆(微粒剂)	30 kg	使用棉隆施药机撒施后旋耕均匀，再浇水 3 000 kg，使基质的相对湿度保持在 75%以上	覆盖 0.04 mm PE 薄膜，7～10 d 后揭膜敞气，做“发芽试验”检测残留
20%辣根素	5 L	使用捷西 SYD-DT 基质消毒机滴灌	覆盖 0.04 mm PE 薄膜，7 d 后揭膜敞气，敞气时间为 7 d，然后做“发芽试验”检测残留
还原法套餐有机质颗粒(ASD)	800 kg	撒施，使用铁锹翻匀后滴灌浇水 3 000 kg	覆盖 TIF 薄膜，25 d 后揭膜敞气，敞气时间为 7 d，然后做“发芽试验”检测残留
CK(对照)	0	滴灌水量 3 000 kg	不覆膜

注：PE，聚乙烯；TIF，全防渗。

1.4　调查项目和方法

1.4.1　土传病原微生物的分离检测

消毒前(6 月 29 日)和揭膜后(7 月 30 日)，此期间为草莓定植前期，分别采用五点采样法，采集每个处理区基质样品 200 g，用冰盒保存后带回实验室进行镰孢菌、疫霉菌的分离检测。土传病原菌镰孢菌采用 Komada 方法分离培养检测；疫霉菌采用 Masago 方法分离培养检测。计算各药剂的防治效果，防治效果=(空白对照区病原菌数量－处理区病原菌数量)/空白对照区病原菌数量×100%。

试验温室均配合采用高温闷棚。

1.4.2　草莓生长性状调查

在草莓的定植初期、头茬果期以及生长后期进行草莓生长期株高、茎粗、头茬果等数据调查。每个处理区抽取棚室前、中、后三段，每段随机选取 10 株草莓进行草莓生长数据的采集。

1.4.3　产量调查

对草莓头茬果数量及产量进行调查。

2 结果与分析

2.1 不同处理对基质中镰孢菌和疫霉菌的防治效果

氯化苦(25 kg/亩)土壤处理对镰孢菌和疫霉菌防治效果分别为94.43%、93.36%。棉隆(30 kg/亩)土壤处理对镰孢菌和疫霉菌防治效果分别为85.86%、84.61%。威百亩(30 kg/亩)土壤处理对镰孢菌和疫霉菌防治效果分别为81.22%、79.48%。辣根素(5 L/亩)土壤处理对镰孢菌和疫霉菌防治效果分别为75.32%、72.36%。ASD(800 kg/亩)土壤处理对镰孢菌和疫霉菌防治效果分别为75.95%、72.34%。试验得出对基质中镰孢菌和疫霉菌的防治效果表现较好的为氯化苦、棉隆和威百亩三个处理(图1和图2)。

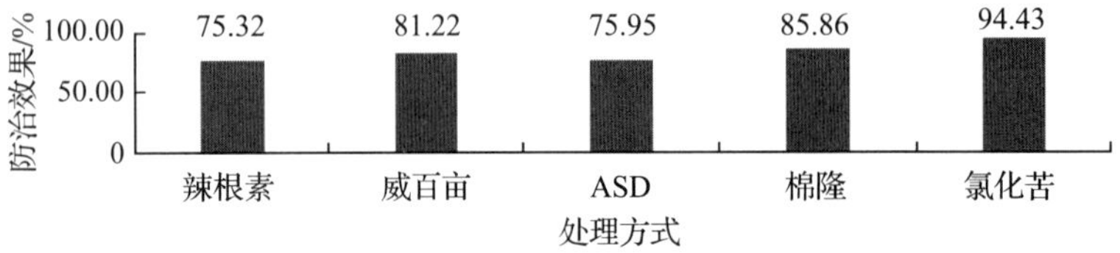

图1 不同处理方式对镰孢菌的防治效果

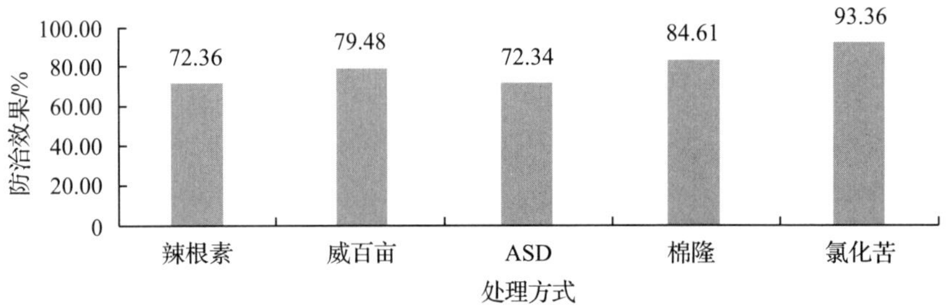

图2 不同处理方式对疫霉菌的防治效果

2.2 不同处理措施对草莓生长性状的影响

在草莓的定植初期,经过氯化苦、棉隆、威百亩、ASD、辣根素进行土壤消毒的草莓棚中的草莓株高均超过20.00 cm(图3)。氯化苦对茎粗的促进效果最好(图4)。在株高方面,使用氯化苦处理过的草莓棚草莓平均株高最高,为22.77 cm,而空白对照处理的草莓棚其草莓苗的平均株高为19.30 cm;在茎粗方面,经过氯化苦消毒处理的草莓棚草莓苗平均茎粗最大,为21.94 mm,而未经过消毒处理的草莓棚其草莓苗的平均茎粗仅为14.62 mm。

通过邓肯方差分析可知,氯化苦和ASD处理后的草莓株高显著高于其他3种处理方式。辣根素、威百亩、棉隆和ASD处理后的茎粗和株高显著优于空白对照。

2.3 头茬果数和产量

经过土壤消毒处理的草莓棚每30株草莓苗的平均头茬果数均高于空白对照和常规处理,空白对照中草莓棚每30株草莓苗的平均头茬果数仅为3.03个,经过消毒处理的30株草莓平均头茬果数均超过空白对照(图5),土壤消毒处理对提高草莓产量、增加种植园收益有一定的促进作用。

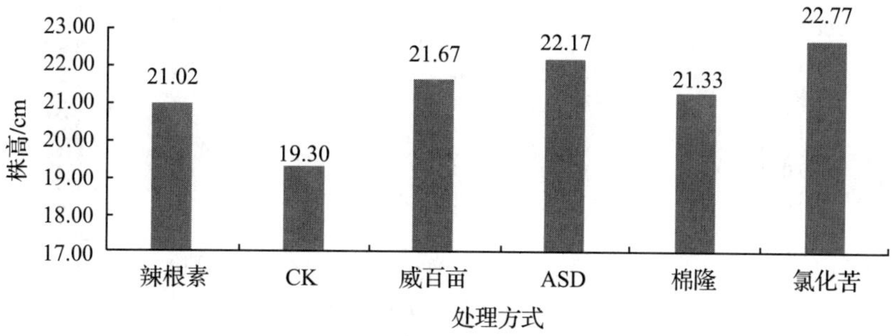

图 3　不同处理方式对草莓株高的影响

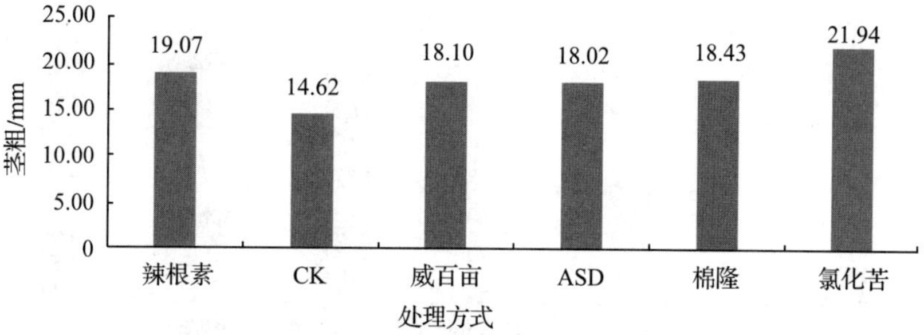

图 4　不同处理方式对草莓茎粗的影响

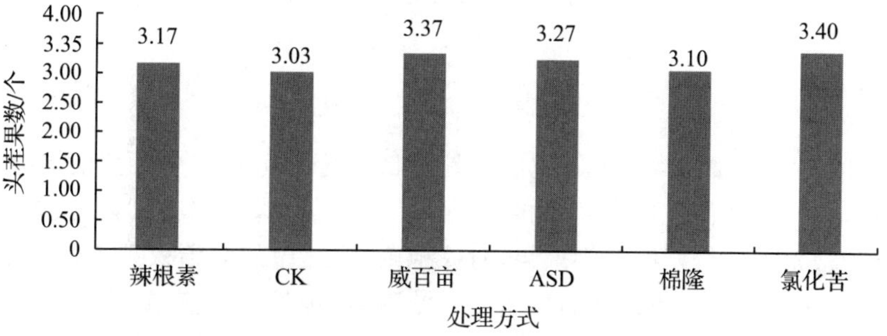

图 5　不同处理方式对草莓头茬果数的影响

在草莓(红颜)产量方面,经过氯化苦消毒处理的草莓最终产量为 2 914.6 kg/亩;棉隆处理后的草莓产量为 2 698.2 kg/亩;威百亩处理后的草莓产量为 2 546.6 kg/亩;ASD 处理后的草莓产量为 2 538.8 kg/亩;辣根素处理后的草莓产量为 2 354.6 kg/亩;而空白对照处理的草莓最终产量为 2 101.4 kg/亩(图 6)。

按照北京市昌平区全年草莓零售价格 30 元/kg 计算,使用氯化苦消毒技术处理后草莓的生产产值为 8.743 8 万元/亩,比空白对照处理区 6.304 2 万元/亩的产值高出 2.439 6 万元/亩;棉隆消毒技术处理后草莓的生产产值为 8.094 6 万元/亩,比空白对照处理高出 1.790 4 万元/亩;ASD 处理后草莓的生产产值为 7.616 4 万元/亩,比空白对照处理区高出 1.312 2 万元/亩; 威百亩消毒技术处理后草莓的生产产值为 7.639 8 万元/亩,比空白对照处理区高出 1.335 6 万元/亩;辣根素消毒技术处理后草莓的生产产值为 7.063 8 万元/亩,比空白对照处理区高出 0.759 6 万元/亩(图 7)。经过消毒处理后的草莓产量和产值均有明显提高。

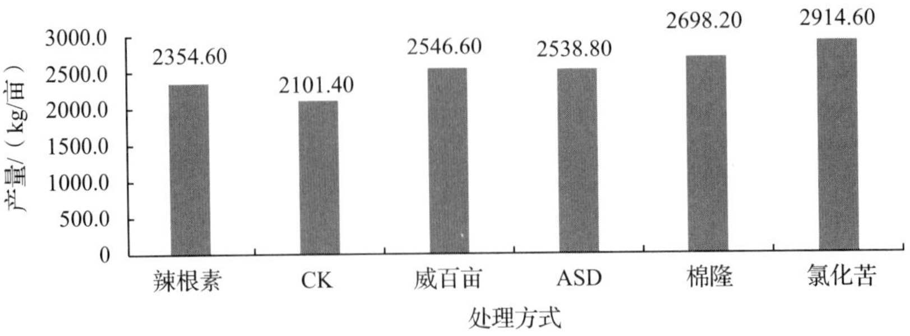

图 6　不同处理方式对草莓产量的影响

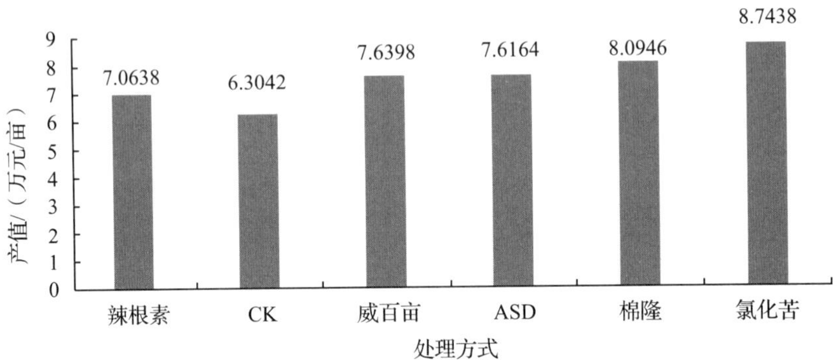

图 7　不同处理方式对草莓产值的影响

3　小结与讨论

本文比较的 5 种土壤消毒技术可以有效地降低草莓种植过程中土传病原微生物镰孢菌、疫霉菌的数量，并能有效促进后期草莓的生长。其中，5 种消毒方法氯化苦、棉隆、威百亩、还原消毒技术、辣根素均有较好的消毒效果，对镰孢菌、疫霉菌的防治效果均达 70%以上。氯化苦消毒方法已经不能在北京市使用，可在棉隆、威百亩、辣根素中选取一种替代氯化苦消毒方法，以确保昌平区草莓产业高质量发展。

参考文献

[1] 唐丽丽．设施草莓土壤连作障碍治理技术模式[J]. 农业开发与装备，2019(7)：168-169.

昌平区设施草莓破垄对比试验

王尚君，李彦君，刘攀，于腾屿，王超，周雅暄
（北京市昌平区农业技术推广站　102200）

摘要：为提升昌平区设施草莓破垄机械化水平，降低破垄成本与劳动强度，通过开展设施草莓破垄对比试验，对比了人工破垄及机械化破垄的工作效率、工作成本、碎土率、平整度等数据。结果表明，完成一栋日光温室草莓机械化破垄工作，仅需 24～27 min，是人工破垄工作效率的 5 倍以上。设施草莓破垄机械化技术促进了昌平区设施农业机械化的发展，降低了设施草莓生产成本，为农民增收奠定了基础。

关键词：机械化破垄；成本对比；效果对比

1　昌平区设施草莓破垄现状

草莓是昌平区设施农业的主要特色农产品之一。由于地理环境和气候条件特殊，昌平区草莓生产几乎全部采用日光温室种植。经过近些年的发展调整，昌平区草莓产业种植规模稳定在 5 000 栋(标准温室)左右，成功打造了以草莓生产为中心的“草莓产业链”。草莓种植业已成为昌平区农业的主导产业和农民致富增收的有效途径。

目前，昌平区草莓破垄主要以人工为主，随着人工成本不断提高，草莓破垄成本也随之增加，草莓种植户的经济效益明显下降。根据昌平区农业机械化推广站近几年对昌平区草莓人工破垄成本的调查显示，单栋日光温室草莓破垄成本已经从 150 元上涨至 200 元(不包含工人的路费、伙食费等额外支出的额外成本)。但受 2020 年以来的疫情等其他因素影响，外来务工人员在不断减少，农业用工也受到了冲击，外加草莓人工破垄劳动强度大，收入低，年轻人少有意愿加入，现有工人普遍年龄大，随着时间推移，用工难、用工贵的问题将会越来越明显。由此可见，设施草莓破垄作业迫切需要从人工向机械化、从低效向高效、从高成本向低成本转型。

为提升设施草莓破垄机械化水平，降低人工成本，增加草莓种植户的收益，昌平区农业机械化技术推广站与北京市农业机械试验鉴定推广站共同开展设施草莓机械化破垄对比试验，通过引进先进的草莓破垄机械与技术，推动设施草莓生产向机械化、现代化、低成本、高效化迈进。

2　草莓破垄设备参数及工作原理

2.1　GQN-130 型旋耕机

功能特点：工作效率高，节省人力，旋耕后的土层碎土充分，地面松软平整(图 1)

作业效率：2～4 亩/h

图 1　GQN-130 型旋耕机

配套动力:35～40 马力[①]
作业幅宽:1.3 m
旋耕深度:20～30 cm
刀片数量:30
动力输出轴转速:540 r/min
适用范围:设施温室及露地旋耕作业

2.2　YTMC-140 蔬菜灭茬机

功能特点:可一次完成灭茬、破垄、旋耕作业(图 2)

图 2　BCSK600 拖拉机悬挂 YTMC-140 蔬菜灭茬机

作业效率:3 亩/h
配套动力(马力):40～60
作业幅宽:1.4 m
旋耕深度:20～25 cm

---

① 1 马力=0.735 kW。

刀片数量:42/54

动力输出轴转速:720 r/min

适用范围:适合塑料大棚及露地蔬菜灭茬使用

2.3 设备数据对比

目前,GQN-130型旋耕机是昌平区使用最为广泛的旋耕设备,具有价格便宜、维护保养简单等优势,旋耕深度略高于YTMC-140蔬菜灭茬机,但GQN-130型旋耕机刀片数量更少、主轴转速更低,只能在拉秧后使用。

2.4 工作原理

昌平区农业机械化技术推广站于2022年7月14日在欢适园农业种植专业合作社进行草莓机械化破垄对比试验,分别完成1栋草莓温室人工破垄、旋耕机破垄和灭茬机破垄试验。本次试验采用可双向行驶的BCSK600拖拉机悬挂旋耕机和蔬菜灭茬机。机械化破垄前,将拖拉机座椅方向转向后方,行驶过程中悬挂配件在前,拖拉机在后,通过悬挂配件破坏垄面,如图3所示,使拖拉机可以在温室内正常行进,当行驶至温室山墙,关闭悬挂配件,无需掉头,只需调整座椅方向为向前,打开悬挂配件,沿原路返回,返回过程中进行第二次作业,达到破垄、旋耕、整平的效果。通过该方式进行作业能够把原来的分项作业一次性完成。破垄高效,旋耕充分,不仅减少了农事操作流程,还提高了农业生产效率,大幅度降低了成本。

图3 BCSK600拖拉机悬挂旋耕机破垄作业

3 草莓破垄成本对比

以1栋日光温室破垄工作为例,人工破垄成本300元。采用普通旋耕机破垄需要熟练机手1名,费用300元/d,完成1栋日光温室机械化破垄需要27 min,人工成本约17元,设备折旧费用:28.8万元(拖拉机28.5万元、旋耕机0.3万元)/10年/200 d=144元/d,工作0.4 h约7元;消耗柴油2 L约16元,总成本40元左右。采用蔬菜灭茬机破垄需要熟练机手1名,费用300元/d,完成1栋日光温室机械化破垄需要24 min,人工成本约15元,设备折旧费用:31.4万元/10年/200 d=157元/d,工作0.4 h约8元。消耗柴油2 L约16元,总成本39元左右。完成1栋温室破垄工作,人工破垄需要300元,机械化破垄需要40元左右,成本不足人工的1/7。如表1所示。(1亩≈667 m^2)

表 1　草莓破垄成本对比表

工作方式	作业面积/亩	工作人数/人	用时/h	总费用/元	成本/(元/亩)	节约成本/(元/亩)
人工	0.49	4	1.17	300	612	
旋耕机	0.49	1	0.45	40	82	530
蔬菜灭茬机	0.49	1	0.4	39	80	532

4　试验数据及分析

本次对比试验共测量了旋耕机、蔬菜灭茬机两种机械化作业与人工作业的破垄数据，并进行对比，如图 4 所示，得出三种作业方式的作业效率、作业时间、作业质量性能技术指标，如表 2 至表 4 所示。

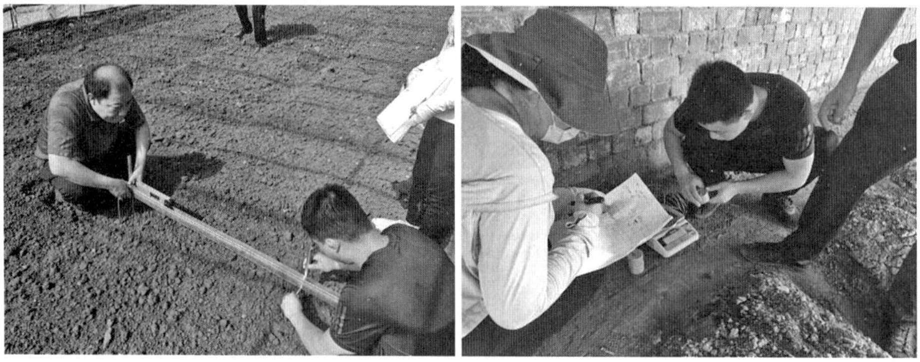

图 4　试验数据采集

表 2　人工破垄数据记录表　cm

破垄平整度(地表各点距基准线的距离)										
点位 1	16.5	15	4.5	12.5	9	10.4	14	13.5	15	15
点位 2	8	7.8	10	12	9.5	10.8	13	10	5.5	8.5
点位 3	12.1	10	10.5	14	9.5	10	11.6	13	10	11
平均值：11.1			方差：7.21			标准偏差：2.75			变异系数：24.77%	

注：作业面积：48.4 m×6.75 m(0.49 亩)；作业时间：70 min(4 人)；单人作业效率：0.105 亩/h；碎土率：43.84%。

表 3　旋耕机破垄数据记录表　cm

破垄平整度(地表各点距基准线的距离)										
点位 1	7.5	6	6	6.5	7	7	6.5	6	7	6.5
点位 2	8	9	8	8	7.5	7	7.5	8.5	8.5	8
点位 3	4.5	4	3	4	5	3.5	3	2	2	3.5
平均值：6			方差：4.09			标准偏差：2.023			变异系数：33.72%	

注：作业面积：48.4 m×6.75 m(0.49 亩)；作业幅宽：1.3 m；作业时间：27 min；作业效率：1.1 亩/h；碎土率：94.87%。

表 4　蔬菜灭茬机破垄数据记录表

cm

破垄平整度(地表各点距基准线的距离)										
点位 1	9	8	8.5	7.5	7.5	7	8	8.5	9	9.5
点位 2	10	7.5	7	6.5	6	6	6.5	7.5	8.5	9
点位 3	8.5	8.5	7.5	7	7	8.5	8.5	9.5	10	9.5
平均值:8.05			方差:1.24			标准偏差:1.113			变异系数:13.83%	

注:作业面积:48.4 m×6.75 m(0.49 亩);作业幅宽:1.36 m;作业时间:24 min;作业效率:1.225 亩/h;碎土率:91.75%。

从试验数据可以看出机械化破垄的工作效率是人工破垄效率的10倍以上,人工破垄还存在工人需要休息以补充体能的问题,工作效率会进一步下降,工作效果也会大打折扣。碎土率方面,人工破垄碎土率远远低于机械化破垄。

旋耕机与蔬菜灭茬机破垄效果相比,旋耕机旋耕深度、碎土率均略高于蔬菜灭茬机,但工作效率略低,主要原因是旋耕机的旋耕刀长度大于灭茬机,作业过程中旋耕深度更深,动力输出轴转速较低,所以工作效率较低。由于蔬菜灭茬机刀片数量与转速更高,高转速的作业方式可以使土壤表面更加平整。这一点从数据标准差和变异系数也可以看出(标准差和变异系数越小,表明数据样本更集中),灭茬机作业后的土地平整度好于旋耕机。

由于本次破垄试验是建立在已完成草莓拉秧的基础上的,如果未进行草莓拉秧,蔬菜灭茬机仍然可以直接进行破垄灭茬作业,而旋耕机需要在破垄前进行人工拉秧,每栋温室拉秧成本约为100元,使破垄成本大幅度增加,约286元/亩,是蔬菜灭茬机成本的3倍以上,由此可见,蔬菜灭茬机是目前草莓机械化破垄的最佳选择。

5　小结

设施草莓机械化破垄降低了破垄成本,减少了作业时间,但也存在不足之处,一是需要前期在机具设备上进行大量投入,对于普通种植户而言投入产出比过大,成本回收周期长。二是种植户平均年龄较大,对新机具、新技术的接受能力较差。三是可以提供社会化服务的农业合作社较少,农户在不自己购买机具设备的情况下别无选择,只能采用低效率的人工作业方式。

针对以上问题的解决方法:一是建议政府加大农业机具扶持力度,加速将先进的农机具纳入北京市农机购置补贴名录,降低农机具购置成本。二是与本区具有示范带动作用的园区、合作社共同开展田间农业技术培训,让农户可以在田间地头体验新机具,学习新技术。三是大力推进农机化作业补贴,由农户以购买社会服务的方式使用新技术。同时不断完善农业社会化服务体系,发展更多高水平的农业合作社,让农户有服务可享、有服务可选。

草莓机械化破垄技术的应用标志着昌平区农业朝着高效、节能化方向发展。同时新机具、新技术的应用提高了设施农业机械化水平。2022年昌平区农业机械化技术推广站开展的草莓机械化起垄补贴工作达到了十分理想的推广效果,下一步计划扩大机械化起垄补贴范围,通过为草莓机械化破垄作业提供补贴,让农户免费体验草莓机械化破垄的效果,为全面推广草莓机械化破垄技术奠定基础。

参考文献

[1] 宗静．设施草莓实用栽培技术集锦[M]. 北京:中国农业出版社,2014.
[2] 路河．棚室草莓高效栽培[M]. 北京:机械工业出版社,2018.
[3] 邹国元,杨俊刚,孙焱鑫,等,设施蔬菜轻简高效栽培[M]. 北京:中国农业出版社,2019.

不同草莓栽培模式探究

金生东
（北京市昌平区农业技术推广站　102200）

摘要：目前，我国各草莓产区，一般采取露地栽培与保护地栽培相结合的方式，基本满足了草莓周年生产和供应。草莓的栽培方式，按栽培原理大体上分为露地栽培、促成栽培、半促成栽培和延后抑制栽培四大类。随着栽培技术的不断创新，从栽培介质类型上划分，草莓栽培主要分为土壤栽培和基质栽培两大类，基质栽培可应用于促成栽培和半促成栽培。

关键词：露地栽培；促成栽培；半促成栽培；延后抑制栽培；基质栽培

草莓的栽培方式，按栽培原理大体上分为露地栽培、促成栽培、半促成栽培和延后抑制栽培四大类。随着栽培技术的不断创新，从栽培介质类型上划分，草莓栽培主要分为土壤栽培和基质栽培两大类，基质栽培可应用于促成栽培和半促成栽培。

1　露地栽培

露地栽培是最普遍的栽培方式，通常在秋季定植草莓苗，冬季增加防寒物，第二年春季摘去防寒物，5—6 月采收鲜果。

2　促成栽培

促成栽培这种栽培类型，是通过避免草莓休眠，使草莓尽可能早保温、早收获的一种栽培类型，即选用休眠浅的品种，当植株长至秋季时，第一、第二花序已经分化，将要进入休眠而尚未休眠时及时采取保温措施，给予适当高温，辅之以赤霉素处理和人工延长光照，防止植株休眠矮化，草莓便可以正常生长和开花结果。为使果实早熟、高产，一般先对幼苗采取促进花芽分化的措施。在几种栽培类型中促成栽培结果期最长，其间有两次采收高峰，第一茬果在 12 月至次年 3 月，第二茬果在 4—5 月。在生产实践中，由于长时间的着果极易引起植株疲劳，再加上管理不及时，往往在第一茬果采收后植株便已早衰，造成减产。这一时期也正是严寒的冬季，对温度管理要求严格，所以促成栽培技术难度相对较大。

3　半促成栽培

半促成栽培是使草莓在人工条件下打破休眠、状态促进其提早生长发育的栽培模式。在我国半促成栽培主要以小拱棚、塑料大棚和日光温室为主，其中以小拱棚半促成栽培开展最早，面积最大。收获期可从 5 月中旬提早到 2 月中旬，经济效益比露地栽培有显著增加。半促成栽培与促成栽培的区别在于促成栽培一般在休眠前或休眠初期开始保温，而半促成栽培常在自然休眠状态被打破后开始保温。相对促成栽培来说，半促成栽培开始保温的时期比较灵活，品种的选用比较广泛，成熟期也可以错开。

4 延后抑制栽培

延后抑制栽培是使草莓植株在人工条件下长期处于冷藏被抑制的状态，延长其被迫休眠期，并在适期促进其生长发育的栽培方式，目前在生产上应用较少。草莓抵抗低温的能力较强，−2～3 ℃的低温条件下，离土贮藏一年以上再定植到大田，仍能正常生长。根据草莓这一生物学特性，可以把露地培育的、已经进行了花芽分化而正处于休眠期的健壮苗挖掘出来，在低温条件下贮存，强迫其继续休眠，在适当时候定植，人为改变草莓结果期，这种栽培方式称为草莓的延后抑制栽培，它是保证草莓鲜果的周年供应中一项难度最大而又必不可少的技术措施。从理论上讲，只要自然条件适合，苗子可在一年之中的任何时期出库定植，50～80 d 即可收获。

5 土壤栽培

土壤栽培是草莓生产中最常见的栽培方式。土壤具有较好的保温保水效果，并且缓冲能力强，营养元素种类丰富，对种植者技术要求相对较低。不过这种模式存在种苗定植成活率低、病虫害易发生、存在连坐障碍等问题。在土壤栽培模式中主要分为南北垄向土壤栽培和东西垄向机械化起垄栽培。

传统的草莓土壤栽培模式采用起垄方式，根据不同地区环境及设施类型，垄向和规格稍有差异。北方地区种植草莓主要以日光温室为主，多采用南北向人工模具起垄栽培模式，南方地区种植草莓以塑料大棚为主，多采用东西向栽培模式。一般垄高 30～40 cm，垄宽 40 cm，下宽 60 cm，垄距 90～100 cm，沟宽 30～40 cm。这样的垄形可以保证草莓在温度、光照、水分和土壤中得到一个科学合理的生长环境，提高草莓产量，从而提高经济收益。草莓植株长在畦面上，垄沟可以作为通风的走廊，并且可以充当人行通道。结果后草莓果实紧贴在畦两侧的侧壁上，人在垄沟里行走，不至于踩果，便于疏花、疏果、打叶和采摘等田间管理。起垄栽培将土壤表面由平面型改为波浪型，地表面积比平地增加 20%～30%，使土壤受光面积增大，吸热散热快；土温可比平地增高 2～3 ℃，有利于光合产物的积累。随着轻简化栽培技术的创新发展，机械化起垄技术广泛应用。为提高劳动效率，便于机械作业，北方地区近几年也在不断推广东西向机械化起垄栽培模式。传统南北人工起垄需要 4 个工人工作 6 h，成本为 600 元/栋；东西向机械起垄需要 1 个机手工作 1.5 h 及后续 1 个工人进行垄面的平整工作 3 h 即可完成，成本为 220 元/栋，比传统南北人工起垄节省成本 63.3%。从平均温度来看，东西向机械起垄高于传统南北人工起垄。从产量方面看，东西向机械化起垄方式比南北人工起垄增加 8.8%。东西向机械化起垄在用工成本、土壤温度以及单株产量等方面具有突出的优势。

6 无土栽培

无土栽培在现代化种植中比较常见，尤其是一些土地资源比较稀缺的地区，无土栽培模式具有减轻连坐障碍、减少病虫害、节水节肥、高产高效等优点，这也是未来草莓种植领域的主要推广的技术模式之一。草莓生产中无土栽培模式的应用，不仅提高了生产力，同时对现代化都市农业中的观光采摘、参观交流等方面起到了良好的促进作用，推动了农业现代化的快速发展，满足了新型农业的发展需求。

无土栽培在实际应用中主要包括水培与基质栽培，其中水培模式由于管理技术要求较高，生产成本较高等原因，在实际中应用较少，多为基地或园区种植应用。

基质栽培应用较为广泛，草莓基质栽培模式又细分为高架（H 形）层架式栽培、H 形双层架式栽培、阿格里斯轻简化栽培、半基质栽培、槽式基质栽培、后墙管道基质栽培和空中立体无土栽培。

6.1 H 形层架式栽培

H 形层架式栽培模式采用 C 形明管做栽培槽水平支撑杆，塑料膜做单层栽培槽。每隔一定距离在水平支撑杆两侧用方钢做垂直支撑杆，两侧垂直杆用钢片连接固定，其侧面结构似英文大写字母“H”。该架式材料简单，制作简单，减轻了支架的负担，降低了成本，经久耐用。H 形支架高度低，架间基本无遮光问题，采用基质栽培可有效避免土传病害，减少肥水的用量，且更利于人工管理、采摘，省工省时。

6.2 H 形双层架式栽培

H 形双层架式由立柱支架、栽培槽和排水槽组成，栽培槽分上、下两层，双 H 形栽培模式比传统地面栽培单位面积种植株数增加 70%左右，增加产量 1.5～2 倍。由于上、下层光照环境不同，下层比上层光照充足，利于生长。

6.3 阿格里斯轻简化栽培

阿格里斯轻简化栽培架采用专利栽培网兜和栽培基质保证草莓根系最佳的生长条件；通过地膜地布覆盖，降低棚室湿度，减少病虫害发生；特色果兜设计，使草莓果实受光均匀，果皮硬度大，耐储运；专用的配比肥料使草莓品质优于传统栽培。其特点在于提倡节水节肥节药的理念，并具有节省人工、降低劳动强度、减少草莓农药施用等优点，高架采摘更便捷，实现草莓提质增效生产。通过示范，全生育期用水量为 96.4 t，每亩草莓产量为 3 342.5 kg，果实糖度为 14%～17%，果实硬度为 1.26 Pa，香味浓郁，口感、硬度与地栽草莓无明显差异，且采摘更方便，是实现草莓轻简化高效栽培的技术途径。

6.4 草莓半基质栽培

草莓半基质栽培模式是在原有基质栽培技术基础上进行改进，将原有基质栽培与露地栽培的优点相结合，将土壤与基质的优点充分挖掘出来。该种栽培模式的栽培槽呈梯形，下底宽 0.6 m，上底宽 0.4 m，地上部高 0.35 m，在整个栽培槽内回填土壤为三角形，栽培槽内土量应占 2/3，上部基质应占 1/3。土量太少，基质使用量就会增多，不但会提高栽培成本，还会影响半基质栽培的效果。填装基质组成为草炭、蛭石、珍珠岩按比例 2∶1∶1 混合。采用半基质栽培技术，在上层基质保证通透性的同时，下层土壤可以起到很好的蓄水作用，从而达到既具有很好的通透性，又具有较好的保水保肥性。草莓根系深度在 20 cm 左右。采用半基质栽培技术，由于土壤颗粒间的孔隙较小，孔隙间所含空气的流动性不强，使得栽培槽中的温度也可以保持，从而保证草莓根系的温度不会随天气温度发生骤降。草莓施肥后，水分和营养物质被保存在下层土壤中，根系根据自身特性，很容易扎入土壤，从而达到了稳定根系的目的；还可以有效地防止微量元素施用不足或一定程度的过量对草莓造成的伤害。因为土壤中含有大量营养元素，在生产过程中利用土壤的以上优点，可以有效地改善微量元素供给存在的问题。此种栽培技术较常规的基质栽培模式，减少了基质的使用量，可以将原有土壤作为栽培槽用土进行回填，进一步减少了农民对水肥的投入，降低了栽培成本。

常见的栽培槽板材有砖、木板、硅酸钙板等。砖体栽培槽结实耐用，其缺点为砖体较重，前期搭建过程中投入人力较多。同时砖体较宽，占用空间大，减少了单位面积土壤的使用率，从而影响农户的经济效益。木板栽培槽具有轻便、易于安装、前期投入少等优势，其缺点为木板遇水易变形、耐腐性差；高温干旱情况下，板材延展性降低、变脆易断裂，影响栽培槽使用寿命。硅酸钙板具有轻便、易于切割、安装等优点；同时板材遇水后有良好的延展性，不易断裂，结实耐用；正常情况下能保证 5 年使用寿命，避免重复打垄，节省劳动力，从而降低成本投入。

6.5　草莓新型槽式基质栽培

草莓新型槽式基质栽培是农业无土栽培中的创新模式。其材质选用 PVC 原生料，由工厂统一生产梯形槽。规格：上底 33 cm，下底 20 cm，高 25 cm，材质厚度 3.0 mm；或上底 31 cm，下底 20 cm，高 24 cm，材质厚度 4.0 mm。新型槽式基质栽培模式不同于其他栽培模式，不形成大量回流液，根据草莓生理需求科学使用肥水，即需要多少肥施多少肥，需要多少水给多少水。其优势一是节水节肥 50％以上。二是不产生回流液，减轻土壤环境污染，有利于保护生态环境。三是可实现每周只灌一次水肥，提升采摘果品质。四是产量高、下果早。

6.6　后墙管道基质栽培

后墙管道基质栽培是充分利用后墙周围的闲置空间，在后墙上安装钢架结构，用于固定水平的栽培管道（常见为 PVC 管），栽培管道需要以温室空间实际情况进行设置，通常可以安装 3～4 排。要求管道间距大于 50 cm，最低层管道应距温室地面 50 cm 以上。使用的 PVC 管要求直径不小于 16 cm，保证上部截面宽 10 cm 左右。后墙管道栽培能够大大提高设施内空间利用率、增加单位面积经济效益，且可与其他栽培模式相互融合。近几年深受草莓种植者的青睐。

6.7　草莓空中立体无土栽培技术

草莓空中立体无土栽培技术主要采用吊挂的方式，其主要优点在于能充分利用温室空间与太阳能，空气流通性好，便于操作与管理，而且能轻松调节栽培槽坡度，易于灌溉液的回流；缺点是需要温室承重，栽培介质较轻，灌溉管理需要精细化。按操作形式又可分为固定吊挂式立体无土栽培模式与电动可升降吊挂式立体无土栽培模式。固定吊挂式立体无土栽培模式一般采用钢丝绳吊挂栽培容器的方式。吊挂高度控制在 1.2～1.6 m，间距 50～70 cm，栽培槽宽 20 cm，栽培采用 S 形单排栽培方式，株距 10 cm，定植密度约 7 400 株/亩。栽培容器主要采用槽式、管道式以及盆式，实际生产中以槽式居多。在基质选择方面，为了考虑承重，一般选择质地较轻的草炭土、椰糠、岩棉等；在灌溉施肥方面，一般采用滴灌的方式，营养液大多为循环的方式；在吊挂模式方面，在植株间布置加温管道与补光灯较为方便，空气流通，也有利于病虫害的防治。因此，采用该模式进行生产易获得较高的产量。

草莓电动可升降吊挂式立体无土栽培模式主要是升级版的固定吊挂式立体无土栽培模式，在固定吊挂式立体无土栽培模式的优点上，能更加有效地提高草莓光照效率。在固定式的吊挂中，草莓植株处于同一个平面，不同区域草莓早晨与晚上接受的光照有所不同，而采用电动可升降吊挂式立体无土栽培模式，不同栽培槽的高度都可以控制，可使无土栽培槽在太阳辐射方向形成上升梯度，因此每槽草莓都能接受较好的光照，而且电动式的栽培槽可升降的操作性更有利于人工生产操作。另外，在实际生产中，一般在无土栽培槽下设置有防渗膜或者渗液槽或者仅使用双层营养液模式栽培，以便营养液的灌溉回收。电动可升降吊挂式立体无土栽培模式下的草莓生产管理与环境控制与固定吊挂模式相同。

参考文献

[1] 王玉坤,张放,祝庭耀. 国内草莓生产现状与发展趋势[J]. 北方园艺,2003(6):6-7.
[2] 宗静,马欣,王琼,等. 北京市草莓产业发展现状与对策[J]. 作物杂志,2012(3):16-19.
[3] 吴晓云,高照全,李志强,等. 国内外草莓生产现状与发展趋势[J]. 北京农业职业学院学报,2016,30(2):21-26.
[4] 张雯丽. 中国草莓产业发展现状与前景思考[J]. 农业展望,2012,8(2):30-33.
[5] 王立府. 北京市昌平区草莓生产状况调查[J]. 农业工程技术:温室园艺,2009(2):26-27.

草莓基质栽培施肥方案优化研究

雷伟伟[1]，段改莲[2]

（1. 北京市昌平区农业技术推广站　102200　2. 北京市昌平区农业服务中心　102200）

摘要：为解决基质栽培条件下草莓肥料投入不合理、果实产量和品质降低等问题，本研究以红颜草莓为试验材料，以传统施肥处理为对照，测定基质栽培条件下优化施肥处理对草莓缓苗率、株高、茎粗、叶面积、开花现蕾率、产量、品质和经济效益的影响。与农户传统做法相比，优化施肥处理（控释肥育苗、苗期和花期 24-8-18＋TE 水溶肥、果期 18-6-31＋TE 水溶肥）使草莓缓苗时间缩短 5～8 d，缓苗率提高 43.3%，茎粗提高 20.4%，叶面积显著增加 77.1%；优化施肥处理显著提高草莓的单果重和果数，显著提高草莓产量 40.9%，平均提高每茬果草莓糖酸比 15.8%，提高了草莓经济效益。优化施肥处理能促进草莓的缓苗和生长，显著提高产量，提升了草莓品质和经济效益。

关键词：草莓；基质栽培；优化施肥

昌平区草莓生产以日光温室栽培为主，生长期长，采摘期跨越元旦、春节、元宵节、五一劳动节等多个节日，为种植户带来较高的经济效益。在北京市草莓种植总面积中，昌平区的种植面积占据绝对优势，达到 67.1%[1-2]。为适应都市农业的需求，昌平区的草莓栽培已由土壤栽培向基质栽培发展，主要是高架式基质栽培，栽培品种以红颜为主[3]。基质栽培可有效减少土传病害的发生，但其水肥管理技术是难点[4]，通过合理的水肥管理提高草莓产量、改善草莓品质并提高经济收益非常必要[5]。

昌平区草莓基质栽培生产中，养分投入普遍过量，从定植后苗期至拉秧整个生育期的养分投入总量为纯 N 286 kg/hm^2、P_2O_5 196 kg/hm^2、K_2O 489 kg/hm^2，大大超出有关文献报告的养分需求量[6]。此外，农民在草莓生育前期（苗期和花期）施用的氮、磷、钾肥分别占总施肥量的 37%、54%和 20%，前期氮和磷肥投入过高，造成秧苗营养生长过旺、花芽分化延迟，导致坐果率低、产量下降，也降低了肥料利用率[7]。在草莓生长中后期，钾肥用量过大，易造成养分失衡[8]，导致中后期缺钙、缺镁等现象严重，坐果率低，影响草莓的产量和品质[9]。

在生育中后期，各种元素的配比施用直接影响草莓的产量和品质[10]。张建军和刘红[11]研究表明，不同养分配比适宜后施用，能够满足草莓中后期营养生长和生殖生长的养分需求，产量较高。Dar 等[12]研究表明，氮、磷、钾肥配施能够显著提高草莓维生素 C 和可溶性糖含量。虽然国内外一些学者对草莓的水肥调控技术进行了相关研究，并取得了一定的进展，但对基质栽培条件下草莓全生育期养分供应的研究报道甚少。因此，本研究基于草莓养分需求规律，通过优化施肥总量和各时期的施肥配比，采用少量多次的水肥一体化施肥方式，满足草莓不同生育时期对养分的吸收量，进行施肥方案优化。本研究采用作物综合的管理技术体系探究对草莓生长指标、产量和品质的影响，以期为套餐肥在草莓基质栽培上合理施用提供依据和技术指导，实现草莓的优质、绿色、高效。

1 材料与方法

1.1 优化施肥方案

基于课题组前期的草莓缓控释育苗工作，进行前期草莓控释肥基质育苗；基于草莓各生育时期养分吸收规律和吸收量，进行移栽后期苗期、花期和果期肥料配方和肥料用量的优化。在草莓苗期每株 N、P_2O_5、K_2O 的需求量分别为 240.41 mg、55.53 mg、206.02 mg；在花期每株 N、P_2O_5、K_2O 的需求量分别为 150.25 mg、54.77 mg、97.28 mg；在苗期和花期 N：P_2O_5：K_2O 的吸收比例为 1.00：0.23：0.86 和 1.00：0.36：0.65[13]。苗期和花期的吸收比例接近，是由于苗期和花期设计并使用了配比 24-8-18＋TE 的大量元素水溶肥。在草莓果期每株 N、P_2O_5、K_2O 的需求量分别为 251.12 mg、41.45 mg、410.36 mg，果期 N：P_2O_5：K_2O 的吸收比例为 1.00：0.17：1.63[13]，将果期的大量元素水溶肥配方调整为 18-6-31＋TE 应用于农业生产。考虑到营养元素配比问题，生产中所需的中量元素用叶面肥的形式进行补充。TE 是添加的微量元素，微量元素铁：锰：硼：锌：铜吸收比例为 1.00：0.75：0.39：0.19：0.02，水溶肥中的微量元素按照吸收比例加入，总投入量为 20 mg/kg，同时考虑肥料利用率，在生产中进行各时期施肥量推荐时按照养分需求量的 1.2～1.5 倍推荐。施肥频率主要根据不同时期草莓对养分的需求量和温室的水分蒸发量设计，后期温度升高蒸发量增大，选择少量多次施肥，更符合草莓对养分和水分的需求。

1.2 试验设计

试验设计包含 2 个不同的施肥套餐方案，分别为传统施肥和优化施肥处理。具体试验处理见表 1 至表 3。温室环境调控和农事操作均保持一致。

表 1 草莓不同施肥套餐方案

施肥方法	子苗	项目	定植后苗期		初花期	果期	
			水溶肥	其他肥料		2015 年 12 月—2016 年 2 月	2016 年 3—5 月
传统施肥（FP）	普通肥料基质苗	配方	20-20-20＋TE	复合肥 15-15-15	20-20-20＋TE	16-8-34＋TE	
		用量/（kg/hm^2）	62.5	375	62.5	62.5	
		次数/次	2	1	2	18	
优化施肥（OPT）	控释肥基质育苗	配方	24-8-18＋TE	海藻酸	24-8-18＋TE	18-6-31＋TE	18-6-31＋TE
		用量/（kg/hm^2）	25	2.5	25	31.25	15.625
		次数	4	4	3	12	25

注：配方均为 N-P_2O_5-K_2O＋TE；用量为每次带入量，每次施肥灌水量按照肥料稀释 800 倍。

表 2　施肥月份及对应次数分布

施肥方法	苗期		花期	果期					
	9 月	10 月	11 月	12 月	1 月	2 月	3 月	4 月	5 月
FP	0	3	3	3	3	3	3	3	2
OPT	0	4	4	4	4	4	10	10	5

表 3　各处理养分投入量(N-P_2O_5-K_2O)　　kg/hm^2

施肥方法	苗期＋初花期	果期	生育期
FP	106-106-106	180-90-383	286-196-543
OPT	42-14-32	137-46-237	179-60-269

注：养分投入量均为水溶肥用量，有机肥掺入基质各处理相同。

1.3　试验材料

1.3.1　控释肥基质育苗

试验用短释放周期控释尿素(N 含量 44%，聚氨基甲酸酯包膜，释放期 60 d，由加拿大 Agrium 公司提供)；试验供试作物为红颜草莓，2015 年 5—9 月在北京鑫城缘果品专业合作社育苗场进行育苗，5 月 10 日移栽母苗，9 月 5 日移出，育苗期 117 d。试验采用 9 cm×9 cm 盆钵育苗，育苗基质采用草炭∶蛭石∶珍珠岩＝75∶37∶12，每钵基质装载量为 55 g，控释肥用量为 60 mg N/穴，采用完全拌混的方式。传统处理方法是使用等量普通肥料进行土培育苗。

9 月 5 日将草莓苗定植于北京市鑫城缘果品专业合作社 4 号日光温室，采用高架栽培的方式，如图 1 所示，采用营养液滴灌的方式进行水肥灌溉，每个高架栽培槽内布置 2 列滴灌管道，栽培槽右侧上水系统与营养液桶相连，左侧回水系统与回液桶相连，供水管和回水管均采用 PVC 材料。定植密度为 100 000 株/hm^2。试验栽培基质配方为草炭∶蛭石∶珍珠岩＝2∶1∶1，基质 pH 为 5.01，基质养分含量如表 4 所示。

表 4　栽培基质养分含量　　%

养分	全氮	全磷	全钾	有机质
含量	0.92	0.35	1.31	47.2

1.3.2　中后期管理

农民传统施肥和优化施肥的时间、配比、用量及灌水量均按照表 1 至表 3 操作。果面红色达 90%后即采收[14]。

1.4　测定指标与方法

1.4.1　草莓植株形态与生理指标的测定

在草莓移栽定植后 1 d、5 d、11 d、26 d，测定植株的缓苗率，测定时每个处理随机选取 2 个架子，统计缓苗植株株数，缓苗标准以茎基部出现新生叶为准[15]。株高、茎粗、叶面积指标的测定参照文献赵密珍[16]。分别于定植后 45 d、49 d 和 53 d，测定植株的现蕾率，测定时每个处理随机选取 2 个架子，统计现蕾的草莓植株株数，现蕾标准为茎基部吐露花蕾。开花株数达到 50%的时间为开花时间，测定时每个处理随机选取 2 个架子，统计开花的草莓植株株数，开花标准为花蕾花苞盛开白色花瓣[16]。

1.4.2 草莓果实产量与品质指标的测定

随机选取 6 株草莓，挂牌跟踪记录产量，测产时每隔 3 d 测 1 次，记录每株草莓个数，计算平均单果重和产量。果实品质测定时，草莓果实成熟度要保证一致，测定可溶性糖和总酸含量，并计算糖酸比[17]。可溶性糖使用 TD-45 数显糖度计，酸度使用 GMK-835F 水果酸度计测定。

1.5 试验数据处理与分析

试验数据均采用 Excel 进行处理、作图，用 SAS 统计软件进行方差分析。

2 结果与分析

2.1 不同施肥方式对草莓缓苗情况的影响

由图 2 可知，优化施肥处理的缓苗率在定植 30 d 内显著高于传统施肥处理。

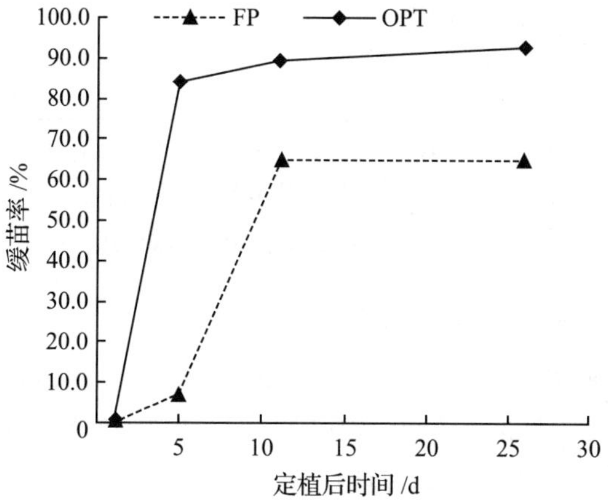

图 2 不同处理对草莓缓苗情况的影响

在定植 5 d 后实现缓苗 84.2%，而传统施肥处理仅为 7.1%；优化施肥处理的缓苗时间(缓苗时间确定为定植植株 50%实现缓苗时所需的时间)为 3～5 d，而传统施肥处理为 10～11 d；在定植后 26 d 优化施肥处理的缓苗率达 93%，而传统施肥处理缓苗率仅为 65%，比使用传统方法处理提高 13.4%，优化施肥处理显著缩短了草莓的缓苗时间。

2.2 不同施肥方式对草莓苗期长势的影响

表 5 为草莓苗期(定植后 50 d)不同处理方式对草莓苗期长势的影响，与传统施肥处理相比，通过优化施肥处理的株高、茎粗和叶面积分别提高了 56.6%、20.4%和 77.1%，说明优化施肥能促进植株的生长发育。

表 5 不同处理对草莓苗期生长情况的影响

处理	株高/cm	茎粗/mm	叶面积/cm^2
FP	11.74b	9.67a	23.42b
OPT	18.39a	11.63b	41.48a

注：同列不同小写字母表示 $P<0.05$ 差异显著水平，下同。

2.3 不同施肥方式对草莓现蕾和开花情况的影响

如图 3 所示，定植后的 45 d、49 d、53 d，优化施肥处理的现蕾率均高于传统施肥处理，优化施肥处理的现蕾率增加幅度逐渐增大，而传统施肥处理在 49 d 后增加幅度减小。相比于传统施肥处理，优化施肥处理在定植后的 45 d、49 d、53 d，分别增加现蕾率 54.2%、26.4%和 56.7%，说明优化施肥能促进草莓现蕾，加快其花芽分化。

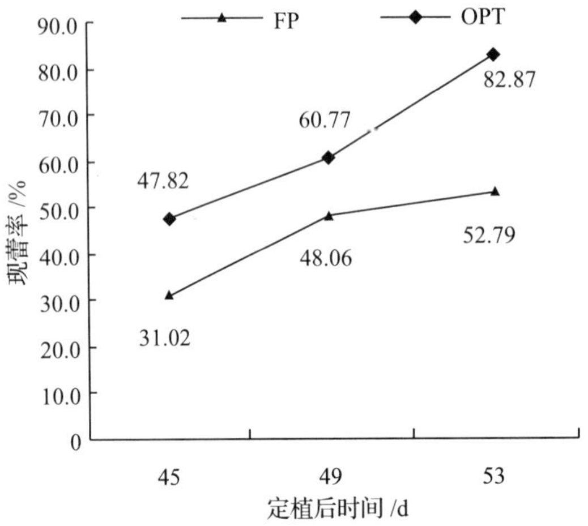

图 3 不同处理对草莓现蕾率的影响

2.4 不同施肥方式对草莓产量的影响

如图 4 所示，优化施肥处理的每茬果单株产量均显著高于传统施肥处理，相比于传统施肥处理，一茬果、二茬果和三茬果的产量分别提高了 58.1%、46.8%和 25.3%。从草莓总产量（截至 2016 年 5 月 20 日）看，优化施肥处理比传统施肥处理显著提高产量 40.9%。

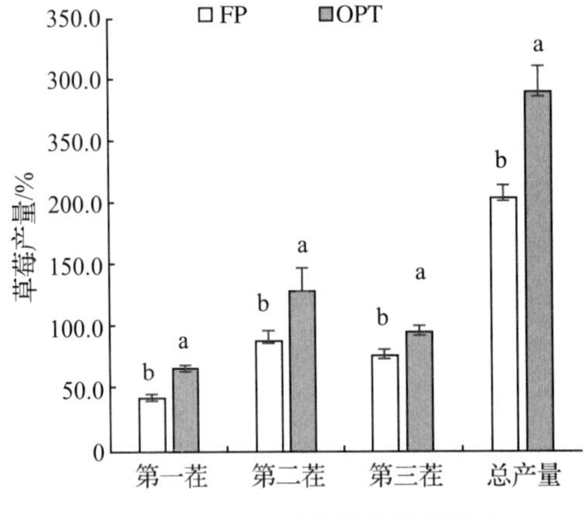

图 4 不同处理对草莓产量的影响

从表 6 可以看出，优化施肥处理的一茬果平均单果重显著高于传统施肥处理 45.2%，果数没有显著增加。二茬果的果数和平均单果重均显著高于传统施肥处理，且优化施肥处理的一、二茬果的平均单果重达到 20 g，草莓的商品性和经济效益有所提高。优化施肥处理的三茬果的果个数显著高于传统施肥处理，单果重没有显著增加。从各茬果实总体看，优化施肥处理果个数和单果重均显著高于传统施肥处理。

表 6　不同处理对草莓产量的影响

施肥处理	一茬果		二茬果		三茬果		总体情况	
	果个数/(个/株)	平均单果重/g	果个数/(个/株)	平均单果重/g	果个数/(个/株)	平均单果重/g	果个数/(个/株)	平均单果重/g
FP	3.1a	13.5b	4.8b	18.4b	5.4b	14.1a	13.3b	15.3b
OPT	3.4a	19.6a	6.6a	19.6a	6.5a	14.6a	16.5a	18.0a

2.5　不同施肥方式对草莓果实品质的影响

草莓的糖、酸含量是草莓最重要的品质指标，直接影响草莓的商品性；草莓的糖酸比反映草莓的风味。从表 7 可以看出，与传统施肥处理相比，优化施肥处理一茬果、二茬果、三茬果均未能显著提高草莓的糖度，但都明显降低了草莓的酸度，使草莓的糖酸比显著提高。优化施肥处理与传统施肥处理相比，一茬果、二茬果和三茬果的糖酸比分别提高了 19.2%、15.3%和 12.9%，使草莓的风味更佳，品质显著提升。

表 7　不同处理对草莓果实品质的影响

施肥处理	一茬果			二茬果			三茬果		
	糖度/%	酸度/%	糖酸比	糖度/%	酸度/%	糖酸比	糖度/%	酸度/%	糖酸比
FP	8.06 a	0.82 a	9.87 b	9.50 a	0.86 a	11.09 b	8.90 b	0.84 a	10.65 b
OPT	8.26 a	0.70 b	11.77 a	9.73 a	0.76 b	12.83 a	9.10 b	0.76a	11.92 a

2.6　不同施肥方式对草莓经济效益的影响

从表 8 可以看出，优化施肥处理通过提高草莓各茬果的产量，降低肥料投入，提高了经济收益。相比传统施肥处理，一茬果和二茬果产量分别提高了 0.24 kg/m^2、0.40 kg/m^2，传统施肥处理前两茬果总产量为 1.29 kg/m^2，优化施肥方式前两茬果总产量为 1.94 kg/m^2，较传统处理增产 50.4%，经济收益增加了 51.8%；三茬果产量提高了 0.19 kg/m^2，减少肥料投入 84.1%，净经济收益提高 53.2 元/m^2。

表 8　不同处理对草莓经济效益的影响

施肥方法	一茬果		二茬果		三茬果		总收入/(元/m^2)	肥料成本		经济收益/(元/m^2)
	产量/(kg/m^2)	经济收益/(元/m^2)	产量/(kg/m^2)	经济收益/(元/m^2)	产量/(kg/m^2)	经济收益/(元/m^2)		肥料用量/(kg/m^2)	平均单价/(元/kg)	
传统施肥	0.42	42	0.88	53	0.76	15	110	0.17	15	107.4
优化施肥	0.66	66	1.28	77	0.95	19	162	0.09	15	160.6

注：京郊草莓一茬果均价 100 元/kg，二茬果均价 60 元/kg，三茬果均价 20 元/kg。

3 结论

优化施肥采用控释肥基质苗，能显著缩短缓苗时间 5～8 d，促进植株的生长，提早植株的开花和现蕾。基于不同时期草莓的养分需求量和温室的水分蒸发量而设计施肥量和施肥频率，调整养分苗期、花期和果期的供应量和供应比例能显著提高前两茬果产量，进而提高总产量，显著增加了前两茬果的单果重，三茬果的结果数和平均单果重均有显著提高，进而提高草莓各茬果的经济效益。优化施肥能显著降低各茬果的酸度，对糖度影响较小，从而显著提高各茬果的糖酸比，对草莓的口感品质有显著提高。

4 讨论

本研究优化施肥采用系统整体性研究方法，优化草莓种植中的子苗和追肥，从而提高草莓的产量和品质。育苗是果类蔬菜早熟、丰产栽培的重要环节[18]。株高、茎粗是直接反映植株长势和健壮程度的重要指标[19]。优化施肥处理较传统施肥处理，株高提高 56.6%、茎粗提高 20.4%，子苗健壮生长势强，相比于普通基质育苗，移栽后缓苗时间缩短 5～8 d。这与张白鸽、司东霞等研究结果一致[20-21]。

传统模式中氮肥过量施用后大量铵和可溶性盐积累在基质中，导致株高降低，根系生长受限，这是缓苗慢的主要原因。

地栽草莓全生育期养分吸收总量仅为 404.3 kg/hm^2，然而农户传统的养分投入总量为 971.4kg/hm^2，是养分吸收量的 2.4 倍，传统施肥处理苗期和花期氮、磷分配比例较多，而钾肥在果期施用量过大。花前植株氮素吸收量为 57.4 kg/hm^2，而传统施肥处理花前施氮量为 106 kg/hm^2。花前施过量氮肥，导致花芽分化期延迟，秧苗营养生长过旺，坐果率低，进而导致果实产量低。

草莓果期钾吸收量为 102.4 kg/hm^2，而传统施肥处理的钾肥量为 383 kg/hm^2，高出 3.74 倍，过量施用钾肥抑制了作物对中后期养分的吸收，钾镁、钾钙拮抗现象比较严重，降低了叶片抗性、易衰老，严重影响草莓的产量和品质[22]。

本研究优化施肥基于不同时期草莓的养分需求量和温室的水分蒸发量而设计，调整不同时期的施肥频率，苗期、花期和果期的供应量和供应比例，促使草莓提早开花，提前上市，使草莓前两茬果的产量提高 50.4%，平均提高前两茬的糖酸比 17.3%，获得更高的经济效益。

优化施肥处理较传统施肥处理能显著提高产量 40.9%。产量差异的主要原因有以下几点：首先，草莓产量与生育前期获得较大的生物量密切相关[23]。本试验中通过生育前期缓控释育苗和优化施肥，能够显著促进前期幼苗的生长，提早 11 d 开花，定植后 53 d 提高现蕾率 56.7%，这表明在果实形成前，优化施肥处理秧苗缓苗快，植株健壮生长势强，提早开花，也因此能够提早采收，为高产奠定基础[19]。其次，中后期氮、磷、钾用量的优化以及合理的养分配比施用，促进花芽分化，提高坐果率。在品质上，优化施肥处理平均降低草莓酸度 11.1%，平均提高每茬果糖酸比 15.8%，使草莓的风味品质更佳，这与褚亚峰等[24]的研究结果一致。适宜的氮、钾用量能够保证草莓果实的品质，本研究中农户传统施肥下各茬果酸度较高，施氮过多会增加果实中可滴定酸浓度，这与宋科等[25]的研究结果一致。传统施肥处理在前期氮钾肥配比不合理，且氮钾用量较大，导致基质中积累了较多的盐分，进入果期氮钾肥用量也远多于养分吸收量，使果实酸度较高。而且钾肥过多会抑制作物对钙、镁的吸收，而钙、镁能够提高作物糖和维生素C含量，降低果实的含酸量[26]，这也是导致果实品质下降的重要原因。

以往关于草莓肥效的探究主要以优化某一元素或配方为主，而对全生育期的作物综合管理技术研究较少，因此根据作物的生长需肥特性对全生育期草莓施肥进行合理调控，设计施肥套餐对提高草莓品质和产量有重要作用。优化施肥处理可减少肥料用量，培育壮苗，实现带肥移栽，调整生育期氮、磷、钾的比例，氮肥适量后移，减少磷肥供应，调整水肥供应频率，以满足草莓的生长需求，最大化地发挥肥料的生产潜力，提高作物的产量和品质，优化施肥方案对于经济作物优质、绿色、高效的生产有重要推动作用。

参考文献

[1] 吴晓云，高照全，李志强，等．国内外草莓生产现状与发展趋势[J]．北京农业职业学院学报，2016，30(2)：21-26.

[2] 张雯丽．中国草莓产业发展现状与前景思考[J]．农业展望，2012，8(2)：30-33.

[3] 王立府．北京市昌平区草莓生产状况调查[J]．农业工程技术：温室园艺，2009(2)：26-27.

[4] 宗静，马欣，王琼，等．北京市草莓产业发展现状与对策[J]．作物杂志，2012(3)：16-19.

[5] 陈春宏，汪寅虎，柯福源．草莓吸肥特点和施肥技术研究[J]．上海农业学报，1997(4)：67-70.

[6] 朱冬梅．设施栽培下草莓养分吸收及肥水耦合技术的研究[D]．杭州：浙江大学，2013.

[7] 彭福田，张青，姜远茂，等．不同施氮处理草莓氮素吸收分配及产量差异的研究[J]．植物营养与肥料学报，2006，12(3)：400-405.

[8] 王连君，蔡艳华，王宇娟，等．氮磷钾配比施肥对草莓果实维生素C含量的影响[J]．北方园艺，2012(23)：175-177.

[9] HaynesR. J，林杭生．施氮、钾对草莓生长、产量和品质的影响[J]．土壤学进展，1990，18(3)：30-33.

[10] 蔡艳华．氮、磷、钾配比施肥对草莓产量和品质形成的影响[D]．长春：吉林农业大学，2011.

[11] 张建军，刘红．不同配方施肥对大棚草莓生长结实的影响[J]．西北林学院学报，2013，28(2)：114-117.

[12] Dar G A, Reshi T A, Sheikh M A, et al. Effect of nitrogen, phosphorus and potassium on growth, yield and quality of strawberry (*Fragaria* × *ananassa* Duch) cv Sweet Charlie[J]. Environment and Ecology，2013，28：1216-1219.

[13] 雷伟伟．基质栽培草莓高产、优质、高效生产技术研究与示范[D]．北京：中国农业大学，2016.

[14] 陈卫平．不同草莓品种果实品质的比较研究[J]．江西农业学报，2010(9)：46-48.

[15] 陈秀娟，糜林，陈卫平，等．种苗茎粗对草莓生长发育及产量和品质的影响[J]．南京农业大学学报，2011，34(4)：129-132.

[16] 赵密珍．草莓种质资源描述规范和数据标准[M]．北京：中国农业出版社，2006：6-10.

[17] 陈义群，董元华，王辉，等．不同施肥模式对草莓连作土壤性质及草莓生长的影响[J]．江苏农业学报，2013，29(1)：81-86.

[18] 万春雁，糜林，霍恒志，等．两种育苗模式对草莓花芽分化及果实生长发育的影响[J]．果树学报，2015，32(6)：1179-1186.

[19] Porlingis I C, Damon B. Growth responses of the strawberry plant, *Fragaria chiloensis* cv. Ananassa, to gibberellic acid and to environmental conditions[J]. Journal of the American Society for Horticultural Science，1961(78)：261-269.

[20] 张白鸽．华南露地苦瓜生产体系的氮素调控[D]．北京：中国农业大学，2016.

[21] 司东霞，胡树文，陈清，等．控释肥料不同用量对黄瓜幼苗生长及养分吸收的影响[J]．园艺学报，2009，36(1)：53-58.

[22] 赵鹏,谭金芳,介晓磊,等. 施钾条件下烟草钾与钙镁相互关系的研究[J]. 中国烟草学报,2000,6(1):24-27.
[23] 赖涛,沈其荣,褚冰倩,等. 新型有机肥的氮素在土壤中的转化及其对草莓生长和品质的影响[J]. 土壤通报,2005,36(6):77-81.
[24] 褚亚峰,安贵阳,房燕,等. 套餐肥、控释肥在苹果上的施用效果研究[J]. 北方园艺,2014(17):175-177.
[25] 宋科,薛永,郑宪清,等. 氮钾肥配施对草莓产量和品质的影响[J]. 上海农业学报,2016,32(5):82-86.
[26] 肖常沛,杨竹青. 不同钙、镁肥对蔬菜产量和品质的影响[J]. 长江蔬菜,2000(4):27-29.

不同种植模式对日光温室草莓生长的影响

刘雪莹，祝宁，雷伟伟，韩立红，周宇，张旭，刘民，李利锋

（北京市昌平区农业技术推广站　102200）

摘要：为了研究不同种植模式对草莓生长的影响，本研究进行了5种不同栽培模式高架、半基质、东西垄、南北垄、超高垄处理的对比试验。结果表明，超高垄栽培分蘖率最高（80%），叶片数最多（15片），单株结果数最多（6.6个果），可见该种栽培模式具有一定的推广价值。

关键词：草莓；土壤；基质；高架

随着我国社会经济不断发展，人们对草莓的品质要求也日益提高。为了实现草莓反季节供应市场，在温室内种植草莓已经成为发展趋势。国内种植草莓以土壤栽培为主，部分还包括半基质、高架栽培。近年来，超高垄栽培作为一种新模式出现，它结合了半基质和土壤栽培的优点，但生产中缺乏该种模式对草莓生长影响的具体研究[1]。草莓生长情况要从多角度衡量，指标可从根系土壤或基质温度、茎分蘖、叶、花、果的角度观察[2]。

草莓在果熟的同时会长出大量的茎分蘖，繁殖很快。顶花序分化时，取而代之向上生长的是两个芽，形成具有两个一级分蘖的植株，分蘖在一定程度上是植株长势强弱的表征[3]；草莓根系生长可承受的最低温度为2 ℃，最高温度为36 ℃，最适温度为20 ℃。10 ℃以下时，根系生长缓慢，在−8 ℃时根系会受冻害[4]。直接接触根系的土壤或基质温度是影响植株生长的重要因素；草莓通过功能叶发生光合作用，积累和运输有机物，叶片数是反映植株营养和生长情况的重要因素[5]；始花期影响草莓上市时间[6]；开花率和单株开花数影响草莓花芽分化能力[7]；结果率影响草莓产量。

前人对设施草莓栽培模式有一些新的研究，主要集中在品种生长比较、基质组成、营养液配比、施肥处理等方面，各种模式间的对比研究较少。本试验在2021—2022年将高架、半基质、东西垄、南北垄、超高垄5种不同栽培模式对草莓的分蘖、叶片、花果、基质土壤温度的影响进行比较，为推广草莓最优种植方式提供依据。

1　材料与方法

1.1　试验地点与时间

本试验设置于北京金六环农业科技有限公司日光温室A4棚。2021年10月15日授粉，2022年5月拉秧，底肥500 kg鸡粪、500 kg硫黄粉、10袋蚯蚓肥、200 kg抗重茬菌剂。

1.2　供试品种

品种隋株草莓苗由万德草莓庄园提供。

1.3 试验设计

试验分5个处理,处理1:传统南北向做畦栽培(下称地栽南北或南北);处理2:人工东西向做畦栽培(下称地栽东西或东西);处理3:半基质栽培(下称半基质);处理4:超高垄栽培(下称超高垄);处理5:高架栽培(下称高架)。定植密度:2 556株/棚。

2 结果与分析

2.1 分蘖

超高垄栽培分蘖率最高,为80%;其次是人工东西做畦和高架栽培,分蘖率均为60%;半基质分蘖率最低,为22.5%。超高垄60%分2蘖,20%分1蘖,20%不分蘖;高架100%分1蘖;半基质77.5%不分蘖,20%分1蘖,2.5%分2蘖;东西46.7%分1蘖,13.3%分2蘖,40%不分蘖;南北44.4%分1蘖,11.1%分2蘖,不分蘖44.4%。

2.2 株高

半基质、超高垄、高架的株高较高,比南北、东西分别高17.2%、25%。

2.3 叶片数

超高垄叶片数最多,为15片;其次是南北、东西和高架,半基质最少,为8.5片。

2.4 单株结果数

从分蘖草莓的单株结果数(包括白熟期、转色期、成熟期和已采摘的果实)来看,超高垄最高,为6.6个果,比地栽和高架多14.7%。

2.5 始花期和开花率

截至2021年11月3日,高架栽培开花最早,其次是超高垄,地栽东西、南北次之,半基质最晚。高架比超高垄、半基质、东西、南北1级花序开花率分别早19.0%、30.9%、29.6%、31.5%,2级花序开花率分别早19.4%、30.9%、18.3%、14.7%,3级花序开花率分别早3.4%、3.6%、−0.3%、0.8%。从花败期的角度来看,截止到2021年11月3日,东西花败最早,其次是南北,半基质、高架次之,超高垄花败最晚。东西比南北、半基质、高架、超高垄1级花序花败率分别早2.0%、6.5%、11.9%、19.1%,2级花序花败率早6.5%、16.3%、16.3%、23.5%,3级花序花败率早6.8%、2.9%、12.0%、6.4%。

2.6 单株开花数

东西、南北开花数最多5~8朵,比超高垄、高架、半基质分别多1~2朵、2~3朵、3~4朵。

2.7 果实成熟度

截止到2021年11月3日,绿熟期1级果南北最多,其次是东西,超高垄、半基质次之,高架最少,南北比东西、超高垄、半基质、高架多2.6%、5.4%、9.4%、14.9%;绿熟期2级果超高垄最多,其次是半基质,东西、南北次之,高架最少,超高垄比半基质、东西、南北、高架多0.2%、1.3%、4.2%、11.1%;白熟期1级果南北最多,其次是超高垄,东西次之,半基质和高架最少,南北比超高垄、东西、半基质、高架分别多1.6%、2.4%、3.4%、3.4%。

2.8 土壤和基质温度

11月上旬,超高垄比高架基质温度平均高0.4 ℃(−1.1~4.1 ℃),半基质比地栽南北土壤温度平均高0.3 ℃(−1.4~2.6 ℃)。

11月中旬,超高垄比高架基质温度平均高−0.2 ℃(−1.5~2.6 ℃),半基质比地栽南北土壤温度平均高0.2 ℃(−0.8~3 ℃)。

11 月下旬，超高垄比高架基质温度平均高－0.1 ℃(－2.3～3 ℃)，半基质比地栽南北土壤温度平均高 0.2 ℃(－1.1～4.1 ℃)。

11 月，超高垄基质温度范围 9～24.6 ℃，高架基质温度范围 8.6～22.3 ℃，地栽东西土壤温度范围 8.8～23.3 ℃，半基质温度范围 8.6～24 ℃。

12 月上旬，超高垄比高架基质温度平均高－0.1 ℃(－1.2～2 ℃)，从每天晚上 7:00 到第二天上午 11:00(根据时间推移逐渐延伸 1 h 到晚上 8:00、中午 12:00)，超高垄比土壤温度低－1.2～－0.1 ℃，从每天上午 11:00 到晚上 7:00，超高垄比土壤温度高 0.1～2 ℃，超高垄基质温度范围 10.4～22.4 ℃，高架基质温度范围 9.9～20.8 ℃。

12 月地栽东西比半基质土壤温度平均高 0.7 ℃(－4.6～2.5 ℃)，从每天上午 9:00 到下午 3:30，半基质比地栽东西温度高 0.1～4.6 ℃，从下午 3:30 到第二天上午 9:00，地栽东西土壤温度比半基质温度高 0.1～2.5 ℃(根据时间推移逐渐延伸到下午 4:30、第二天上午 10:30)，地栽基质温度范围 8.8～19.9 ℃，半基质基质温度范围 6.8～22.4 ℃。

1 月地栽东西比半基质土壤温度平均高 0.5 ℃(－5.5～2.4 ℃)，从每天上午 10:00 到下午 4:00，半基质比地栽东西温度高 0.1～2.4 ℃，从下午 4:00 到第二天上午 10:00，地栽东西比半基质温度高 0.1～5.5 ℃(根据时间推移逐渐延伸到下午 4:30、第二天上午 10:30)，地栽基质温度范围 6.1～17.4 ℃，半基质基质温度范围 5.2～19.9 ℃。

2 月地栽东西比半基质土壤温度平均高 1.2 ℃(－7.4～6.2 ℃)，从每天上午 9:00 到下午 5:00，半基质比地栽东西温度高 0.1～6.2 ℃，从下午 5:00 到第二天上午 9:00 地栽东西比半基质温度高 0.1～7.4 ℃(根据时间推移逐渐延伸到下午 6:30、第二天上午 10:30)。地栽基质温度范围 6.9～26.1 ℃，半基质基质温度范围 5.6～23.6 ℃。2 月 20—28 日地栽东西白天、晚上(一天 24 h)均高于半基质。2 月 14 日(下雪前后)，土壤温度东西最高 6.9 ℃，其次是半基质 5.6 ℃，南北最低 4.6 ℃，东西比半基质和南北高 1～2 ℃。

3 数据结果与分析

超高垄比高架温度高，二者相差不大，土壤比半基质温度变化稳定，半基质温差比土壤大，地栽积温比半基质高。超高垄栽培分蘖率最高 80%，其次是人工东西做畦和高架栽培分蘖率 60%，半基质分蘖率最低 22.5%，半基质、超高垄、高架株高较高，比南北、东西分别高 17.2%、25%。

超高垄叶片数最多(15 片)，其次是南北、东西和高架，半基质最少(8.5 片)，其中超高垄比高架多 50%。超高垄最高 6.6 个果，比地栽和高架多 14.7%。高架栽培开花最早，其次是超高垄，地栽东西、南北次之，半基质最晚，高架比超高垄、半基质、东西、南北 1 级花序开花率分别早 19.0%、30.9%、29.6%、31.5%，东西和南北开花数最多(5～8 朵)，比超高垄、高架、半基质分别多 1～2 朵、2～3 朵、3～4 朵。白熟期 1 级果南北最多，其次是超高垄，东西次之，半基质和高架最少，南北比超高垄、东西、半基质、高架分别多 1.6%、2.4%、3.4%、3.4%。半基质比地栽(南北)土壤温度平均高 0.2 ℃以上，超高垄比高架基质温度平均高－0.2～0.4 ℃，白天上午 11:00 到晚上 7:00 超高垄比土壤温度高 0.1～2 ℃，白天上午 9:00 到下午 3:30，半基质比地栽(东西)温度高 0.1～4.6 ℃，夜间从 3:30 到第二天上午 9:00，地栽(东西)土壤温度比半基质温度高 0.1～2.5 ℃。

4 结论

从轻简化的角度出发，本文中超高垄和高架两种栽培模式是最佳的轻简化栽培方式，既节省了劳动力，又使草莓生长、开花、结果表现佳，同时，在栽培过程中需要以人工方式保证高架草莓基质温度，给予草莓适宜环境生长。

参考文献

[1] 秦新惠．无土栽培技术[M]．重庆：重庆大学出版社，2015.

[2] 李明军．植物与植物生理[M]．重庆：重庆大学出版社，2015.

[3] 孙嘉兴，杨双，王贺，等．发酵菌肥对温室草莓繁苗生产的影响[J]．农业科技通讯，2021(2)：180-182.

[4] 王春玲，宋卫堂，赵淑梅，等．追日式草莓立体栽培架改善光温环境提高草莓产量[J]．农业工程学报，2017，33(11)：187-194.

[5] 侯梦媛，姜琳琳．寡照胁迫对设施草莓营养生长及生殖生长的影响[J]．江苏农业科学，2021，49(13)：125-130.

[6] 韩佩汝，张正伟，郑静，等．低温对草莓花芽分化的影响[J]．中国农业大学学报，2019，24(1)：30-39.

[7] 张新宇．不同复配基质对草莓植株生长和果实品质的影响[D]．合肥：安徽农业大学，2021.

昌平区设施草莓种植主要环节问题简析及农机化应用方案探讨

于腾屿[1]，王尚君[1]，李彦君[1]，邢广青[2]，刘攀[1]，郭文杰[1]，周雅暄[1]

（1. 北京市昌平区农业机械化技术推广站　102200　2. 北京市昌平区农业服务中心　102200）

摘要：本文通过北京市昌平区设施农业的代表与主导产业——草莓种植，分析种植关键环节中适宜农机化操作的现实需求，简要分析了昌平区设施农业机械化特点、发展现状与存在问题，展开了措施与方案的探讨，并对未来几年昌平区农机推广工作方向提出合理化建议。

关键词：设施农业；草莓；农业机械

实现乡村振兴离不开现代农业的支撑，设施农业是现代农业的重要实现形式，设施农业的现代化离不开先进的设施农业机械装备，近几年相关扶持政策不断出台，为设施农业的发展指明了方向，提供了有力的政策支撑。2020 年农业农村部发布了《农业农村部关于加快推进设施种植机械化发展的意见》，提出了发展目标，要求到 2025 年，农机作业条件显著改善，适宜机械化生产的新品种和新技术新模式加快推广，设施种植机械化水平总体达到 50%。“十四五”规划提出，深化农业结构调整，优化农业生产布局，建设优势农产品产业带和特色农产品优势区，积极发展设施农业，加强智能化、复合型农业机械研发应用。在各项利好政策的引领下，昌平区的设施农业机械化发展也必将迎来一个新的发展阶段。

1　昌平区设施草莓机械化现状

依据 2019—2020 年昌平区农业服务中心的草莓调查数据，昌平区草莓与蔬菜种植面积为 1.25 万亩，其中设施种植面积为 0.63 万亩。设施农业中以草莓为优势产业与主要代表，全区草莓种植涉及 13 个镇，78 个村，以兴寿镇、南邵镇、崔村镇、小汤山镇、百善镇为核心主产区，并且形成了数家具有较大规模的农业科技示范基地。全区有 1 500 余户草莓种植户，以地栽为主要栽种模式。然而，据不完全统计，在草莓生产过程中，包括土地消毒、破垄起垄、施肥、移栽、植保、灌溉、环境控制、采摘储运等关键环节，机械化的综合利用率不足 30%。以小汤山镇、马池口镇、兴寿镇为例，配备较完善的为卷帘机及非智能化的传统水肥灌溉设施，配置率基本达到了 85%。企业、合作社、示范基地运用起垄破垄机械、微耕机、旋耕机等传统农业机械操作技术较成熟。经过昌平区农业机械化技术推广站的示范推广，部分具有示范引领作用的农业园已运用智能水肥一体化设备。该套设备具有灌溉、施肥、消毒等多种功能，但目前尚在试验阶段，未进入全面推广环节，其他诸如补光灯、自动除雾设备配置均不足 15%。以兴寿镇为例，该镇定植草莓 3 000 余栋，以日光温室为主，散户种植数量庞大，农业规模化经营程度较低，多为种植 1～2 栋。种植户由于年龄偏大，对机械化接受程度不高，仅在部分环节实现机械化，总体机械化水平较低；农机与农艺结合不够紧密，施肥，拉秧灭茬、起垄、定植、植保采收等多数环节还在使用人工方式。由此看来，昌平区草莓生产全程机械化技术体系的实现任重而道远。

2 昌平区设施草莓农机应用的主要环节及问题分析

2.1 农机作业环境条件

温室建造标准不统一，受规模和结构所限，设计之初多未预留农机专用出入口，稍大型机械进出需拆解部分棚体构件，温室以长 50 m、宽 8 m 的标准棚为主，跨度相对较小，后墙与山墙多数采用传统材料结构，部分温室由于骨架材料结构强度不高，在有限的室内机械作业难度大，严重影响了机械的连续作业。

2.2 耕整环节

2.2.1 耕整农机

目前，主要由专业合作社及农机服务组织持有和使用，作业时以 20～50 马力的轮式拖拉机悬挂旋耕机进行，普通种植户对耕整型机械购机意愿不高，基本采用购买服务或租用机器的方式，虽然价格尚在可承受范围之内，但农业生产讲究不误农时，预约机器的“档期”紧张，一些散户自行购买了小型手扶式微耕机，这种机器虽然均价只有 3 000 元左右，但存在作业面积小，旋耕深度不够等问题，为实现破碎土壤均匀，常常需要重复多遍作业，并且机器的防护结构简单，操作不当易发生农机安全事故。

2.2.2 撒肥

目前，草莓施肥以人工施肥为主，劳动强度大，施肥不均匀，难以精量调控撒肥量。

2.2.3 起垄环节

种植户在生产实践中普遍使用一种自制模具的人工起垄法，但该种起垄法全凭手法与经验，疏松度难以把控，且人工劳动强度很大，常常需要雇人起垄，不仅要支付工钱，还需要为工人额外负责高成本的特殊工作餐，因此雇用人工费用高。农忙时节还会出现用工难，并且农户已经习惯了南北向起垄，每垄长度不足 7 m，短垄并排，同样不利于机械化管理。

2.2.4 消毒

由于目前土地消毒形式以高温闷棚和化学消毒为主，如果操作或使用药剂不规范，有污染土地与水源的风险，该环节机械参与度不高。

2.3 定植环节

草莓需要育苗后定植移栽，在定植环节现全部采用人工栽种，农机化严重缺失。虽然从短期分析，草莓定植技术要求高、难度大，不得不采用人工，但从现代农业角度来看，人工栽种的劣势十分明显。从业人员逐渐老龄化，而年轻人不愿从事这项工作，机械定植是草莓生产全程机械化技术体系的一大难点。

2.4 田间管理

水肥广泛应用，滴灌带铺设已经得到广泛应用，但精准化、智能化程度不高，缺少各类检测传感功能与智能控制功能，无法保证科学化水肥管理。

2.5 植保

目前广泛使用的是背负式手动或电动喷雾器，并且已经推广了水雾烟雾两用植保机，虽然灭虫杀菌效果较好，但仍需要人工操作。种植户很难严格实现全身防护作业，药液沾染身体有健康风险，喷药的药量也难以实现精准调控。

2.6 环境控制

2.6.1 控温

用于保温的卷帘机已经得到广泛使用，应用较成熟，但目前的卷帘机应用需要考虑与标准化、宜机化、大跨度温室相配套，目前广泛采用的卷帘机安全性与结构设计还有提升空间。

2.6.2 通风

目前通风湿度调控，普遍需要人工干预、手动控制。

2.6.3 除湿

草莓适宜生长的相对湿度在40%～60%，昌平区温室每年在一季度容易出现湿度较高的问题。湿度大易诱发草莓常见病，影响品质。该季节如果利用通风的方式来除湿易造成棚内温度下降过快，不易控制棚内温度。

2.7 采运环节

昌平区温室草莓的多数品种柔软多汁，适合田间采摘品尝，但不适于储存运输。由于新冠疫情的影响，消费降级，采摘人数的减少等因素造成草莓滞销，同时疫情也转变了传统的依靠礼盒销售与采摘销售思路，急需开拓多种模式的销售渠道。目前草莓自行采收运输、贮藏包装及深加工能力不足，影响了销售渠道的拓宽。

2.8 废弃物处理与资源化利用

草莓采收周期完成后，草莓秧被丢弃，给环境增加了治理压力也造成了可利用资源的浪费。

2.9 农机社会化服务滞后

现有的农机社会化服务组织在规模、农机装备配置、管理服务模式、技术人员专业素质等方面，均不能满足日益发展的草莓生产需求。

3 农机化应用与推广的改进方向

3.1 推广大跨度宜机化日光温室改造

要想使农业机械充分发挥作用，必须为机械化作业提供“施展拳脚”的空间，传统温室很大程度上限制了机械作业。跨度应至少大于12 m，不超过16 m。制定适合昌平区大跨度温室行业标准，使主体结构模块化、预制化，以便标准统一及现场组装。使用新型复合且环保的材料建造墙体，尽量减少使用红砖墙，预留农业机械出入口，棚内框架设计要充分考虑方便后期升级悬挂设备，便于补光灯、二氧化碳施肥装置、挂载机械化运输轨道等升级需要。温室内不能有多余支撑立柱，最低高度不能低于1.6 m，便于中型机械、多功能管理机械能实现无障碍且连续作业。

3.2 土地耕整环节

推广履带自走式旋耕机和具备双向行走功能的四轮拖拉机，配合昌平区农机推广站王尚君发明的“双向耕耘工作法”，同时通过资金政策扶植农业合作社、农机社会化服务组织，借鉴新模式，开展社会化服务，探索在成熟的农业APP上引入配备专业操作人员的预约农机服务。

针对有独立购机意愿的农户，推广更加安全有效的小型作业机械，并加大补贴力度，扩大补贴范围。推广宜机化的东西向起垄方式，同时对采用东西向起垄的，试验在后墙加挂增强漫反射作用的反光帘，提高采光均匀度。针对采用传统南北起垄的种植户推广已经试验成熟的草莓开沟精整机，并配合推广王尚君创新发明“一进二退耕作法”。

3.2.1 撒肥环节

宣传推广撒肥机械，转变人工撒肥方式，推广可以自动装卸肥料、灵活调节撒肥方式的履带式自走撒肥车。

3.2.2 土壤消毒

消毒过程中无化学药剂参与可增加消费者的安全感，同时增加昌平区草莓品牌附加价值、可尝试通过消毒机械运用纯物理的高温方式消毒。例如，履带自走式高温蒸汽消毒机械、火焰喷射消毒机械。

3.3 定植移栽环节

草莓移栽机械化是一大技术难点，普通移栽机仅仅“栽下去”还不够，草莓栽种对农艺要求较高。比如，移栽方向要草莓苗的弓背朝向两侧，便于草莓结果在垄外侧，并且要求“上不埋心，下不漏根”，这就对机械移栽深度及方向控制、识别能力提出了要求。目前现有的机器即使已经开始了移栽试验，但技术尚不成熟，需要定好弓背方向、定好深度的穴盘苗，人工辅助参与度过高，不能实现精准定向移栽，移栽后也不能充分满足农艺要求。应与草莓育苗企业、机械生产开发企业、高校机械开发团队联合开发研制草莓专用移栽机，试验成功后推广。

3.4 田间管理

笔者所在单位已经开展了水肥一体化智能控制设备的试验示范，现已在示范园区应用。该型设备可智能分析环境因素，并可利用智能终端远程操控，操作简便，可以根据适合草莓生长的农艺要求设定程序，实现自动精准配肥和自动施肥。应加大培训力度，增强示范效果，不断完善并逐步推广该项技术。

3.5 植保方面

需要改变人背机器打药的传统模式，推广更加节省、药剂利用率更高、施药精度更高的自走式机械；推广物理捕虫杀虫器具。

3.6 温控除湿方面

卷帘机是目前昌平区运用最广泛的传统农业机械装备，日光温室应向大跨度发展，现有的卷帘设备已难以满足升级的要求，下一步推广方向建议配合温室提升改造，推广大跨度轨道式卷帘设备。同时可试验近端温控设备，在草莓苗两侧铺设温控管道，通过终端设备自动控温，使草莓在各生长期都能在近端环境得到呵护。整合现有自动通风装置与卷帘系统，结合近端控温系统，整个控温通风过程不再单独操作，实现通风控温一体化控制。

在除湿方面，可推广除湿杀菌机，在除湿的同时增强杀菌功能。

3.7 采摘、运输和贮藏

由于草莓质软不易采摘，草莓自动采摘机械开发难度非常大，在目前仍采用人工采摘为主的背景下，可以开发辅助运输机械，开发有固定保护托盘的分层式上挂轨道滑车，可根据垄向变轨跟随采摘者，改变端着塑料小盆的采摘模式。同时将草莓自动识别智能收获机械列入未来农机推广发展清单。继续试验更低能耗的草莓冻干加工设备，降低加工成本，减小因突发情况造成的滞销损失。要开拓思路，打开多种销售渠道。最近有关供销社复兴的报道，引发了舆论较大关注，供销社概念股持续走强，很多资本开始关注与供销社的合作业务，这对后疫情时期的草莓销售是一个契机。供销社有很大的提升与探索空间，未来进一步发展，能提升销售流通效率，对农机推广体系与模式同样利好，应持续关注。如果新供销社模式得到政策与资本的持续支持，能发展起来，应及早对接合作，促进农业服务与农产品供销的结合。

3.8 废弃物处理

草莓废弃物处理也是全程机械化的重要环节。草莓秧处理适合小型化，可推广同时也可用于设施尾菜藤蔓的复合粉碎机，将草莓秧苗、尾菜藤蔓粉碎，粉碎后可进行填埋发酵无害化处理或资源化利用。

3.9 农机社会化服务

政府政策与资金扶持社会化服务组织，提高组织及机手收入水平，为农机操作从业人员规划具备吸引力的从业政策，以解决年轻人不愿从事农机操作的现状。前期可通过精准补贴提高农户积极性，定期免费组织社会化服务，组织管理及技术人员培训，对在草莓生产关键环节使用农机化作业的，如使用机械化起垄、机械化撒肥等作业模式的给予政策补贴，提高种植户对机械作业的认可度与积极性。

4 结论与发展建议

农机的参与是解放劳动力、提质增收的主要途径。发展现代化的设施草莓种植，生产的各个环节农机设备都不能缺席，要根据各关键环节的需要分析问题，制定专属的农机选型、试验、示范、推广方向。

本文提出的推广方向有些是在既往工作中被验证有效可行的，有些是通过经验与分析提出供行业内人士讨论的，需要继续探讨及通过实践检验，对设施草莓发展难点和目前技术难以实现的环节，要列入未来推广方向发展清单。一个成功的推广项目，每一个技术与管理环节都必不可少，在农机推广工作中要坚持不懈开拓思路，最终使设施草莓种植机械化水平达到新的高度。

参考文献

[1] 汪小旵，蔡国芳，杨昊霖．设施农业农机装备现状与发展趋势分析[J]. 农业工程技术，2019，39(1)：46-49.

昌平区温室草莓主要病虫害发生特点及绿色综合防治技术应用

刘正雄,崔美丽,许虹,卫王亮,汤泽滢,李威威,陈海明,李锦,钟连全
(北京市昌平区植保植检站　102200)

摘要:本文调查了昌平区温室草莓发生的17种主要病虫害种类,介绍了本地区草莓主要病虫害的发生概况。结合温室草莓主要病虫害发生情况,针对性地开展农业防治、生物防治、物理防治、低毒低残留化学防治等绿色综合防治关键技术的应用。

关键词:温室草莓;病虫害;绿色防治

2012年2月第七届世界草莓大会和2013—2019年七届北京农业嘉年华在昌平区成功举办,这极大地提升了昌平区都市型现代农业的发展水平和品牌影响,昌平草莓已成为国内精品草莓产业,截至2022年年底已稳定在5 000余栋日光温室(规格50 m×8 m)发展规模。为了保障昌平草莓产业健康持续稳定发展,昌平区植保植检站多年来致力于温室草莓病虫害调查分析及绿色综合防治技术应用工作。在长期调查中发现,草莓是一种极易受病虫危害的作物。由于草莓植株矮小,茎叶果实接近地面,易受各种病虫影响,尤其随着种植年份的增加,温室草莓重茬现象比较严重,产量逐年下降。如不做好温室草莓病虫害绿色防治工作,将在一定程度上直接影响昌平草莓产业的健康持续发展。近6年来,昌平区植保植检站对温室草莓主要病虫害的发生情况进行了摸底调查,并有针对性地将绿色综合防治关键技术应用于草莓生产实践中。

1　病虫害种类及发生特点

1.1　病虫害种类

据2017—2022年昌平区温室草莓病虫害调查,主要病害有白粉病、灰霉病、叶斑病(蛇眼病)、褐斑病、轮斑病、青枯病、枯萎病、炭疽病、根腐病(红中柱根腐病)、冠根腐病、黄萎病、霉腐病、软腐病13种;主要虫害有红蜘蛛、蓟马、蚜虫、甜菜夜蛾4种。常年白粉病、灰霉病、红蜘蛛、蓟马等呈中等或偏重发生,炭疽病、根腐病、蚜虫等呈偏轻或中等发生。

1.2　发生特点

一般于8月下旬至9月中上旬进行草莓定植,10月中旬至12月间易发生白粉病,主要为害植株叶片,次年1月之后进入花果期,白粉病主要为害果实。灰霉病在次年1月进入花果期后开始发生,主要为害果实。次年2月以后草莓盛果初期,红蜘蛛、蓟马开始为害,之后随着气温的升高,3—4月进入为害盛期。红蜘蛛常成点、片为害,蓟马虫源广、扩散快,普遍发生为害[1]。蚜虫在草莓整个生育期均发生为害。

草莓叶斑病(蛇眼病)、褐斑病、轮斑病等叶片上发生的斑病及草莓炭疽病等病害常发生在草莓苗期,但在8月下旬至9月中上旬温室草莓定植后,叶片斑病基本不发生,草莓炭疽病基本得到控制,主要原因是当地习惯性地频繁使用广谱性的药剂防治。在草莓定植至温室覆膜保温前,一般进行药剂预防或防治2～4次。草莓苗移栽时大部分进行药剂消毒,此后每隔7～15 d进行广谱性药剂喷雾1次,药剂一般为多菌灵、甲基硫菌灵、百菌清、代森锰锌、嘧菌酯等。多次广谱性药剂喷雾防治基本上能控制叶斑病、炭疽病的发生。

草莓枯萎病、根腐病(红中柱根腐病)、冠根腐病、黄萎病属于土传病害,也是毁灭性的病害,发生初期可以防治,后期不可防治,可直接造成草莓植株死亡。随着草莓连作年份增加,土传病害发生由轻逐渐呈加重的趋势。

草莓白粉病、灰霉病的发生程度呈中等或偏重,这与大面积种植以抗病性差的红颜、章姬为主的日系品种有关。日系品种易感白粉病、灰霉病,而欧系品种较抗白粉病、灰霉病。

草莓蚜虫、红蜘蛛、蓟马是温室草莓的重要虫害,呈中等或偏重发生趋势,但如果能早发现,较好防治。红蜘蛛、蓟马发生隐蔽性强,早期不易被发现,其繁殖速度快,极易成灾,造成较大的经济损失[1]。

2 绿色综合防治技术的应用

结合昌平区温室草莓主要病虫害发生情况,需切实贯彻“预防为主、综合防治”的植保方针,树立“绿色植保、健康草莓”的发展理念,有针对性地推广应用温室草莓病虫害绿色综合防治关键技术。重点应用农业防治、生物防治、物理防治、低毒低残留化学防治等绿色综合防治技术[2],把病虫害的发生量控制在经济允许水平以下,达到绿色、高产、优质、低成本的目的。

2.1 农业防治

选用脱毒苗育苗。选用品种纯正、健壮、无病虫害的脱毒苗作为繁殖用的母苗,建立专用的繁殖圃培育生产用苗;实行植物检疫,对草莓种苗、生产苗实行检疫,减少病虫传播;采用高畦(垄)栽植,灌溉时可防止土壤水分过多,以免造成沤根,减少病害发生[3];加强植株管理,及时摘除老叶、病叶、病残果,并带出室外深埋或销毁;实行滴灌,利于控制温室内湿度;控制氮肥施用过量,防止植株过度茂盛,减少病害发生。

2.2 物理防治

2.2.1 高温闷棚防治技术

可综合防治草莓枯萎病、黄萎病、根腐病等多种土传病害和金针虫、蛴螬等地下害虫,有效解决草莓连作障碍。操作方法是在草莓栽植前的炎热夏季,一般在7—8月,连作温室内每亩施粉碎作物秸秆或其他堆肥1 500 kg左右,撒施土壤消毒剂石灰氮75～90 g/m^2,然后深翻,作物秸秆或堆肥与土壤均匀混合,然后起垄,垄宽60～70 cm,地垄沟内灌水,灌水量以土壤处于饱和水分状态为宜。用透明塑料薄膜覆盖垄面,同时将棚室密闭,密闭期间土壤温度在40～50 ℃,持续15～20 d。草莓土壤消毒剂还可使用威百亩、棉隆、辣根素等。闷棚前可采用辣根素等进行棚室内喷雾消毒。

2.2.2 色板诱杀小型害虫

色板诱杀害虫是草莓害虫防治中一项行之有效的物理防治方法,常用色板有黄板、蓝板。黄板能有效防治蚜虫、粉虱、潜叶蝇等小型害虫,蓝板能有效防治蓟马等害虫。具体操作方法是用规格25 cm×30 cm的黄板或蓝板距植物顶端高15 cm左右,每亩挂板30～40块,挂在行间[2]。当板上粘满粉虱、蚜虫、蓟马等小型害虫后，及时更换黄板或蓝板，这样可持续诱杀害虫。

2.2.3 防虫网阻隔害虫为害

温室通风口覆盖50～60目防虫网，把害虫拒之网外，切断害虫（成虫）繁殖途径，有效控制害虫，对甜菜夜蛾、粉虱等害虫起到显著的控制作用[3]。

2.3 生物防治

2.3.1 防治白粉病、灰霉病等病害

在白粉病或灰霉病发生初期，可用≥5×10^8 CFU/g 哈茨木霉微生物菌剂 WP 300～500倍液，或用1×10^{11}孢子/g 枯草杆菌 WP(依天得)600倍液，或用0.5%小檗碱 AS500倍液，或用1.1%儿茶素 WP 400～600倍液，或用1×10^6孢子/g 寡雄腐霉 WP 6 000倍液，或用2%嘧啶核苷类抗生素（农抗120）AS200倍液，或用2%武夷菌素 AS200倍液喷雾防治。

2.3.2 防治红蜘蛛、蓟马、蚜虫等小型害虫

在红蜘蛛发生初期，红蜘蛛可以释放智利小植绥螨密度为20～40头/m^2防治，或用0.5%藜芦碱可溶液剂120～140 g/亩喷雾，或用150亿孢子/g 球孢白僵菌、WP 160～200 g/亩喷雾。防治在蓟马发生初期可以释放东亚小花蝽密度为1～2头/m^2；150亿孢子/g 球孢白僵菌 WP 160～200 g/亩喷雾[4]。由于红蜘蛛、蓟马属于小型害虫，隐蔽性强，防治上宜在“早”字上下功夫，及早喷药防治[5]。在蚜虫发生初期，可用5%桉油精 SLX 70～100 mL/亩喷雾防治。

2.3.3 防治或预防根部病害

草莓定植前后可用微生物菌剂处理草莓苗防治或预防根部病害。定植前将草莓苗的根部放在≥5×10^8 CFU/g 哈茨木霉微生物菌剂 WP 30～50倍液，或≥2×10^8 CFU/g 拜赖青霉微生物菌剂 WP 30～50倍液浸泡1～2 min；定植缓苗后可用≥5×10^8 CFU/g 哈茨木霉微生物菌剂 WP 1 kg/亩，或用≥2×10^8 CFU/g 拜赖青霉微生物菌剂 WP 1～2 kg/亩滴灌，每隔20～30 d 滴灌1次，连续使用2～3次。

2.4 低毒低残留化学防治

在草莓生产中禁止使用高毒高残留农药，可以使用低毒低残留农药，提倡使用生物源农药[6]。温室内宜优先采用烟熏法防治病虫害。在采果期应严格按照农药安全间隔期用药。注意在蜂箱移入棚室前10～15 d，应彻底防治病虫害1次，避免蜂箱移入棚室后短时间内药剂防治时蜜蜂受药害。一些药剂具体防治技术如下：

2.4.1 硫黄熏蒸综合防治病虫害

在草莓白粉病、蚜虫等一些虫病发生初期，可采用硫黄熏蒸进行有效综合防治。在地膜覆盖后的温室内，每80～100 m^2安装一台自控熏蒸器，垂吊于距地面1.5 m处的温室中间；为防止硫黄气体硬化棚膜，可在熏蒸器上方安置一伞状物，用于保护棚膜。熏蒸器内盛20 g的硫黄粉（含量为99.5%以上），在傍晚温室苫盖密闭后室内气温在24 ℃以下可开始加热熏蒸，时间2～4 h。隔日熏蒸1次，根据实际情况可连续熏蒸4～10次。注意禁止白天温室内进行硫黄熏蒸，以防在高温、高湿条件下造成药害。

2.4.2 燃放烟剂防治草莓白粉病、灰霉病等病害

傍晚温室苫盖密闭后，将2%醚菌酯 FU 每温室（规格400 m^2）6枚均匀摆放（摆放时注意药剂顺垄沟卧放），由里向外依次点燃后，操作人员须迅速撤离温室，以保证安全。

2.4.3 药剂预防与防治草莓病害

防治温室草莓白粉病、灰霉病等病害需坚持“预防为主、全程控制”的原则。草莓移栽时，须进行药剂处理；定植后至温室覆膜保温前，需进行3～4次药剂预防或防治。

2.4.3.1 定植前草莓苗宜用药剂处理预防根部病害

把草莓苗的根部放在50%多菌灵WP 500倍液或25%嘧菌酯SE 1 500～2 000倍液中浸泡1～2 min，同时需注意避免浸泡苗叶。然后把草莓苗未着液的根上部放在药液中迅速浸蘸一下，等自然沥干后再定植。注意配制的药液只浸泡一次，不能重复使用，避免病害交叉感染。

2.4.3.2 草莓定植后至温室覆膜保温前草莓病害绿色综合防治方法

药剂喷雾预防或防治草莓病害。间隔7～10 d喷1次，应连续喷施3～4次，药剂宜轮换使用。可喷施25%嘧菌酯SE 2 500倍液或50%多菌灵WP 600～700倍液或70%甲基硫菌灵WP 800～1 000倍液。喷药时要细致周到，将全株喷施均匀(注意：叶面上下均匀喷雾)。

药剂灌根防治根部病害。在植株感染枯萎病、根腐病等根部病害初期，进行药剂灌根防治，可选用98%恶霉灵WP 2 500倍液或70%甲基硫菌灵WP 500倍液灌根[7]。间隔7～10 d 1次，连续灌根防治2～3次，药剂需轮换使用。

应注意的事项：发现感染根腐病或枯萎病等而不能防治好的病株应及时拔除，并带出棚外深埋或烧毁处理；应在草莓定植缓苗后进行药剂预防或防治病害；需连续进行药剂防治时，应注意用药间隔期；防治时要注意天气变化，风力大于3级、雨前及雨天不宜进行防治；施药时间选择非雨天、风力小的天气，避免晴天午时高温喷药，以免造成药害。

2.4.3.3 药剂喷雾防治白粉病

草莓温室覆膜保温始期至草莓开花前是草莓白粉病始发阶段，也是预防草莓白粉病发生的关键时期。根据温室草莓白粉病发生情况，可选用50%醚菌酯WG 3000倍液或70%甲基硫菌灵WP 1 000倍液或25%吡唑醚菌酯EC 2 000～2 500倍液喷雾防治。间隔7～10 d喷1次，连续喷施2～3次，药剂宜轮换使用。喷药时宜将全株喷施均匀(注意：叶面上下均匀喷雾)。

应注意的事项：避免晴天温室内高温时进行药剂喷雾；药剂喷雾防治后，应注意适时通风，降低温室内空气相对湿度；在草莓开花期时不宜进行药剂防治，防止影响草莓授粉产生畸形果。

参考文献

[1] 刘晶，郑书恒，张涛，等．北京地区设施草莓主要病虫害发生现状调查与防控建议[J]．中国植保导刊，2015(10)：35-37.

[2] 崔海珍．草莓病虫害的物理防治技术[J]．农业开发与装备，2013(8)：99-100.

[3] 金玉华．新疆设施草莓病虫害绿色防控技术研究与应用[J]．农业科技通讯，2019(8)：402-404

[4] 吉沐祥，姚克兵，王建华，等．设施草莓病虫害全程绿色防控技术模式[J]．江苏农业科学，2016，44(9)：148-151.

[5] 胡玉，长丰县草莓病虫害绿色防控及节药技术探讨[J]．现代农业科技，2017(18)：94.

[6] 李星月，许前贵，朱从桦，等．四川温室草莓生产现状及病虫害绿色防控技术[J]．四川农业科技，2018(3)：27-28.

[7] 刘金权．设施栽培草莓病虫害发生规律与综防对策[J]．现代园艺，2009(1)：28-29.

草莓与栗蘑套种栽培技术

张旭，齐长红，蔡连卫，康勇，祝宁，雷伟伟，刘民，何秉青，刘雪莹
（北京市昌平区农业技术推广站 102200）

摘要：草莓套种栗蘑，即在草莓生长后期，实行套种技术，这既不影响草莓正常生长、方便采摘，又有利于栗蘑菌丝及子实体生长以及栗蘑生产中的日常管理，能够有效提高土地利用率和经济效益。

关键词：草莓；栗蘑；套种

1 套种模式

温室草莓套种栗蘑栽培模式是利用温室草莓栽培畦的隔行走道栽培栗蘑。2 月上旬菌棒入棚，进行修整下挖做栗蘑栽培畦，畦宽 35 cm，深 15～20 cm，并排码放 3 个菌棒，菌棒入地覆土后约 20 d 出头潮菇，头潮菇结束后，养菌 30 d，可以出二潮菇。此模式具有省工，充分利用温室的空间和时间的优点，产出草莓的同时丰富了食用菌的采摘品种、增加农户收入。

2 菌袋入小棚

避免栗蘑与草莓生长所需湿度的冲突，为栗蘑做好小棚架，覆盖上塑料薄膜，以达到增温保湿的目的，这样既可以为栗蘑提供必要的湿度又可以避免草莓温室内的空间湿度过大，影响草莓生长。

3 出菇管理

优质高产的关键是管理，须根据生长特性，做到科学管理。大致可分为两个阶段：

3.1 出菇前阶段

一般 3 月放的菌块，需要 50～60 d，4—5 月现蕾出菇。4—5 月放的菌块，30 d 左右出菇。5—6 月放的菌块，10～15 d 就可以现蕾出菇。

不论什么时间排放菌块，最初的主要问题是水分，排好菌块后，一般 10 d 内不能放大量水。根据土壤保水性能不同，每日或几日适当喷水，保持地表不干燥，棚内空气相对湿度保持在 60%～70%即可。10 d 后可以增加上水量，每天上水 1～2 次，使棚内空气相对湿度达到 75%～85%。预测在将要出菇现蕾前 7～10 d 时，进一步增加上水量，使地表保持相对湿润，棚内湿度保持在 85%～90%。

3.2 出菇阶段

出菇的早晚主要取决于温度高低、覆土厚薄和畦深浅。温度高、覆土薄、畦浅出菇早，相反

出菇则晚。气温在 15～20 ℃，经过 10～15 d 的培养，灰黑色的小菇蕾就会长出土层，并开始出现朵片皱形。随着菌盖进一步伸长发育成一朵多分枝的栗蘑。原基形成以后，要增加湿度，加大通风量，增加光照和适当调控温度。管理要点如下：

①增加湿度。出菇的菌块含水量为 65%～70%，棚内空气相对湿度在 85%～95%，每天向棚内喷 3～4 次水，喷水要灵活掌握，视天气和菇棚的具体情况而定，注意不要积水，且不能淹没栗蘑。

②加强通风。原基形成以后对氧气的需求量增加，要加大通风。

③适当光照。原基形成期间不需要光照，但原基形成后需要较强的散射光，散射光强，栗蘑颜色深，香味浓。光线强度达不到要求，虽然栗蘑能分化，但菌盖颜色浅、呈白色，栗蘑香味淡。

④适宜控温。栗蘑出菇期间的温度保持在 16～24 ℃，棚内温度超过 25 ℃时，就要加遮阴物降温。温度处于 30℃以上时很难形成原基。

4 采收及处理

栗蘑从原基出现到采收，成熟期随温度变化而有所不同，如气温在 16～24 ℃，18～25 d 可以采收；气温在 22～30 ℃，12～16 d 可以采收。但并不绝对，要根据子实体生长状况来定，子实体成熟度达到六至八成时采摘最为适宜，成熟一朵采摘一朵。是否成熟，可依据两个标志确定：

①辅助标志。如栗蘑生长过程中光线充足，菌盖颜色深，能观察到菌盖外沿有一轮白色的小白边，即菌盖的生长点。当生长点界线不明显，边缘稍向内卷时即可采摘。对于管理不当，菌盖颜色浅，则不能参照此标志。

②永久标志。栗蘑幼时菌盖背面呈白色，成熟时背面形成菌孔，采摘以刚形成菌孔为最佳时期。子实体成熟后如不及时采收，菌孔伸长、散发孢子后，栗蘑逐渐木质化变脆，商品价值变低，菇潮次数会自然减少。

4.1 采摘方法

采摘时将两手或一手伸平，插入栗蘑底根部，用力向上抬起，栗蘑根部即断，然后用小刀将黏着的泥土等杂物去掉，放入容器内。

4.2 采摘后管理

采摘后清理好菇畦，菇根出土的地方覆 1 cm 的土，不要损坏栗蘑根，有的在同一个地方可能出几茬栗蘑。采摘后的菇畦 2～3 d 不能浇水，以便菌丝恢复生长。停水 2～3 d 后喷 1 次重水，继续按出菇前的方法进行管理，一般过 15～20 d 就可以出下潮菇。

5 病虫害防治

栗蘑的主要虫害有跳虫、线虫、菇蛆虫等。虫害防治是栗蘑栽培管理中不可忽视的一个重要问题。

5.1 跳虫的防治

跳虫又名烟灰虫、弹跳虫。危害栗蘑子实体的主要是菇疣跳虫和黑角跳虫。菇疣跳虫，近白色球形，半透明，在适宜环境中，繁殖速度快，20～28 ℃时大量发生，常群集于子实体背面、根部和叶片菌孔内。特别是幼菇期，原基会被虫体覆盖，使菇体萎黄、腐烂而停止生长。跳虫是栽培环境过于潮湿、卫生条件差所导致的标志性虫害。

防治方法：没有长出子实体之前，可在畦内表面周边环境喷洒 0.1%的低毒辛硫磷或其他高效、低毒、广谱杀虫药 1～2 次进行预防。如果发现虫体，也可用同样的方法进行防治。

5.2 线虫、菇蛆的防治

线虫种类较多，常见的有血线虫、菇蛆、节节虫等。血线虫长 2～3 cm，非常纤细，成群集在菇蕾周围 1～2 cm 深的土层内，危害小菇蕾，使菇体停止生长或腐烂。菇蛆危害成熟期菇体。菇蛆体长寸许，多钻入菇体内侧，使菇体质量严重下降，失去商品价值。发生菇蛆危害，一般可在菇体根部、叶片之间发现蛛网状物或虫蛀孔、虫体等。

防治方法：局部地表喷洒 0.3%～0.5%的敌百虫水，周围喷洒速灭杀酊；清洁周围环境卫生，保持清洁水源，发现病虫害及时进行处理，防止传播扩散。

参考文献

[1] 王振华．栗蘑大棚优质高效栽培技术分析[J]. 农业技术与装备，2020(6)：127-128.
[2] 杨海燕，曹建平，王周平，等．草莓立体栽培套种食用菌高效生产技术[J]. 中国蔬菜，2020(3)：99-101.
[3] 李峰，王士坤，赵建选．塑料小拱棚周年栽培食用菌技术[J]. 北京农业，2006(9)：22.

高架栽培草莓套种不同品种甘薯试验结果分析

周向东，齐长红，于静湜，于畅，谷星宇，李利锋，陈永利
（北京市昌平区农业技术推广站　102200）

摘要：草莓高架基质栽培模式在草莓生产中应用广泛，为充分发挥草莓高架栽培的优势，丰富采摘品种，延长采摘时间，不断提升经济效益，本研究选取5个不同甘薯品种，在日光温室大棚内与草莓套种，进行立体基质栽培。通过对甘薯产量的测定，筛选出适合与草莓高架基质栽培套种的甘薯品种。其中，豫薯10号产量最高，每亩产量达680.4 kg、产值达1 701元。

关键词：草莓；高架；甘薯；套种；产量

草莓是蔷薇科草莓属多年生常绿草本植物，其果实色泽鲜艳、风味独特、营养丰富，素有"浆果皇后"的美誉。甘薯是我国重要的农作物之一，其种植范围非常广泛，而且具有多种营养成分，是一种健康食品，深受广大消费者喜爱。草莓生产作为昌平区重点发展的支柱性产业，在2012年第七届世界草莓大会的推动下，种植户中草莓亩产效益最高可达10万元以上。通过不断创新种植模式和套种新的作物品种，打造新的种植理念，为农民增收创造新途径。

1　材料与方法

1.1　试验材料

1.1.1　供试地点

北京市昌平区兴寿镇东营村——莹莹（大伟）草莓园89号棚。

1.1.2　供试作物

草莓：红颜，定植日期为2019年8月29日。

甘薯：龙薯9号、豫薯10号、烟薯25号、济薯26号、普薯32号共计5个品种，种苗由北京市农业技术推广站提供。

1.2　试验设计与方法

1.2.1　试验处理

草莓2019年8月29日定植，高架基质种植42架；甘薯2020年3月20日定植，每个品种甘薯种植8架，品种随机排列，不设置重复。

1.2.2　甘薯栽培技术要点

甘薯对基质的适应性强、耐旱、耐碱。为保证高产稳产，基质环境需满足养分充足、质地疏松和保墒蓄水量好等基本条件。需肥量较多，适宜氮、磷、钾和微量元素配合施用，氮、磷、钾吸收比例为1∶0.4∶1[1]。选用壮苗的标准是茎粗壮、节间短、剪口多白浆；叶片肥厚且大小适中，顶叶

平齐；苗高 20 cm 左右，苗龄 30 d 左右；组织充实、老嫩适度，无病虫、无白根，百株重 500 g 以上。秧苗消毒处理：采用 50%甲基托布津 1 000 倍液对薯苗基部 6～10 cm 处浸泡 10 min，再栽苗，可防治黑斑病。选用茎蔓粗壮、无病虫害、带心叶的顶端苗，适时早插发根快，且生长适温期较长，有利于甘薯茎叶充分生长和产量提高。每个架子种植甘薯 12 株，株距 50 cm，栽后 3～5 d 将死苗、病苗拔掉，补栽壮苗。试验过程中，各项肥水管理措施与草莓管理相同。草莓 5 月中旬拉秧后，适当控制浇水量和浇水时间。甘薯生长中后期，如果基质不是特别干旱，一般不用浇水[2]。严禁翻秧，如果秧蔓扎根，可以提秧，提断秧根后再放回原处。甘薯生长后期，茎叶生长逐渐衰退，而块根增重加快，田间管理的主攻方向是保持适当的绿叶面积，防止茎叶早衰，提高光合效能，增加干物质积累，促进块根迅速膨大。甘薯生长后期，薯块旺盛生长，地上部生长减慢，主要管理措施是保护茎叶，延长叶片功能期，防止早衰或贪青，促进块根膨大增重。

根据田间长势可进行根外追肥，用 0.2%磷酸二氢钾溶液喷施，每亩喷 50 kg，每隔 7 d 喷 1 次，连喷 2～3 次。

1.2.3 甘薯采收时间和方法

2020 年 7 月 29 日，采收甘薯，对每个品种甘薯长势均匀的 3 架进行产量测定。

2 结果与分析

2.1 不同品种甘薯产量、性状分析

龙薯 9 号，叶生长势较旺盛，单株结薯数 3～5 条，大中薯率高，结薯集中，薯形纺锤形，薯皮红色，薯肉淡红色。结薯特早的性能，比同期栽培的甘薯可提前 10 d 收获，亩产 676.9 kg。

豫薯 10 号，红皮，橘黄肉，表皮光滑细腻。结薯早，薯块膨大快，产量高，亩产 680.4 kg。

烟薯 25 号，薯形纺锤形，淡红皮橘红肉，结薯集中，薯块整齐，单株结薯 4 个左右，大中薯率较高；食味好，亩产 503.3 kg。

济薯 26 号，属于鲜食型甘薯新品种，红皮黄瓤，收获即食，风味极佳。单株结薯 2 个左右，该品种特别适合烘烤和蒸煮，薯形长纺锤形，亩产 216.9 kg。

普薯 32 号，单株结薯较多，薯身比较光滑，薯皮呈深红色，薯肉呈橘红色，薯形上面小、下面大，亩产 504.7 kg。

5 个不同品种甘薯的亩产量比较见图 1，可以看出豫薯 10 号产量最高。（不同品种甘薯产量为一年种植数据）

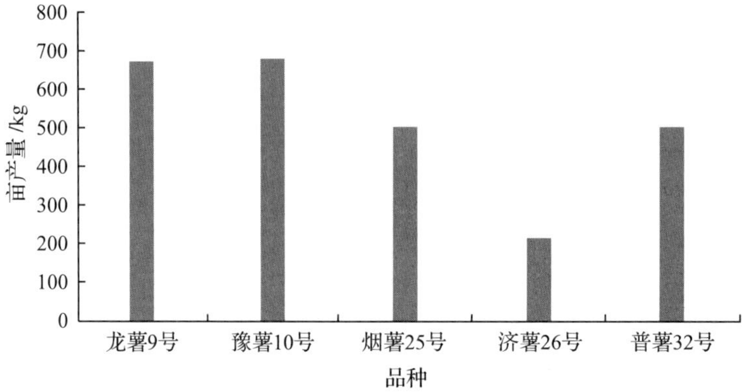

图 1 5 个不同品种甘薯亩产量

2.2 甘薯经济效益分析

图 2 是不同品种甘薯的经济效益，甘薯按照 2.5 元/kg 计算，最高亩效益达到 1 701 元，最低也可增收 542.3 元。同时，每亩可采摘甘薯叶 150 kg，采摘价格 4 元/kg，收入 600 元。

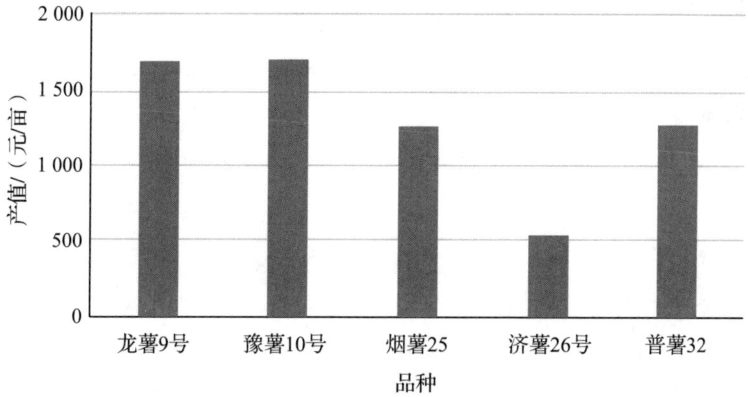

图 2　5 个不同品种甘薯经济效益

3　结论

在甘薯与草莓的共生期内，甘薯与草莓的栽培管理措施相同，管理简单，发生病虫害的概率很小。在采摘草莓的同时可以采收甘薯叶进行销售，在草莓采收后期还可以采摘甘薯，在不影响草莓产量、经济效益的前提下，延长了采摘时间，丰富了采摘品种，每亩增收最高可达 2 301 元，并且对草莓下一季生产没有造成影响，实现了草莓、甘薯生产“双赢”的结果。

草莓套种不同品种的甘薯试验，筛选出适合与草莓套种的优良甘薯品种（豫薯 10 号），丰富了可与草莓套种的作物种类，增加了农户的经济收入，助推草莓产业的不断发展。

参考文献

[1] 梁文红．豫南地区无公害红薯生产技术规程[J]. 种业导刊，2014(8)：11-14.
[2] 苏国修，法丹丹，牛欢，等．红薯高产高效栽培技术规程[J]. 种业导刊，2013(8)：10-12.

减量施肥对日光温室草莓产量、品质的影响

田硕[1]，阚炜杰[1]，徐明泽[1]，段改莲[2]，王揽月[2]，祝宁[3]，尤淑平[1]，牟国兴[1]，王娅亚[1]

（1. 北京市昌平区农业环境监测站，102200　2. 北京市昌平区农业服务中心，102200　3. 北京市昌平区农业技术推广站，102200）

摘要：为探索优化草莓施肥方式及结构，实现节本增效，降低农业面源污染，保护农业生态环境，促进草莓产业可持续发展的目标。本研究以日光温室草莓为研究对象，在底肥施用阶段，以土壤基础肥力、园区常规施肥习惯为依据，设置减量施肥处理方案，以不施底肥作为对照，研究减量施肥对草莓产量、品质的影响。结果表明，相对于对照不施肥处理，通过肥料的施用可以有效提高草莓产量和品质，但在土壤肥力较高的情况下，并非施肥量越多越好，适量降低肥料的施用，不会对草莓产量、品质产生明显影响。本试验综合各处理草莓产量和品质性状，推荐1/2减量施肥处理为宜，在养分投入上相对于习惯施肥，N、P_2O_5、K_2O 分别减少了43.29%、70.57%、43.87%，产量提升4.85%，基本维持原有水平。

关键词：草莓；减量施肥；产量；品质

昌平草莓是国家农产品地理标志保护产品，草莓种植业是昌平区重点发展的农业产业之一。近年来，昌平区保护地草莓种植规模每年基本稳定在5 000栋左右，种植区域主要集中在兴寿镇、小汤山镇、崔村镇等地，其中以兴寿镇栽培面积最大，占全区总种植面积的60%左右。昌平草莓栽培模式为日光温室种植，其生长期长，采摘期跨越元旦、春节、元宵节、五一劳动节等多个节日，为农民带来较高的经济效益[1]。草莓作为高经济附加值作物，需要高投入精细化栽培管理，需肥多、追肥次数多，因此肥料投入相对较大[2]，且连作现象非常普遍，因此施肥量大、土壤肥力过高、养分失衡、肥料利用率低等问题日益明显。这不仅造成资源浪费，而且过量的养分还会以淋溶方式流失，是造成农业面源污染的一项重要原因。因此，通过合理的水肥管理提高草莓产量、改善草莓品质并提高经济收益非常必要[3]。为实现节本增效，降低农业面源污染风险，保护农业生态环境，开展了草莓生产中减量施肥探索试验，通过选取高肥力土壤条件，结合土壤肥力情况，在保障产量的情况下，适当减少肥料施用量，探索草莓施肥结构优化方案，为草莓生产合理施肥提供理论依据。

1　材料与方法

1.1　试验地概况

试验地点位于南邵镇姜屯村北京金六环农业园，园区种植面积170亩，共有51栋温室，其中高架基质栽培草莓33栋，地栽草莓12栋。试验选取B4号日光温室，种植10年以上，且多

年连续种植草莓。土壤基础肥力条件如表1所示。试验地土壤有机质含量、全氮、有效磷处于极高水平,速效钾为高水平。

表1　试验地土壤基础肥力条件

取样深度/cm	有机质/(g/kg)	全氮/(g/kg)	有效 NH_4^+-N/(mg/kg)	有效 NO_3^--N/(mg/kg)	有效磷/(mg/kg)	速效钾/(mg/kg)	全盐/(g/kg)	pH
0～20	44.7	2.81	50.9	77.03	341.67	147	1.64	7.28

1.2　试验方法

1.2.1　试验设计

试验温室面积 50 m×8 m,根据试验温室土壤基础养分情况及园区施肥现状,设计草莓底肥减量施肥试验方案,共设置4个处理,3次重复,随机区组排列:

(1)对照　不施肥。

(2)习惯施肥　羊粪 2.0 t/亩,鸡粪 1.7 t/亩,复合肥(15-15-15)8.3 kg/亩,硫酸钾 12.5 kg/亩,过磷酸钙 83 kg/亩;N、P_2O_5、K_2O 投入量分别为 83.91 kg/亩、35.29 kg/亩、59.10 kg/亩。

(3)1/2 减量施肥　羊粪 2.0 t/亩,复合肥(15-15-15)8.3 kg/亩,硫酸钾 12.5 kg/亩;N、P_2O_5、K_2O 投入量分别为 47.59 kg/亩、10.39 kg/亩、33.18 kg/亩;N、P_2O_5、K_2O 投入比习惯施肥处理分别减少了 43.29%、70.56%、43.86%。

(4)1/5 减量施肥　羊粪 3.0 t/亩,复合肥(15-15-15)8.3 kg/亩,硫酸钾 12.5 kg/亩。N、P_2O_5、K_2O 投入量分别为 70.76 kg/亩、14.96 kg/亩、46.02 kg/亩;N、P_2O_5、K_2O 投入比习惯施肥处理分别减少了 15.68%、57.61%、22.13%。

试验草莓品种为红颜,定植密度 4 500 株/棚,除底肥按照试验方案进行分别施用外,追肥及其他管理措施均按照园区常规管理进行。试验各处理底肥养分投入情况如表2所示。

表2　各处理底肥养分投入量　　kg/亩

处理	N	P_2O_5	K_2O	减少养分投入　N-P_2O_5-K_2O
CK	0	0	0	—
习惯施肥	83.91	35.29	59.10	—
1/2 减量施肥	47.59	10.39	33.18	43.29%-70.56%-43.86%
1/5 减量施肥	70.76	14.96	46.02	15.68%-57.61%-22.13%

1.2.2　样品采集与分析

(1)土壤样品采集　施用底肥前,取耕层土壤(0～20 cm),测定土壤基础养分情况。土壤样品中的全氮采用凯氏定氮法测定;有机质含量采用重铬酸钾容量法测定;有效磷采用碳酸氢钠提取钼锑抗比色法测定;速效钾采用乙酸铵提取法测定。

(2)产量测定　各试验小区内随机选取10株为测产样本,自果实成熟后至4月初,每周定期采收并记录产量,采用抽样估算方法获得试验棚草莓总产量。

(3)品质指标测定　果实成熟后随机采集各试验小区草莓果实样品进行品质测定,采用抽样测定取平均值的方法获得品质结果。WYT(0～80%)手持测糖仪测定可溶性固形物含量、蒽酮比色法测定水溶性总糖、2,6-二氯酚靛酚滴定法[4]测定还原型维生素 C 含量、中和滴定法[5]测定总酸含量、紫外分光光度法测定硝态氮。

1.2.3 数据处理与分析

Excel 2007 进行数据整理分析,采用 SPSS V19.0 进行单因素方差分析。

2 结果与分析

2.1 减量施肥对草莓产量性状的影响

由表 3 可以看出,各处理中对照不施底肥处理的产量表现最低,折合亩产为 1 977.62 kg/亩,与习惯施肥处理无显著性差异,与 1/2 减量施肥处理和 1/5 减量施肥处理存在显著差异。在产量表现方面,2 个减量施肥处理产量表现均高于对照不施肥处理和习惯施肥处理,相比对照不施肥处理分别增产 9.64%、9.81%,相较于习惯施肥处理分别增产 4.85%、5.02%,但两个减量施肥处理之间差异不显著。综合产量性状分析,在高肥力土壤条件下,根据土壤养分情况,适当减少养分投入,草莓不会出现减产现象,产量可基本维持在原有水平且略有提升。

表 3 减量施肥对草莓产量的影响

处理	单株产量/(g/株)	折合产量/(kg/棚)	折合产量/(kg/亩)	比 CK 增产/%	比习惯施肥增产/%
CK	263.68b	1 186.57b	1 977.62b	—	—
习惯施肥	275.73ab	1 240.79ab	2 067.98ab	4.57	—
1/2 减量施肥	289.10a	1 300.96a	2 168.27a	9.64	4.85
1/5 减量施肥	289.56a	1 303.02a	2 171.70a	9.81	5.02

注:表中小写字母代表在 $P<0.05$ 水平差异显著。

2.2 减量施肥对草莓品质性状的影响

可溶性固形物、可溶性总糖、还原型维生素 C、酸度和糖酸比等指标是评价浆果类果实品质的几个重要参数[6]。各处理草莓果实中可溶性固形物含量、可溶性总糖含量、可滴定酸度、糖酸比、还原型维生素 C 含量列于表 4,各处理间各品质性状差异情况如图 1 至图 6 所示。

表 4 减量施肥对草莓品质的影响

处理	可溶性固形物/%	可溶性总糖/%	可滴定酸度/%	糖酸比	还原型维生素 C/(mg/kg)	硝态氮/(mg/kg)
CK	6.83b	6.64b	0.598a	11.13a	795.33b	88.32a
习惯施肥	7.37b	7.22b	0.604a	12.15a	883.17ab	88.52a
1/2 减量施肥	8.42a	8.19a	0.657a	12.69a	920.17a	90.13a
1/5 减量施肥	6.91b	6.67b	0.610a	10.96a	932.67a	95.67a

注:表中小写字母代表在 $P<0.05$ 水平差异显著。

2.2.1 对可溶性固形物、可溶性总糖、可滴定酸度的影响

可溶性固形物是指果实中所有溶解于水的化合物的总称,包括单糖、双糖、多糖、酸、维生

素、矿物质等，是检测果实品质和贮藏效果的重要指标[7]。草莓成熟时，糖、酸含量在果实风味中起主要作用，很大程度上决定了果实的内在品质[8]。

根据表4和图1至图4数据显示（注：图中小写字母代表在 $P<0.05$ 水平差异显著），对照可溶性固形物含量最低，习惯施肥、1/5减量施肥处理与对照无显著性差异，可溶性总糖含量从高到低分别为1/2减量施肥>习惯施肥>1/5减量施肥>CK，可溶性固形物含量、可溶性总糖含量均为1/2减量施肥处理最高，与其他三个处理均存在显著差异。可滴定酸度各处理间不存在显著性差异，CK含量最低，1/2减量施肥处理含量最高。通过计算各处理草莓糖酸比，1/2减量施肥处理糖酸比最高，各处理间不存在显著差异。

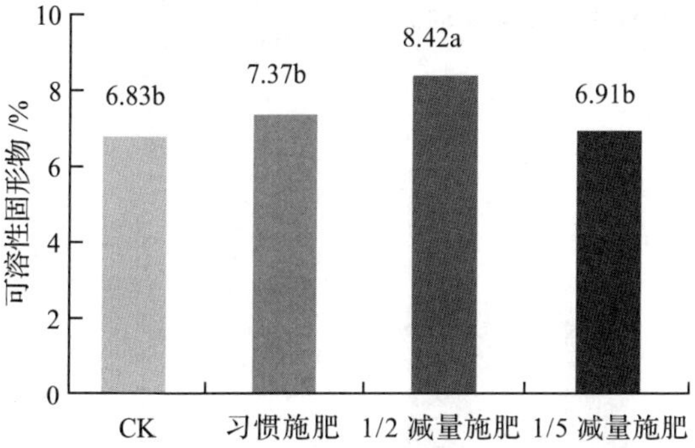

图1　不同处理对草莓可溶性固形物含量的影响

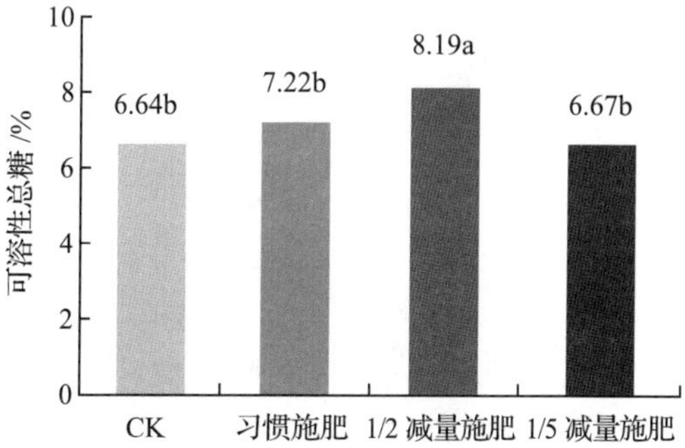

图2　不同处理对草莓可溶性总糖含量的影响

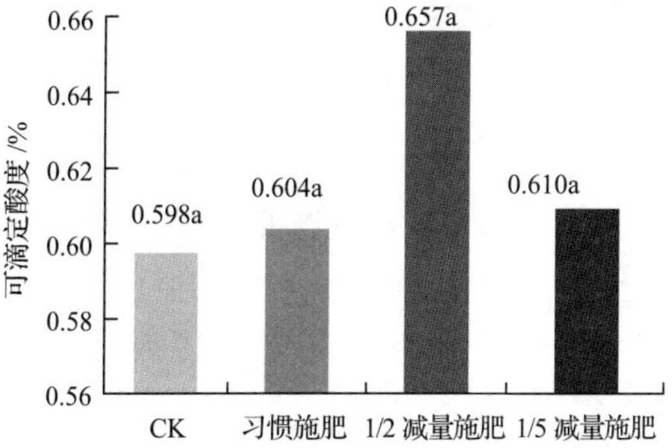

图3　不同处理对草莓可滴定酸度的影响

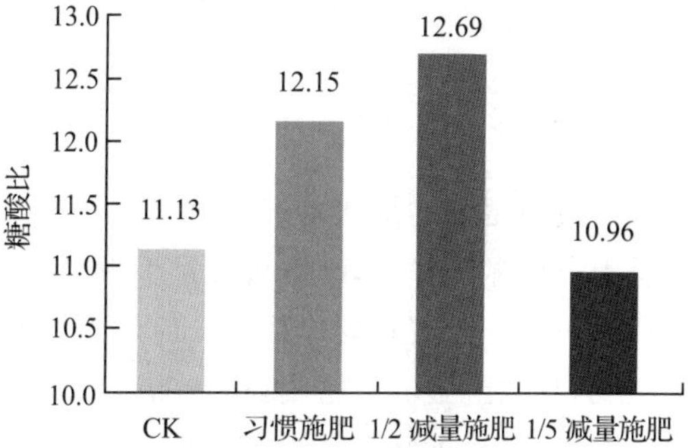

图4　不同处理对草莓糖酸比的影响

2.2.2　对还原型维生素C含量的影响

草莓富含维生素C，果实中的还原型维生素C含量反映了营养价值的高低[9]。根据表4和图5数据显示，CK还原型维生素C含量最低为795.33 mg/kg，1/2减量施肥处理和1/5减量施肥处理还原型维生素C含量均达到900 mg/kg以上，与CK存在显著性差异，但与习惯施肥处理不存在显著性差异。

2.2.3　对硝态氮含量的影响

硝态氮是作物吸收的主要氮素形态，其含量的高低不仅能够反映出植物的氮素营养状况，同时也是农产品的重要品质指标[10]。四个处理草莓中硝态氮含量差异不显著，含量均在90 mg/kg左右，说明并非施肥量越多，植物积累硝态氮的能力就越强。

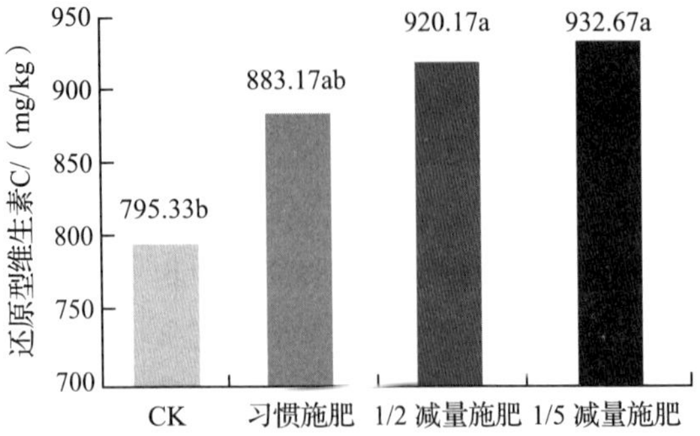

图5 不同处理对草莓还原型维生素C含量的影响

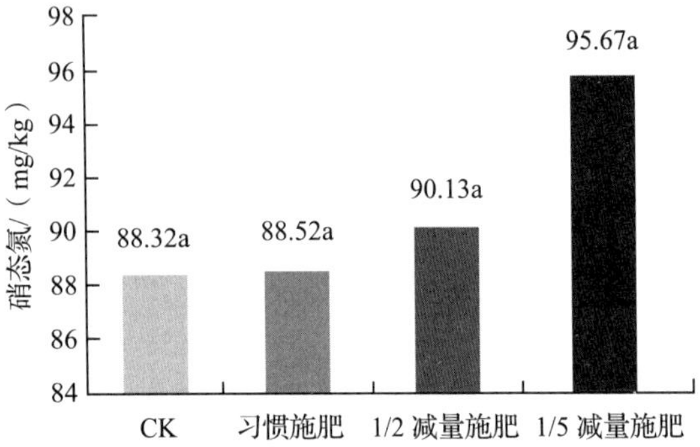

图6 不同处理对草莓硝态氮含量的影响

3 结论与讨论

通过施肥可增加草莓产量、提升品质，其中氮肥对促进大棚草莓生长速度、增加单果重等都有十分明显的作用，磷肥可促进大棚草莓根系发育、幼苗生长。钾素在大棚草莓的碳水化合物代谢过程中起着重要作用[11]，但对于高肥力养分富集的设施农田土壤来说，随着常年的累加施肥，导致土壤养分富集，过量的肥料施用反而会使产量、品质出现下降的趋势。

本试验中，试验温室种植年限达10年以上，土壤中有机质含量、全氮、有效磷处于极高水平，速效钾为高水平，土壤中养分富集明显。通过本试验研究发现，相对于对照不施肥处理，通过肥料的施用可以有效提高草莓产量和品质，但并非施肥量越多越好。综合各处理草莓产量和品质性状，推荐1/2减量施肥处理为宜，在养分投入上相对于习惯施肥，N、P_2O_5、K_2O分别减少了43.29%、70.57%、43.87%，产量提升4.85%，基本维持原有水平，品质上略微提升草莓口感，未出现品质下降的现象。建议在高肥力土壤种植草莓，切勿盲目大量施用肥料，应充分结合土壤养分状况，适时适量进行施肥，实现节本增效的目的，同时降低农业面源污染风险，保护农业生态环境，促进草莓产业可持续发展。

参考文献

[1] 雷伟伟，吴长春，曲明山，等．基质栽培草莓施肥方案优化研究[J]．中国农学通报，2019，35(5)：115-121.

[2] 张雪姣,张卫东,吴文强,等．北京市昌平区保护地草莓土壤阳离子交换量分布特征[J]. 安徽农业科学,2019,47(3):67-69.

[3] 陈春宏,汪寅虎,柯福源．草莓吸肥特点和施肥技术研究[J]. 上海农业学报, 1997 (4):67-71.

[4] 景国安,忻秋萍,卢帼芬．2,6-二氯酚靛酚测定果蔬还原型抗坏血酸方法的改进[J]. 植物生理学报,1985(5):41-42.

[5] 李锡香．新鲜果蔬的品质及其分析法[M]. 北京:中国农业出版社,1994.

[6] 路河．钾肥对草莓品质的影响研究初报[J]. 农业工程技术(温室园艺),2008(5).

[7] 黄丽萍,张倩茹,尹蓉,等．不同品种桃果实糖、酸、Vc含量分析[J]．农学学报, 2017, 7(10):51-55.

[8] 邓明琴．草莓科研文选[M]．沈阳:辽宁科学技术出版社,1990.

[9] 王艳颖,姜国斌,胡文忠,等．高效液相色谱法测定草莓中维生素C含量[J]. 大连大学学报,2006,27(2):21-22,26.

[10] 王朝辉,宗志强,李生秀,等．蔬菜的硝态氮累积及菜地土壤的硝态氮残留[J]. 环境科学,2002,23(3):79-83.

[11] 陆若辉,边武英,娄烽,等．测土配方施肥技术在大棚草莓生产上的应用[J]. 浙江农业科学,2011(3):522-525.

北京地区连栋温室不同草莓品种生长发育情况初评

刘建伟，姚彬，韦美嫚，邹祖新

（北京农业嘉年华投资管理有限公司　102200）

摘要：为筛选适合现代化连栋温室栽培、综合性状优良的草莓品种，本试验选取设施栽培常用品种红颜、香、光点、章姬、圣诞红、粉玉6个品种为研究对象，采用高架基质栽培模式，结合连栋温室环境条件，通过对草莓生长量、开花坐果特性、单果重、果形指数及田间表现等性状指标进行比较。结果表明，圣诞红表现优于其他5个品种，其次为红颜、光点。这一初步研究在现代化连栋温室特殊环境条件下配套科学栽培管理措施，为现代化连栋温室高产、优质栽培提供了理论依据，对草莓高效设施生产具有一定的指导意义。

关键词：草莓；现代化连栋温室；品种；光合作用；生长发育

草莓果实营养丰富，富含维生素C、Fe等多种营养物质，是冬春季节老少皆宜的美味水果。草莓为多年生草本，北京地区设施栽培多种于日光温室内，一般于每年8—9月定植，营养生长约3个月，早熟品种一般在11月前后开始采收，草莓结果盛期一般为每年1—5月，结果期较长。

现代化连栋温室以其高投入、高技术水平、高产出、高附加值为特色，是高效设施主要代表。现代化连栋温室主要以种植高经济效益的花卉、工厂化生产果蔬为主。《北京市高效设施农业用地试点工作方案》指出，到2025年全市高效设施农业用地试点面积达到5 000亩高效设施。高效设施农业发展进入快速发展阶段，连栋温室草莓生产需求也随之增加。但如今连栋温室草莓生产还处于起步阶段，连栋温室种植的草莓品种多以日光温室品种为主，与之相适应的草莓优良品种较少，鲜有相关报道，筛选适合连栋温室环境条件下种植的草莓优良品种迫在眉睫，因此本团队进行了现代化连栋温室草莓不同品种生长发育情况的试验研究。

1　试验设计

1.1　试验时间与地点

本试验于2021—2022年在小汤山特菜大观园东区草莓连栋温室内开展。

1.2　栽培模式

采用高架基质栽培，基质槽宽120 cm，深25 cm。育苗基质采用的是2∶1混合的草炭、蛭石，同时混拌石灰氮1 kg/m^3进行高温消毒，定植前混拌草莓专用微生物菌剂3 kg/m^3。

1.3　参试品种

红颜（为对照）、香、章姬、圣诞红、光点、粉玉。

1.4　育苗定植与田间试验设计

穴盘育苗，茎粗达到0.8～1.0 cm时定植。于2021年9月5日定植。每个草莓品种分别种植 110 株，单个品种试验面积为 22.5 m×1 m，株距为 20 cm，行距为 25 cm，在连栋温室内统一温度、光照、水肥、花果、病虫害管理水平下进行生产试验[1-2]。

2 试验方法

2.1 温室环境数据监测与采集

在连栋温室试验区域中放置环境自动采集系统（智能温室传感器 01314C180908）记录温室内的环境数据，包括温度，湿度，光照强度的昼夜变化。

2.2 草莓叶片光合特性测定

每个品种选取 3 株大小一致、叶龄相近、没有损伤的草莓植株，于晴朗无风的天气进行测定。采用 CIRAS-3 便携式光合作用测定系统（CIRAS-3 Portable Photosynthesis System）进行光合作用指标测定，分别测定净光合速率、胞间 CO_2 浓度及水分利用率、蒸腾速率、气孔导度[3]。

2.3 光合—光响应的测定

红颜、香、章姬、圣诞红、光点、粉玉 6 个品种各选 3 株长势一致的植株，由北京农学院师生团队，采用 Li-6400 光合仪对功能叶进行光合参数指标测定。分 12 个梯度（1 200、1 000、800、600、400、300、200、150、100、50、25、0）进行光合（P_n-PAR）响应曲线测定。每一光强下适应 2 min 后记录数值。

2.4 草莓的生长量测量

每 10 d 进行 1 次测量，记录每次叶片数、开花数、花苞数、坐果数、分蘖数。

果实成熟后每 10 d 采收 1 次，记录单果重，用精确度为 0.01 g 的电子天平分别称量每个品种中 6 个大小相近的果实再取平均值。

3 数据统计与分析

通过 Excel 进行平均值和标准偏差的计算，采用单因素（one-way ANOVA）进行方差分析，图片制作由 Excel 完成，并使用 IBM SPSS Statistics 20 软件分析数据。

3.1 连栋温室草莓生长期的环境因子分析

3.1.1 温度

3.1.1.1 白天温度

表 1 为 2022 年 1—3 月监测草莓生长期的天气情况，其中 22 d 为多云天，7 d 为小雪天，5 d 为阴天，1 d 为大雪天。在生长前期，即 2022 年 1 月 11 日—2 月 22 日。如图 1 所示为草莓生长期连栋温室内白天温度的变化。当白天外界的气温仅为－5～10 ℃时，连栋温室内的温度已达到 13℃以上，连栋温室内白天平均温度的变化范围在 13.34～21.58 ℃。

3.1.1.2 夜间温度

草莓生长期连栋温室内夜间温度的变化如图 2 所示。由于连栋温室加温系统一般在夜间启动，在 2022 年 1 月 11 日—2 月 22 日，即草莓的生长前期时，当夜间外界的气温仅为－11～－2 ℃时，温室内的温度可达到 11 ℃以上。连栋温室内夜间平均温度的变化范围在 9.16～17.76 ℃。

表 1　草莓生长期的天气情况

日期	温度/℃	日期	温度/℃	日期	温度/℃	日期	温度/℃
1/11	−8/−2	1/29	−8/3	2/16	−8/−1	3/6	−1/10
1/12	−7/3	1/30	−4/3	2/17	−9/−1	3/7	2/16
1/13	−7/4	1/31	−6/3	2/18	−7/5	3/8	1/16
1/14	−6/2	2/1	−8/3	2/19	−9/2	3/9	3/16
1/15	−9/4	2/2	−6/4	2/20	−11/5	3/10	4/19
1/16	−7/−1	2/3	−9/4	2/21	−7/6	3/11	5/14
1/17	−9/6	2/4	−9/2	2/22	−8/5	3/12	4/12
1/18	−9/2	2/5	−8/4	2/23	−6/6	3/13	2/15
1/19	−9/−1	2/6	−6/7	2/24	−5/10	3/14	4/19
1/20	−6/−5	2/7	−4/6	2/25	−1/12	3/15	5/20
1/21	−7/−2	2/8	−5/7	2/26	−1/12	3/16	2/14
1/22	−8/0	2/9	−4/8	2/27	0/14	3/17	−3/2
1/23	−7/2	2/10	−2/10	2/28	0/11	3/18	−3/2
1/24	−6/1	2/11	−4/8	3/1	−1/12	3/19	−1/7
1/25	−6/6	2/12	−4/2	3/2	0/14	3/20	0/12
1/26	−7/3	2/13	−6/−3	3/3	0/11	3/21	−1/13
1/27	−6/5	2/14	−9/0	3/4	−2/11	3/22	0/11
1/28	−9/6	2/15	−11/−2	3/5	−1/10	3/23	3/11

注：表中数据来源于中国天气网。

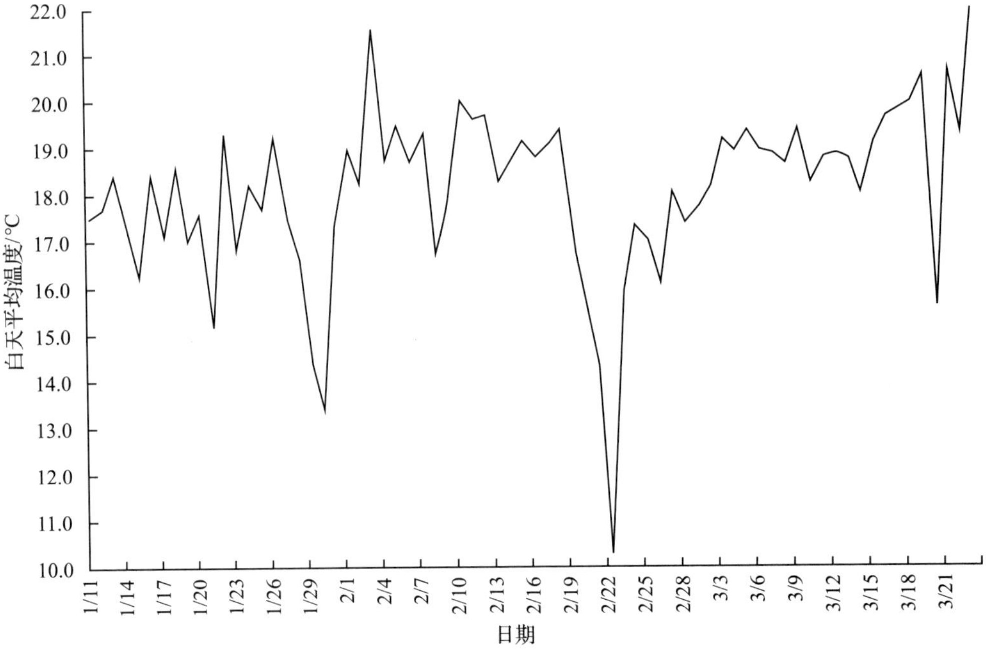

图 1　连栋温室白天平均温度变化情况

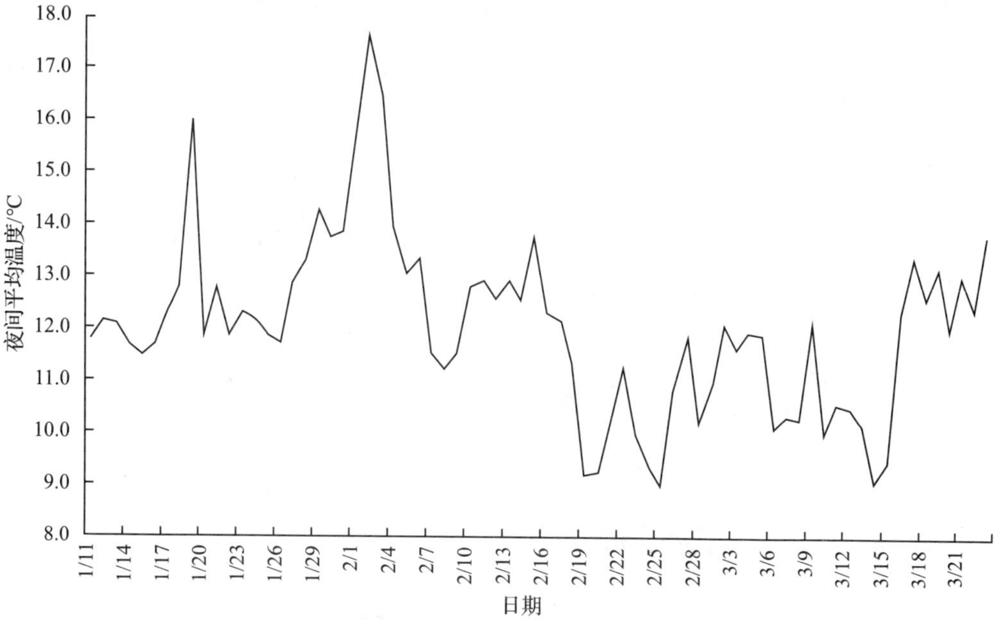

图 2　连栋温室夜间平均温度变化情况

3.1.2　湿度

3.1.2.1　白天相对湿度

如图 3 所示为草莓生长期连栋温室内白天平均空气相对湿度的变化。在分析过程中发现：1—3 月连栋温室内白天的平均相对湿度变化范围在 44.08%～84.64%，其中 2 月 14 日后空气相对湿度较前期有大幅度升高，接近翻倍，可能与外界气温回升冰雪融化湿度增加相关。温室内湿度过高时，要注意及时通风，否则可能会影响草莓植株正常的蒸腾作用；温室内湿度过低时，要进行增湿、保湿处理，如浇水、覆膜等。

3.1.2.2　夜间相对湿度

草莓生长期连栋温室内夜间平均相对湿度的变化如图 4 所示。在试验过程中，连栋温室内夜间的平均相对湿度变化范围在 51.02%～87.53%。在 2 月 14 日—15 日连栋温室内夜间的相对湿度突然增加，可能是 2 月 13 日—14 日连续下雪导致的。

3.1.3　光照强度

草莓生长期连栋温室内上午 9:00 的光照强度变化情况如图 5 所示，2022 年 1—3 月连栋温室内白天光照强度变化波动较大。生长前期连栋温室内上午 9:00 光照强度变化范围在 242～29 409.74 lx；在生长后期，上午 9:00 的光照强度最大的是 2022 年 3 月 4 日，为 38 813.56 lx，最低的是 3 月 20 日，为 4 143.43 lx。当阴天或者雨雪天等温室内光照强度过低时，要及时进行适当的补光，这样更有利于草莓的生长发育。

图 6 是草莓生长期连栋温室内下午 2:00 的光照强度变化情况，对连栋温室内的光照强度进行监测中发现下午 2:00 连栋温室内的光照强度变化范围在 6 712.86～53 000 lx，2 月 15 日时下午 2:00 连栋温室内的光照强度最大，1 月 30 日时最小。在生长后期，下午 2:00 连栋温室内的光照强度变化范围在 1 919～54 920.96 lx，连栋温室内下午 2:00 的光照强度最大的是在 2 月 23 日时，光照强度最小的是 3 月 20 日。生长后期根据温度展开遮阳网，进行遮光降温。

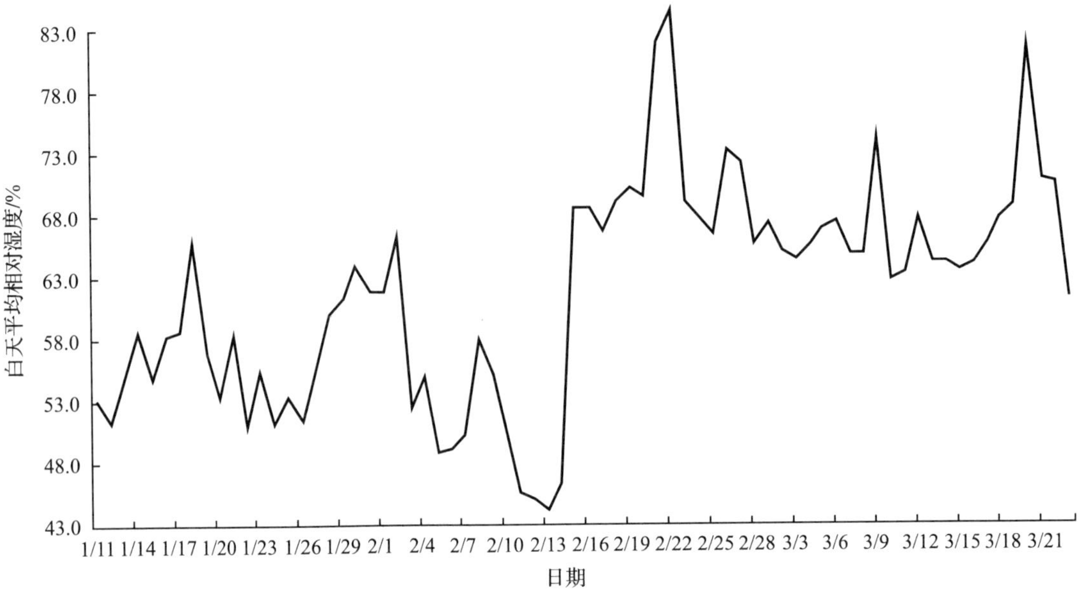

图 3　连栋温室白天相对湿度变化情况

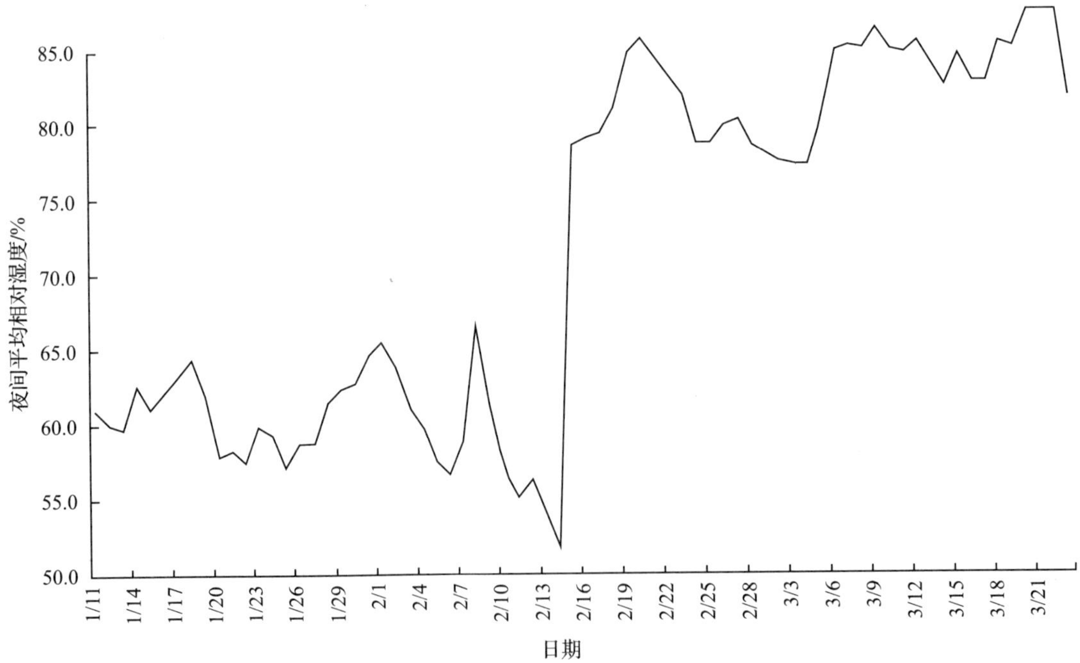

图 4　连栋温室夜间相对湿度变化情况

3.2　不同品种草莓生长量变化比较

3.2.1　不同品种草莓叶片数比较

由图 7 可知，红颜和圣诞红的叶片数明显多于其他品种，红颜的叶片数呈上升的趋势，而圣诞红的叶片数增加相对较慢，红颜在叶片数方面具有优势。

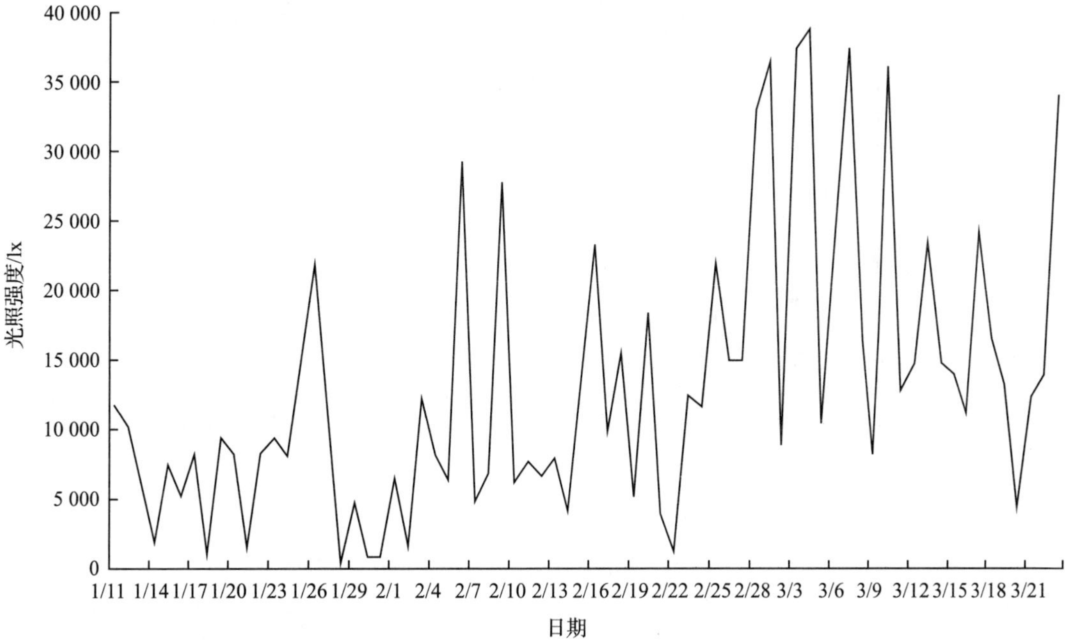

图 5　草莓生长期连栋温室上午 9:00 光照强度变化情况

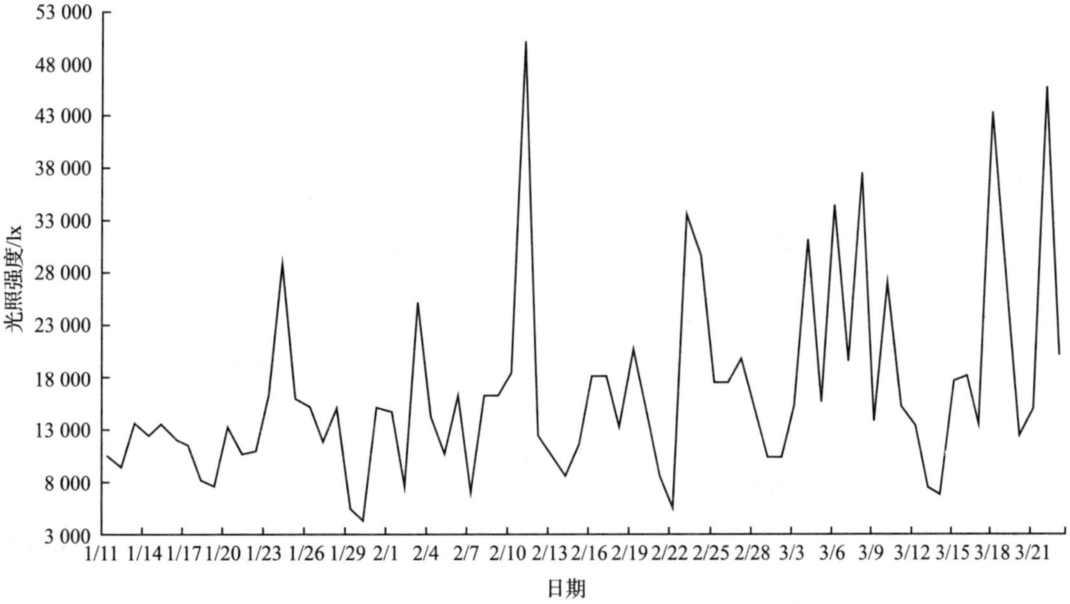

图 6　草莓生长期连栋温室下午 2:00 光照强度变化情况

3.2.2　不同品种草莓开花数比较

由图 8 可知，圣诞红、光点、红颜和粉玉的开花数较多；在生长后期，圣诞红和章姬的花序数较红颜相比显著增加。在开花数方面，章姬提升明显。

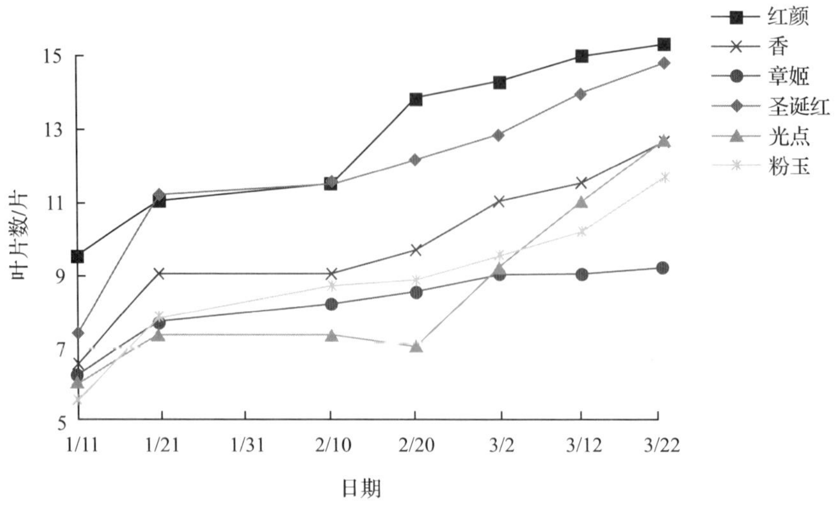

图 7　不同品种草莓叶片数比较

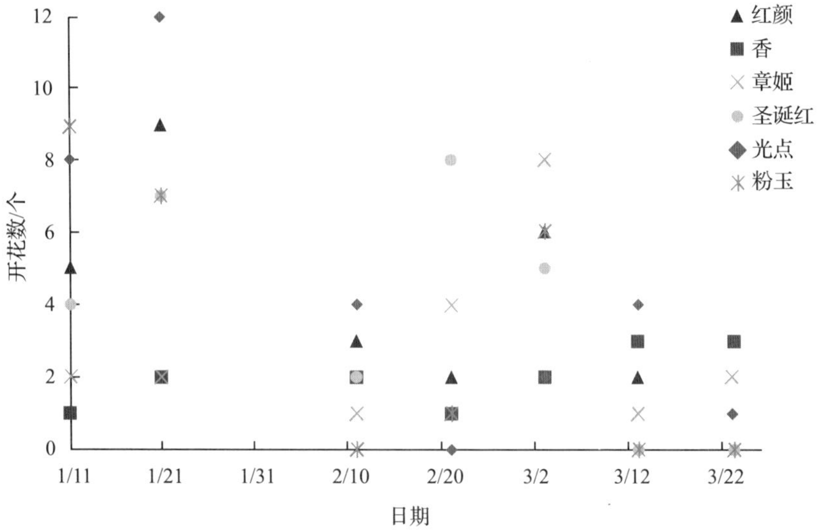

图 8　不同品种草莓开花数比较

3.2.3　不同品种草莓花苞数比较

由图 9 可知，红颜、光点、圣诞红在生长前期的花苞数较其他品种的草莓相比较高，在生长后期，章姬和圣诞红的花苞数较红颜相比具有优势。

3.2.4　不同品种草莓坐果数比较

由表 2 分析可得出，红颜、圣诞红的坐果数明显高于其他品种，章姬的坐果数呈缓慢上升的趋势。

3.2.5　不同品种草莓分蘖数比较

由表 3 综合以上分析可知，圣诞红和红颜的分蘖数较其他品种的草莓高，光点和粉玉的分蘖数显著低于红颜。

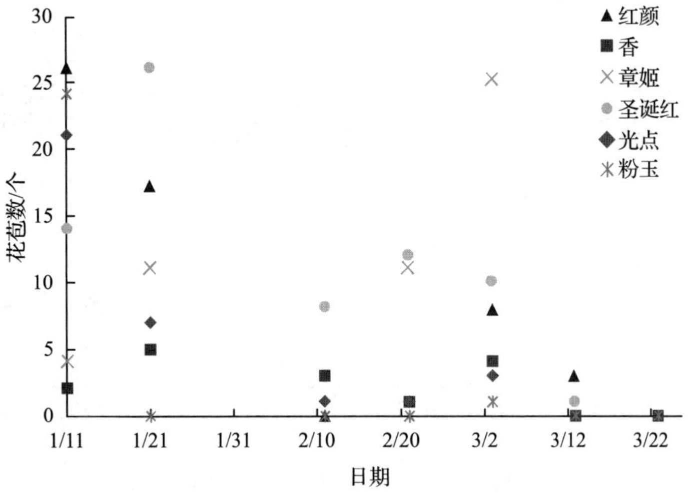

图 9　不同品种草莓花苞数比较

表 2　不同品种草莓不同时间坐果数比较

品种	日期						
	1/11	1/21	2/11	2/21	3/3	3/13	3/23
红颜	5.17a	6.17a	4.33ab	6.83a	9.83a	11.50a	9.83a
香	4.50a	4.17ab	4.17b	4.17b	3.50c	4.00c	4.33b
章姬	2.50b	3.17b	3.83b	4.33b	5.33bc	6.17bc	5.83b
圣诞红	1.33bc	3.83b	5.33a	5.83ab	7.17ab	8.00b	5.17b
光点	1.00c	3.83b	4.67ab	4.67b	3.83c	3.00c	6.00b
粉玉	1.33bc	4.83ab	4.50ab	4.50b	3.50c	4.50c	4.50b

表 3　不同品种草莓不同时间分蘖数比较

品种	日期						
	1/11	1/21	2/11	2/21	3/3	3/13	3/23
红颜	1.33ab	2.33a	2.50a	2.67a	2.50a	2.50a	2.50a
香	1.50a	2.50a	1.67b	1.67bc	1.83ab	1.83bc	1.83ab
章姬	1.00b	1.17b	1.67b	1.33c	1.83ab	1.67bc	1.67b
圣诞红	1.67ab	1.83ab	1.83b	2.17ab	2.33a	2.00ab	2.00ab
光点	1.00b	1.17b	1.17b	1.00c	1.17b	1.17d	1.50b
粉玉	1.00b	1.50b	1.17b	1.33c	1.33b	1.33cd	2.00ab

3.3　不同品种草莓果实比较

3.3.1　不同品种草莓单果重比较

由图 10 综上分析可以得出，香和章姬的单果重要高于其他品种，光点与红颜的单果重最轻且相接近。

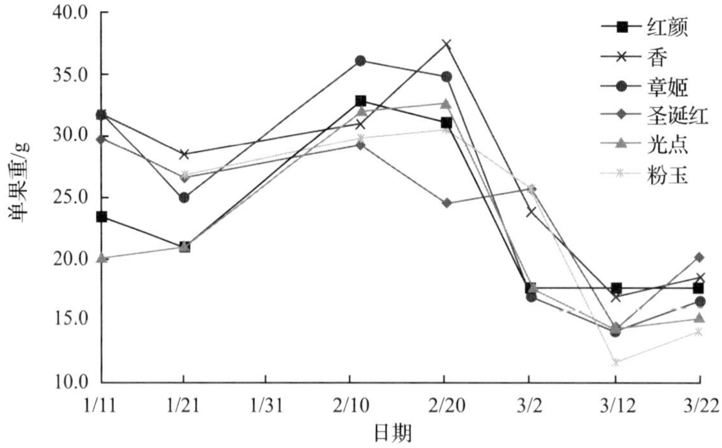

图 10 不同品种草莓单果重比较

3.3.2 不同品种草莓横纵径比较

由图 11 可以看出,在生长前期,光点和粉玉的横径与红颜相比较大,在生长后期,粉玉和圣诞红的横径与红颜相比较大。

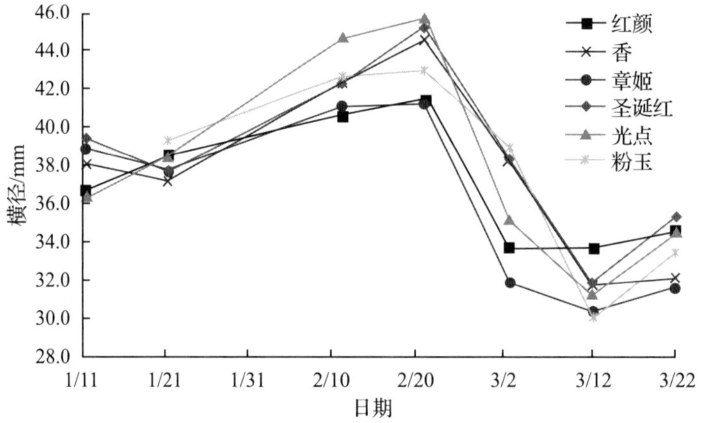

图 11 不同品种草莓横径比较

不同品种草莓的纵径比较见表 4。在对草莓果实的横纵径进行测量后发现,香和章姬属于偏长果形,红颜和圣诞红的横纵比适中,光点和粉玉偏向于圆形。

表 4 不同品种草莓纵径比较 mm

品种	日期						
	1/11	1/21	2/11	2/21	3/3	3/13	3/23
红颜	45.94b	41.43c	51.63b	48.10ab	40.51ab	40.33b	44.10ab
香	56.22a	53.61a	46.44bc	52.33ab	44.51ab	42.82ab	43.38ab
章姬	54.75a	51.07ab	59.08a	46.67ab	44.74ab	45.39a	46.69a

续表4

品种	日期						
	1/11	1/21	2/11	2/21	3/3	3/13	3/23
圣诞红	49.09b	49.39b	46.25bc	59.10a	46.87a	40.94b	46.52a
光点	41.46c	41.07c	47.94bc	49.56ab	39.25b	40.29b	40.01ab
粉玉	—	43.61c	44.27c	45.26c	42.62ab	35.40c	37.71b

3.4 连栋温室草莓生长期的光合特性分析

3.4.1 不同品种的草莓的光合特性比较

2023年3月11日测定草莓叶片的光合速率。由表5可以看出，光点的净光合速率显著高于红颜。章姬的胞间二氧化碳浓度最低，为395.33 μmol/mol，显著低于红颜；圣诞红的蒸腾速率为8.33 mmol/(m^2 · s)，较红颜相比少了0.27 mmol/(m^2 · s)，差异不显著，香和章姬的蒸腾速率最低，分别为6.51 mmol/(m^2 · s)和6.91 mmol/(m^2 · s)。章姬的水分利用效率最高，其次是圣诞红、光点和粉玉。

表5 不同品种草莓光合特性比较

品种	净光合速率/[μmol /(m^2 · s)]	胞间二氧化碳浓度/[μmol/(mol)]	蒸腾速率/[mmol /(m^2 · s)]	光合水分利用效率/[mmol CO_2/mol H_2O)]
红颜	15.53c	550.00a	8.60ab	1.80c
香	14.07c	506.00bc	6.51c	0.63d
章姬	23.83ab	395.33d	6.91c	3.97a
圣诞红	19.63bc	508.00bc	8.33b	2.37b
光点	27.10a	485.67c	8.71ab	2.60b
粉玉	19.43bc	516.67b	9.23a	2.10bc

3.4.2 不同品种草莓的 P_n-PAR 响应曲线比较

根据所得数据，做出 P_n-PAR 响应曲线（图12），由拟合得到的方程得出光合速率最大值，光饱和点和光补偿点、暗呼吸速率，表观量子效率等参数。随着光照强度增加，各品种草莓植株叶片的净光合速率先快速提升后趋于平稳。当光照强度低于200 μmol/(m^2 · s)时，净光合速率随光照强度的增加显著升高。光强在0～600 μmol/(m^2 · s)时，光合速率迅速增加，在600 μmol/(m^2 · s)以上，光合速率涨幅变弱。不同草莓品种间的净光合速率响应曲线的变化趋势基本相似，但各指标也有一定差别。由表6可见，6个品种草莓间最大光合速率有明显差异，这与6个品种草莓产量的差异一致。

3.4.3 不同品种草莓产量与光响应相关性分析

从表6可以看出6种草莓的表观量子效率大小依次是：圣诞红＞香＞章姬＞粉玉＞光点＞红颜，其中圣诞红的表观量子效率是红颜的1.47倍。

该研究结果表明，在草莓高光效品种的选育上要尽量筛选光合速率高、光饱和点高、光量子效率高、光补偿点低、暗呼吸绝对值低的品种。

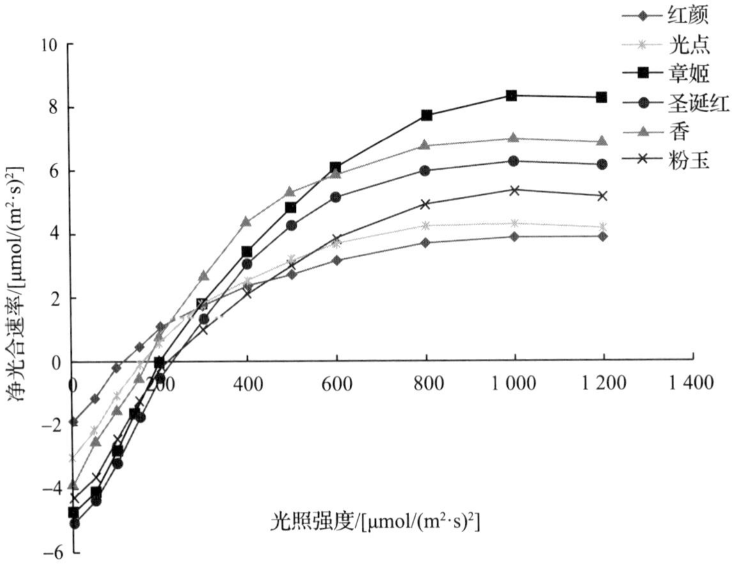

图 12 不同品种草莓的 P_n-PAR 响应曲线

表 6 不同品种草莓光合特征参数

品种	产量/kg	最大光合速率/[μmol/(m²·s)]	光饱和点/[μmol/(m²·s)]	光补偿点/[μmol/(m²·s)]	暗呼吸速率/[μmol/(m²·s)]	表观量子效率
红颜	113.94	3.97	981.06	237.83	2.96	0.021 6
香	146.88	7.00	1 109.05	159.39	5.24	0.027 9
章姬	130.5	6.24	1 069.56	171.66	4.47	0.026 7
圣诞红	165.06	8.43	1 225.21	123.98	5.55	0.029 2
光点	104.05	4.27	990.38	231.83	3.09	0.022 3
粉玉	121.48	5.28	1 022.82	217.36	4.00	0.024 6

4 不同品种草莓生长情况的初步评价

通过对不同草莓品种生长性状的各项指标进行研究，结合田间观察，各种草莓品种生长性状良好，尤以圣诞红与红颜生长良好，圣诞红草莓果实的横径和纵径都比较大，而且具有很强的开花结果性能，综合其产量，光合速率、光补偿点、暗呼吸速率，不容易感病，在连栋温室条件下表现较好。红颜开花时间长、坐果率高，产量相对稳定，但抗病性能较差，感炭疽病和白粉病较重。香开花早，结果早，能提前投放市场，生长周期中基本没有受到病虫害的影响。圣诞红与章姬及红颜的生长势适中。圣诞红成熟期相对于香稍晚，而比红颜的结果期提前了 10 多天。粉玉在植株性状上表现为株高和冠幅、茎粗比较细，但是叶面积较大，叶片的光合作用能力可能更强。粉玉开花迟，果重小，且产量低，果实香味不浓郁，但果色白净果型周正，比红颜晚约 10 d。圣诞红和粉玉与红颜交错种植，能保证草莓供应时期种类丰富，为市场提供不同风味的草莓，满足消费者需求。光点表现出了优良的抗病性，其果实外观及品质等都优于对照，(红颜)但开花晚，结果晚，可用于红颜断果期的补充。

综合上述分析，在生产中应选择适宜本地区气候条件的优质高产品种。在相同的环境下，不同品种草莓的生长势是不同的，而且不同的生长环境及栽培管理技术对草莓的生长能力亦有重要影响。另外，由于此试验结论仅基于草莓一茬的生产数据，对不同草莓品种生长能力的评价需要反复试验和观察，试验还有待进一步研究。

参考文献

[1] 骆文宾，雷伟伟，李墨行，等．北京昌平温室“红颜”草莓高效栽培技术[J]. 北方园艺，2022，500(5)：146-148.

[2] 陈宗玲，钟连全，徐全明，等．16 个草莓新品种在北京昌平生长结果性状比较[J]. 中国果树，2018，190(2)：23-28，32，110.

[3] 黄丽，王德炉，谭芳林，等．4 种红树净光合速率对光和 CO_2 浓度的响应特征[J]. 防护林科技，2013，120(9)：1-3，6.

数字农业技术助力昌平区草莓产业轻简化发展

陈明远[1],陈卫文[1],田炜玮[1],于静湜[2],段改莲[1],邢广青[1],麻宏蕊[2],杨昱[1],武昌[1],王揽月[1],于畅[2]
(1. 北京市昌平区农业服务中心 102200 2. 北京市昌平区农业技术推广站 102200)

摘要:草莓产业是昌平区主导产业,近几年种植规模基本稳定在5 000栋左右,年产量达6 000 t,年产值达3亿元。然而,劳动力人口老龄化严重已经成为制约产业发展的瓶颈。在种植过程中通过应用数字农业技术,可以降低劳动力成本,提高草莓产量和品质,增加农户效益,助力昌平区草莓产业实现轻简化发展。

关键词:数字农业;草莓产业;轻简化发展

昌平区位于北京市西北部,是北京的后花园,位于北纬40°~41°,这一纬度是国际公认的草莓最佳生产带。昌平草莓2000年以后开始产业化发展,2008年昌平区成功申办第七届世界草莓大会,获得了国家农业部和原国家质检总局批准的"昌平草莓"实施农产品地理标志登记保护,荣获"2017年北京农业好品牌——区域品牌",入选《"北京优农"品牌目录》,并通过2012年第七届世界草莓大会和连续八届北京农业嘉年华活动、第四届"昌平草莓节"等活动的带动,"昌平草莓"这一品牌受到越来越多的青睐,草莓产业已经成为昌平农业的一张靓丽名片。目前,昌平区草莓产业已经形成了覆盖草莓种苗繁育、草莓种植、销售、病虫害防治和农机专业化服务、草莓销售包装配送等于一体的全产业链体系。近几年来,昌平区草莓种植规模基本稳定在5 000栋左右,全区草莓总产量达6 000 t,全区草莓总产值达3亿元,对当地农民就业增收有很重要的作用。

然而,近年来昌平区农业生产中老龄化和劳动力不足问题日趋严重,劳动力成本逐年上涨,成为制约昌平区农业产业发展的瓶颈。据统计,从事蔬菜生产的劳动力平均年龄为55.95岁,其中50岁以上种植户占比71.4%;45岁以下青壮年种植户占比仅为11.1%,且劳动力的成本已逐年增加[1]。

数字农业是集农业科学、地球科学、环境科学、信息技术、自动化技术、计算机技术、数字通信和网络技术等众多科学技术于一体的高新技术系统。2020年1月,农业农村部、中央网络安全和信息化委员会办公室印发的《数字农业农村发展规划(2019—2025年)》明确提出,要积极开展5G技术在农业领域的应用研究,建立健全5G引领的智慧农业技术体系。2020年7月,农业农村部印发的《全国乡村产业发展规划(2020—2025年)》中也指出,以信息技术带动业态融合,促进农业与信息产业融合,发展数字农业、智慧农业等。大力发展数字农业,已经成为我国推动乡村振兴、建设数字中国的重要组成部分,而以5G为代表的新一代信息技术正加速引发系统性、革命性、群体性的技术突破和产业变革[2]。昌平区草莓产业只有创新才能保持产业活力,数字农业与草莓产业的融合发展是今后昌平区农业发展的方向。

1 昌平区草莓产业与数字农业的现状

1.1 产前阶段

草莓产前阶段包括草莓育苗、草莓苗定植前消毒、温室土壤或栽培基质消毒、施肥等环节。

1.1.1 草莓育苗

草莓育苗现阶段有很多种方式，露地育苗、避雨土壤育苗、避雨基质育苗、避雨高架育苗和穴盘扦插育苗等。在这些育苗方式中，工厂化扦插育苗是最适合与数字农业相结合的方式。

将草莓多级子苗剪切下来，在连栋温室或春秋大棚内进行统一扦插，可以通过草莓基质内的湿度和肥料传感器测定水分和养分含量，自动浇水施肥；通过空气中的温湿度传感器，定时喷雾加湿，控制湿帘风机进行通风降温，提前为草莓苗提供低温炼苗促进草莓花芽分化；通过定时开关遮阳网，为草莓苗进行遮阳降温；还可以使用臭氧发生器或自动弥雾机防治病虫害发生。

1.1.2 草莓消毒

草莓消毒是产前的必要环节之一，包括种苗消毒、土壤或栽培基质消毒和棚室消毒等。草莓消毒主要采用化学消毒和物理消毒。化学消毒可以使用氯化苦、二氧化氯、棉隆和威百亩等化学药剂；物理消毒有臭氧消毒、高温蒸汽消毒、高温闷棚消毒等方式。

消毒的环节除了人工覆膜环节需要人来参与，其他的施药、温度监控等完全可以使用机器完成。这些和数字农业融合难度不大，关键在于传感器的性能，高温消毒需要温度达到 50 ℃以上，在炎热的夏季温度可以接近 70 ℃，对于数字设备的质量需要很高的要求。

1.1.3 草莓施肥

农谚说“有收无收在于水，收多收少在于肥”，草莓施肥对于草莓产量有很重要的作用。施肥环节中底肥可以通过农机进行撒施、追肥使用滴灌进行，随水滴施。一般来说，草莓定植前期需要氮肥和磷肥，氮肥可以促进植株生长，磷肥促进花芽分化，开花后需要钾肥，增加果实硬度和口感。在冬季草莓还需要根系增温，保证根系正常生长。草莓基质栽培方式最适合与数字农业相融合，草莓基质栽培一般直接使用营养液进行栽培，养分含量可使用仪器控制，在冬季可以通过加温设备为草莓基质加温，在春季可以给草莓基质降温，保证草莓生长的最适温度，全过程管理起来更精准。

1.1.4 草莓做畦

草莓做畦在现阶段存在着人工做畦、机器做畦和基质栽培等模式。由于人工成本近年来逐年增加，机器东西垄做畦方式正在逐步为草莓种植户所接受，今后高架基质栽培和机器做畦方式更容易发展数字农业。

1.2 产中阶段

草莓产中阶段主要包括草莓管理中土壤、水、肥料、空气、温度、光照和病虫害防治等。

1.2.1 土壤

土壤在草莓栽培中主要起到固定根系的作用，要保证土壤健康，才能保证草莓健康生长。昌平区草莓土壤栽培目前占到总棚数 70%以上，种植年限最长的已经接近 20 年，每年都会出现土传病害，严重时造成草莓苗死苗，减产严重。需要对土壤中的微生物、pH、EC 值进行监控，草莓适合在弱酸性土壤中生长，EC 值要求在 0.5 mS/cm 左右。目前，昌平区土壤 pH 在

7.5以上，属于弱碱性土壤，EC值也高于0.5 mS/cm，影响草莓的肥料吸收。土壤栽培在现阶段还是草莓主要的栽培模式，提高土壤监测水平，对草莓栽培有重要意义。基质栽培方式最适合和数字农业融合发展。

1.2.2 水

草莓种植离不开水，有收无收在于水。在草莓定植初期需要定时浇水、保证土壤湿度，促进草莓生根；在草莓成活后，需要适当控水，促进草莓根系生长；在草莓结果后需要浇足量的肥水，促进果实长大；在春季需要增大浇水量，降低草莓根部温度，保证草莓正常生长。水可以通过水份传感器加电磁阀门实现自动控制，精细灌水。

1.2.3 肥料

草莓追肥在草莓生长中很重要，草莓果实产量的高低和口感的好坏与科学施肥有很大关系。在草莓膨果期增施钾肥可以增加草莓甜度，肥料使用的量需要科学的计算，以免造成肥料的浪费。农谚说“粪大水勤不用问人”，农户大多存在多用肥能使草莓长得好的想法，在实际中也有很多农户施肥多了苗子出现肥害，长势不好。需要对草莓全生育期需肥需水规律进行建模，才能保证自主控制施肥草莓长势良好。

1.2.4 空气

草莓生长环境中的空气，主要是二氧化碳和通风管理。二氧化碳是光合作用的主要原料，草莓生产过程中增加二氧化碳气体的补充，可以增加草莓的产量。在冬季草莓生长期，加强通风可以减少病害的发生，但是通风会造成湿度和温度降低，湿度太低会造成草莓叶片气孔闭合，减少光合作用效率，温度太低会影响光合作用，一般控制温度在25 ℃以上，湿度在60%以上。草莓数字农业可以通过二氧化碳传感器，控制棚内二氧化碳气体的释放，通过自动开窗和风机进行通风换气，保证草莓正常生长。

1.2.5 温度

草莓生长的最适温度是25 ℃，根系生长最适温度是20 ℃。在基质栽培草莓中，为了保证草莓在冬季正常生长，可以采用基质加温的方式，提高根系温度。在地栽草莓时很难对地温进行控制，可以在棚内安装储水罐，对灌溉水预热后再进行浇灌，提高地温。棚内温度可以通过空气源热泵或者电加热等方式进行控制。

1.2.6 光照

万物生长靠太阳，光照对于植物是必不可少的。近几年昌平区冬季阴天和雾霾天数少了很多，这也有利于草莓正常生长。在生产中增加光照可以采用补光灯人工补光，通过光照传感器在光照强度不够时补充光照，可以保证草莓正常生长。

1.2.7 病虫害防治

草莓病虫害防治要坚持“预防为主，综合防治”的植保方针，防大于治，在种植中做好前期预防，生产中期悬挂黄蓝板监控虫害的发生，科学合理通风，定期使用硫黄熏蒸器、臭氧发生器或自动弥雾机进行预防。昌平区农业服务中心推出了农药补贴系统，对全区草莓种植中使用的农药进行补贴，鼓励使用低毒高效的农药，保证草莓的安全性。

1.3 产后阶段

在草莓产业中，产后阶段指的是草莓采后销售、棚室内拉秧、清棚等环节。

1.3.1 草莓采后销售

近几年，昌平区多个合作社和企业开展了电商平台销售、直播带货，微信团购和网上预售提货券等多种电子商务模式，拓宽了草莓的销售渠道。在销售、包装、配送等方面都有了成熟的体系。2023年昌平区还发布了草莓地图系统，消费者通过扫描草莓地图可以实现一键下单、产品追溯、导航采摘等多个功能，基本实现了地标产品的可追溯。

1.3.2 草莓拉秧与棚室清洁

草莓在采收完毕后，要将棚内的植株残体清理干净，并对土壤进行深翻，减少棚内的植株病残体，为下一季草莓的棚室消毒做准备。通过农资宝软件可以为种植户提供草莓秸秆处理服务，在草莓拉秧后对秧子进行发酵还田实现资源化利用。

2 昌平区数字农业与草莓产业融合发展的问题

2.1 温室设施老旧

昌平区大多数温室设施建于2012年以前，温室设施老旧，温室面积小，不利于开展机械化，因此急需翻建有利于开展机械化、自动化的大跨度日光温室。

2.2 人才紧缺

数字农业专业人才紧缺，昌平区农业从业者素质偏低，大多数为中老年人，对于电子设备接收能力差，需要专业人才。

2.3 资金支持

数字农业建设资金不足，在数字农业建设中，设备资金和后续维护资金对于普通农户来说成本过高，需要政府资金配套支持。

3 昌平区数字农业助力草莓产业轻简化发展的对策

3.1 政府出台政策扶持

2023年，《昌平区促进农业高质量发展的实施意见》(昌政发〔2022〕16号)及《昌平区促进农业高质量发展实施细则》(昌农发〔2023〕2号)发布。在新政策中，对于老旧温室进行补贴，建设新型大跨度日光温室，配套安装温湿度控制、湿帘风机等设备，建设费用由政府和建设主体共担，提高农户建设积极性。

3.2 培训专业农业人才队伍

昌平区草莓产业与数字农业的融合发展需要专业的农业从业人员，因此，要加强人才队伍建设。一方面要培养新型职业农民队伍。新型职业农民队伍大致分为：种养大户、合作社、家庭农场等为主体的生产经营型职业农民、以返乡大学生等具备专业知识或农业技能为主体的专业技能型职业农民、社会服务型职业农民。针对不同的职业农民，相关部门有针对性地制订培养体系，充分发挥当地农民的带动作用；另一方面发挥农业推广部门的作用，培训园区和合作社的专业技术人才，提高人员基本素质。

3.3 促进规模种植户与数字农业对接

要充分发挥龙头企业、合作社等新型经营主体的带动和示范作用，构建“企业＋农户”或者“合作社＋农户”的发展模式，形成规模种植户。规模种植户在生产技术水平、专业人才储备、数字农业基础设施和抵御风险的能力上占有优势。规模种植户、合作社带领小农户共同推动数字农业蓬勃发展。

在今后的应用中将推动种植业实现种植技术智能化、农业管理智能化、种植过程公开化及劳力管理智能化。在5G技术和物联网的广泛应用的未来，将驱动各类无人驾驶农机装备实现自动化作业，包括无人旋耕起垄机、自动水肥一体化系统、自动通风系统等都将成为常态化。利用5G网络、人工智能图像识别、卫星遥感、大数据等技术对农业生产进行实时监控，实现快速检测草莓病虫害、草莓田间长势、土壤水肥营养情况，提高生产率，都将应用在我们身边。草莓产业走向数字农业轻简化栽培发展的路径终将会实现。

参考文献

[1] 李占台，杨俊刚，邹国元，等．北京市设施蔬菜园区轻简化生产现状分析[J]．中国蔬菜，2019(8)：68-75.
[2] 陈红新．拥抱5G数字农业发展进入快车道[J]．蔬菜，2020(9)：1-6.

昌平区设施草莓绿色高效发展对策研究

麻宏蕊,陈卫文,高剑

(北京市昌平区农业服务中心　102200)

摘要:草莓产业是昌平区农业的主导产业,每年种植规模维持在5 000栋左右,昌平区草莓生产以日光温室反季节促成栽培为主要生产方式,在促进农民持续增收、稳定小农户生产中发挥着重要作用。本文结合高级研修班所学内容,对设施草莓绿色高效发展进行研究,旨在为推进都市型现代农业的发展提供科学参考。

关键词:设施草莓;绿色;高效

1　昌平区草莓产业基本情况

1.1　草莓产业的发展历程

昌平区草莓产业的形成始于20世纪80年代初,主要分布在兴寿、崔村、南邵等镇,80年代初开始使用设施日光温室进行促成栽培。2006年昌平区通过了“国家级农业标准化示范区”考核,2008年昌平区成功申办第七届世界草莓大会,昌平区人民政府把大力发展草莓产业写入政府工作报告,开启了昌平区草莓产业的迅速发展期,2010年,农业部批准对“昌平草莓”实施农产品地理标志登记保护。2011年,原国家质检总局批准对“昌平草莓”实施地理标志产品保护。2012年第七届世界草莓大会在昌平区成功举办,昌平区草莓产业规模也进入了鼎盛时期[1]。继世界草莓大会之后,2013—2019年昌平区成功举办了七届北京农业嘉年华活动;2017年荣获“2017年北京农业好品牌——区域品牌”荣誉称号;2021年修订的北京市地方标准DB11/T 992—2021《地理标志产品 昌平草莓》于2021年7月1日正式实施;2021年9月,“昌平草莓”入选“北京优农”品牌目录首批名单。草莓产业已经成为昌平农业的一张靓丽名片[2]。

当前,昌平区草莓种植涉及兴寿、小汤山、崔村、百善、南口、马池口等13个镇(街道)、70多个村、1 500余户农户及农业企业,2019—2020年、2020—2021年、2021—2022年三个种植季,昌平区草莓种植规模分别为4 865栋、5 060栋、5 050栋,3年平均年产量6 350 t、产值3.19亿元。草莓产业带动了4 000余农民致富增收。

1.2　草莓生产管理

1.2.1　品种与育苗方面

昌平区草莓种植品种以红颜为主,占比95%以上。同时引进种植隋珠、圣诞红、光点等新品种,以及白雪公主、粉玉等特色品种20多个,展示示范日韩、欧美、国内等品种达150余种。

昌平区草莓苗源广泛,2021年苗源主要涉及北京、浙江、山东、四川、江苏、陕西、安徽、江西、河北、贵州、辽宁、云南、内蒙古等10余个省(自治区、直辖市),其中北京延庆苗源供应量约占37%,本区育苗企业苗源供应量约占40%,外省市苗源供应量约占23%。

1.2.2 栽培与管理

1.2.2.1 农产品安全

通过政策扶持的方式对农药安全、绿色防控、有机肥、微生物菌剂等投入品进行补贴,引导草莓生产向绿色安全方向发展。在草莓生长季对产品及产地环境进行监测,抽检灌溉水、土壤、农产品农药及重金属残留,抽检合格率100%。加大“三品一标”建设力度,其中昌平区草莓全部达到无公害水平,全区7家企业进行了草莓绿色食品认证,“昌平草莓”地标使用授权企业16家、涉及500位农户、2 000栋日光温室。

1.2.2.2 栽培模式

昌平区草莓种植以传统南北垄地栽模式为主,占总栽培模式的92%。近几年不断创新栽培方式,在推广了“草莓立体基质栽培”“草莓半基质栽培”“草莓后墙管道栽培”的基础上,又推出了“东西向机械化打垄栽培方式”“草莓新型基质槽栽培模式”。

1.2.2.3 技术推广

昌平区依据测土配方施肥调控水肥,平衡草莓植株长势,使用疏花疏果技术和大温差管理,提高果实商品性及其品质。推广应用有机肥替代部分化肥,实现化肥减量。在此基础上,昌平区设施草莓探索实施“无病虫育苗+产前消毒预防+产中综合防控+产后残体无害化”全程绿色防控模式。探索化学防治与物理、生物、农业防治相结合的绿色防控技术。集成推广草莓与多种蔬菜作物套种技术,增加设施复种指数。目前共研究套种模式18种,重点推广草莓套种洋葱、草莓套种鲜食玉米、草莓套种水果苤蓝、草莓套种番茄、草莓套种甘薯及草莓套种小型西瓜,推广涉及全区温室4 800余栋,单栋产值可增加5 000~10 000元。

1.2.2.4 服务保障

昌平区农业服务中心每年组建草莓生产服务保障工作队,通过包镇到村,指定专人包村到户,分片负责各镇各街道从事草莓生产的农业企业、合作社、种植园区(以下简称草莓园区)及散户的草莓生产服务工作。各服务分队结合本单位工作职责,对种植户进行技术指导,与农业合作社、第三方培训机构联合,以“草莓学院”为组织架构分批次开展农民职业技术提升培训,有效提高草莓种植户的技术水平,发展农村技术人才,壮大基层技术人才队伍。

整个生产季,服务队共出动3 000余人次,服务范围在种植草莓的13个镇(街道)、70余个村、1 500余户草莓种植户中全覆盖,规范投入品使用、推广草莓套种蔬菜模式,保证草莓生产的安全性,提升经济效益。

1.3 草莓标准化建设

昌平区成功创建了“国家级草莓标准化示范区”,随后不断推进草莓标准化生产,通过了国家农业操作规范认证、无公害农产品认证、绿色食品认证和有机产品认证。

同时,制定了《无公害食品 昌平草莓日光温室生产技术规程》(DB110114/T 006)、《无公害食品 昌平草莓育苗技术规程》(DB110114/T 007)和《地理标志产品 昌平草莓》(DB11/T992)等多个地方标准。昌平区草莓地理标志农产品保护工作,促进了标准化示范区建设,规范了标准化生产过程,夯实了标准化生产基础,提供了标准化技术保障。通过标准化生产,保持了“昌平草莓”的特色品质。

例如,“昌平草莓”单果重量方面,大果型品种至少要在 25 g 以上,而中小果型品种也要达到 20 g 以上;口感和品质方面,香甜型品种可溶性固形物需达到 9.0%,总酸高于 1.0%;即便是酸甜型品种,可溶性固形物至少达到 7.0%,总酸高于 1.3%。

标准化生产,促使“昌平草莓”内外兼修,质量、安全和品质均得到有效保障,慕名而来的游客与日俱增。如今,年采摘游客总量超 200 万人次,“昌平草莓”享誉京城、供不应求。

1.4 产业扶持政策

昌平区草莓产业的发展离不开昌平区人民政府对草莓产业的政策扶持。2016 年昌平区人民政府出台了《北京市昌平区人民政府关于扶持农业产业化发展的意见》(昌政发〔2016〕9号)文件,制定了一系列惠农政策,政策包括草莓种苗每栋补贴 2 500 元;蜜蜂补贴每栋 100元;用于克服连作障碍的生物菌剂每栋补贴 80 kg,价值 300 元;农民持农资补贴本到指定农资店购买农药,化学农药按价格的 50%补贴(每栋最高 300 元)、生物农药按价格的 80%补贴(每栋最高 600 元);聘请有资质的公司进行土壤化学消毒给予消毒费用 50%的补贴;其他还有新建立体基质栽培草莓,经验收合格每栋补贴 2 万元;另外还有草莓半基质栽培补贴 1.5 万元、后墙壁挂式管道栽培 1 000 元、基质更新补贴发票面额的 50%,最高不超过 5 000 元,共计 9项补贴内容。政策实施以来,2016—2022 年平均每年向农业企业、农民专业合作社、农户发放草莓产业补贴资金 1 800 余万元,共计发放 1.09 亿元,减轻了草莓农企负担,撬动全区草莓农户每年投入 9 500 万元从旋耕整地、土壤消毒、种苗定植、植保施肥、包装销售等方面开展昌平区草莓全程标准化生产。通过政策扶持实现昌平区草莓种苗优种率在 95%以上,草莓农产品向绿色方向发展,用药用肥安全达 100%,有效解决了草莓连坐障碍难题,提升土传病虫害的防治效果在 90%以上,草莓科技服务覆盖率达 100%。

1.5 品牌建设与宣传

2012—2019 年,通过举办第七届世界草莓大会及第七届北京农业嘉年华活动,展示草莓品种、草莓科技、草莓文化、草莓论坛等多项内容,与京北黄金旅游线形成高频互动,促进昌平区城乡互动互联。累计接待游客 813.08 万人次,带动周边草莓采摘及民宿接待游客 1 780 余万人次。2020—2022 年,连续举办了三届“昌平草莓节”,开展一系列的媒体宣传和农旅互动活动,讲述草莓故事、提升草莓品牌、传播草莓文化,打造京津冀地区草莓产业交流平台。以第三届“昌平草莓节”为例,变草莓节为草莓季,1—5 月举办“北京草莓之星”评选、进行线上直播,开展草莓鲜品寄递优惠活动、在“回天地区”户外 30 余块大屏及宣传牌投放广告,在北京日报、今日头条、北京昌平 APP 等媒体平台发布新闻 140 条次,总阅读量超过 150 万次。

昌平区草莓销售渠道主要有高端配送平台、礼盒礼品、休闲采摘、社区团购、摊位零售、商贩批发,具体销售占比情况为:

高端配送平台:销售均价为 79.2 元/kg,占总销量比 7.45%;

礼盒礼品:销售均价 77.8 元/kg,占总销售比 13%;

休闲采摘:销售均价 68.5 元/kg,占总销售比 24.25%;

社区团购:销售均价 63.1 元/kg,占总销售比 9.65%;

摊位零售:销售均价 36.5 元/kg,占总销售比 7.2%;

商贩批发:销售均价 33.6 元/kg,占总销售比 38.45%。

与往年相比,其中高端配送平台、礼盒礼品、休闲采摘、社区团购 4 种销售模式占比提升到54.35%;摊位零售、商贩批发传统销售模式占比降至 45.65%。

2 昌平区草莓产业发展中存在的问题

整体看来,“昌平草莓”在农产品质量安全、农业科技引领、政策扶持保障和服务技术支持等方面有力地支撑了昌平区草莓产业的发展。但通过调研也发现了“昌平草莓”在产销过程中存在一些问题,主要表现在以下几方面:

2.1 产业政策亟需调整

昌平区草莓产业的发展已经从初创期进入快速壮大的成长期。2016 年产业政策的部分内容已不适用当前昌平区草莓产业的发展需要,比如种苗补贴问题,目前昌平区草莓种植品种以红颜为主,占种植总数的 95%以上,存在单一品种种植风险。同时草莓新品种推广更新速度慢,当前的种苗补贴政策不能有效地引导农户种植优新品种。再如,产后销售部分未纳入产业政策中,疫情发生期间昌平区草莓销售以电商、团购为主,但相当一部分农户的电商发展比较缓慢,且北京地区物流费用价格偏高,阻碍了昌平区草莓电商的发展。

2.2 温室大棚老旧

昌平区日光温室大部分建于 2011 年以前,生产大棚的使用时间过长,大棚的保温通风效果不佳,智能化水平低,存在安全生产隐患。排水设施不佳,多雨季节易导致部分草莓温室不能按期起垄种植,影响草莓定植进度和上市时间。

2.3 现代化种植水平不足

目前昌平区草莓种植普遍存在从业者老龄化严重、用工成本增加导致劳动力不足的问题。在草莓全程机械化,轻简化栽培、新型栽培、智能化栽培以及草莓种植的科技含量上还有待提升。

2.4 草莓种苗问题

草莓种苗来源于全国十余个省市,种苗质量参差不齐,差异性较大。调查数据显示,以北京万德园农业科技有限公司为代表的本地裸根苗使用率占较少比例,在苗源供应上外省市的苗源以裸根苗居多,在进一步提高昌平区育苗企业的种苗自给率,减少外省市的用苗比例方面,还有待提高。

2.5 新技术培训不足

调查中发现部分种植户对草莓种植管理新技术需求迫切,如提供草莓生产技术指导、引进草莓种植新品种、对土壤盐渍化问题的预防解决和创新等方面希望得到专业化的指导和培训。

2.6 草莓种植园区环境有待提升

草莓种植园区路面破损及棚室周围环境较差,卫生间等配套设施欠缺,围栏规格不统一,部分农户在棚室内进行非生产行为,如洗衣做饭,晾晒衣物等。生活垃圾、生产尾菜随意堆放,广告牌标识五花八门,直接影响了草莓园区的种植和采摘环境。

2.7 高端销售渠道还有待开拓

昌平区草莓整体销售情况良好,但在销售形式上,商贩批发占据了较大比例,高达 51%,这也是限制昌平区草莓种植规模、产业效益进一步提升的主要因素之一,昌平区草莓在生产管理过程中注重果品品质和质量安全,且为国家地理标志产品,在销售方面供需信息不对等,造成优品不优价,应进一步开拓高端销售渠道。

3 昌平区草莓产业发展策略及建议

昌平区农业服务中心在充分调研的基础上,以实施乡村振兴战略为抓手,对标高质量发展要求，深化农业供给侧结构性改革，以提品质、保安全、促增收为导向，以科技和市场为动能，以提高发展质量和效益为中心，提出关于草莓产业发展的建议。

3.1 完善产业扶持政策

优化生产环节政策集成。加大草莓套种蔬菜推广力度，推进草莓蔬菜产业融合发展，实现增产增收。

优化草莓品种结构，在红颜品种的基础上，引导种植户种植新品种，提高昌平区草莓良种覆盖率。

扩大土壤消毒补贴范围；实施有机肥替代化肥；推进绿色防控，统防统治，对草莓农药补贴目录进行更新扩充。

3.2 注重产后市场开发引导

深入开拓电商销售渠道，打造线上线下互动销售机制，增加物流补贴，降低物流成本，引导农户进行电商销售。

加强农产品可追溯机制，督促生产者养成做好生产记录的习惯，向消费者展示生产全过程和生产记录，健全农产品生产、加工、配送全过程安全生产可追溯体系，推进数字化管理。

加强昌平区农业好品牌、地理标志品牌的建设，开发适应当下物流快递方式的新型农产品内外包装，对品牌建设和促进市场开发给予资金支持[3]。

3.3 加强农业科技引领

3.3.1 加快新品种新技术示范推广

依靠科技增产能，推动农业效率变革。探索昌平区草莓的独特性，通过引进一批、研发一批，形成昌平区草莓品种的特色优势，扩大圣诞红、隋珠、白雪公主等优新和特色品种的种植面积，满足多样化消费需求。进行栽培模式和栽培技术创新，打造首都特色农业模式，通过政策引导农户向高标准化、轻简化栽培模式发展，提高新型栽培模式在昌平区的应用比例。

推进草莓、蔬菜产业融合发展，充分利用草莓种植温室的温室棚档、温室内边角空地种植蔬菜，提升叶类菜、果类菜、食用菌的种植面积，确保菜田面积不下降，产量稳中有升，到 2025 年，实现蔬菜自给率达到 20%的目标[4]。

3.3.2 推进农机农艺融合

加快设施装备与设施专用品种和绿色高效栽培技术集成配套，推广草莓宜机化种植技术。开展试验试点，引入工业思维方式发展草莓产业，探索形成草莓生产全程机械化技术，将更多的技术集结于草莓生产的全过程，通过调控生产投入、进行高科技干预，主动调整产能，加快产业链数字化、标准化升级[5]。

3.3.3 加强科技支撑和装备建设

引进推广国内外先进技术、先进设备，重点示范推广环境控制设备、生产管理机械等，开展设施农业关键技术科技攻关，以宜机化、智能化、节能型、低成本为目标，逐步探索轻减机械、采收、包装加工装备，解决劳动力不足的问题。

完善农机补贴政策和奖励机制，按照设施农业生产需要，及时更新设施农业农机购置补贴机具品目，实行补贴范围内机具应补尽补，同时建立激励机制，增设农机合作社扶持、农机作业、设施设备补贴。

3.3.4 探索智慧农业发展方向

加强移动互联网、物联网、智能控制等数字化技术在设施生产中的推广应用。引进推广智慧农业技术装备，推广新型智能温室、智能水肥一体化相关设备。

建立智慧农业服务平台，推动"一张图"管理，借助平台建立政策发布、草莓品牌展示、农业信息共享、农资补贴、线上培训、技术服务、大数据处理、农机作业调度等，强化植保、土肥、种植栽培等方面探索、实施指导性测报分析。

3.3.5 加大农业技术培训力度

以"草莓学院"为组织架构，通过田间指导、专业技术培训、农民田间学校培训等服务模式，指导农民掌握先进的栽培技术和设备设施应用技术。通过培训，促使科学施肥、合理用药的理念深入人心，帮助农民熟练掌握施肥用药的时期、施肥用药的品种、施肥用药量、施肥用药的方法等，提高草莓种植户的技术水平，壮大基层技术人才队伍。强化区级农产品质检，实现"双认证"，加大抽测强度。

3.4 坚持环境生态保护

3.4.1 强化农业面源污染防控

开展农药包装废弃物和废旧地膜回收利用工作，加大回收宣传力度，确保农膜回收率达到90%以上。加强生产环节农产品产地环境、农产品投入品监测，指导农民安全合理用药，减少农药用量。在草莓生产中加快绿色防控替代化学防治与绿控产品的补贴宣传，着重推广生态控制、生物防治、理化诱控等技术措施。依托专业植保服务组织，实施统防统治，精准高效施药。开展土壤消毒新技术、新方法的试验示范及推广。

3.4.2 提高农林废弃物资源化利用水平

结合流村、兴寿设施种植、畜牧养殖以及区域处理站的生产优势，试点开展农户秸秆换肥料(兑换比例为 2∶1)。示范推广纳米膜快速堆肥技术，有效处理园区设施农业尾菜、藤蔓、果树剪枝等，实现农林废弃物不出园、不出村就地就近处理。逐步实现农作物秸秆及尾菜的全量化利用。

3.4.3 扎实做好化肥减量增效工作

实施有机肥替代化肥行动，加大有机肥、生物有机肥推广力度，落实补贴商品有机肥，实施测土配方施肥、水肥一体化技术保障，加强对补贴有机肥质量监管和效果提升监测，扎实做好化肥减量增效。梳理缓释肥在设施草莓上的研究试验与示范成果，进一步推广应用缓释肥、减少化肥用量。

3.4.4 进一步提升园区环境

积极引导草莓园区开展环境整治，倡导垃圾分类和厕所革命，最大限度阻断病害传播途径，制定相关政策引导农户进行环境整治，打造良好的种植和采摘环境，展现都市农业风采，为美丽乡村建设和人居环境改善贡献力量。

3.5 开拓昌平区草莓品牌市场

3.5.1 提升产品质量和特色品质

强化地理标志农产品质量安全管理，优化并严格落实生产技术规程，建立健全全产业链标准体系。创办 1 家昌平草莓学院，开展按标生产培训，加强标准实施应用和示范推广。建立一个昌平区草莓种质资源圃，收集草莓优新品种，强化特色品质保证，开展"昌平草莓"产品特色品质分析和监测，加强全程质量控制，促进"昌平草莓"特色化发展。

3.5.2 品牌培育

深入挖掘"昌平草莓"历史文化，丰富品牌内涵，建立"昌平草莓"品牌文化展览展示区，讲好地标故事，开展宣传和推介活动，加强品牌营销，培育一批以“昌平草莓”地理标志产品为核心的区域公共品牌、企业品牌和产品品牌。整合资源，举办昌平区草莓文化节，开展草莓之星评比和新文化传播，拓展“昌平草莓”区域公共品牌影响力。

统一“昌平草莓”地标产品“LOGO＋标识”，规范标识授权使用，强化产品带标上市，多举措加强品牌营销、提升“昌平草莓”形象。

3.5.3 拓宽销售市场

鼓励农业生产经营主体联合或单独建立电商销售、专店专柜专销、直供直销等多方销售渠道，打造线上线下相结合的产销机制，打通产销价值链和信息链。同时，加强“三产”融合、电商微商、网络营销等方面的培训，提高从业人员综合素质，增强产业发展后劲。

参考文献

[1] 王琼，宗静，刘瑞涵，等. 北京草莓产业的调研与思考[J]. 蔬菜，2021(4)：61-64.

[2] 高丽，王金凤，陈明远，等. 北京市昌平区草莓产业发展现状[J]. 农业工程技术，2021，41(4)：44-50.

[3] 齐长红，祝宁，于静湜，等. 多措并举保障北京市昌平区设施草莓优质绿色生产[J]. 蔬菜，2018(11)：36-39.

[4] 宗静，王琼，马欣，等. 北京市草莓产业发展现状与问题对策[J]. 中国蔬菜，2018(7)：14-18.

[5] 李彦君. 北京市昌平区草莓产业设施装备和农业机械发展调研报告[J]. 农业工程技术(温室园艺)，2014(7)：44-46.

粮食与经济作物生产技术

“十三五”规划以来，昌平区积极开展特色镇村创建，先后完成食用菌特色镇、鲜食玉米特色镇、盆栽蔬菜特色村、草莓套种洋葱特色村等建设。“十四五”规划期间，昌平区将以南邵、马池口、小汤山等镇为重点，引进和推广优新品种，扩大种植规模，大力发展设施蔬菜产业。同时，随着复耕复垦土地验收工作的逐步完成，粮食和经济作物种植的优势正在显现。收入本章的论文，聚焦重要农产品的稳产保供，对小黑麦生产、多种蔬菜种植模式比较、生菜品种筛选、食用菌工厂化、先进农机装备应用等课题展开积极探索，形成了相关论述，并努力推动相关工作向前迈进。

昌平区不同品种小黑麦生产效果初探

段改莲[1]，陈卫文[1]，王揽月[1]，周明源[2]，邢广青[1]，刘敏[3]，陈明远[1]，武昌[1]
（1. 北京市昌平区农业服务中心　102200　2. 北京市昌平区农业环境监测站　102200
3. 北京市昌平区耕地保护站　102200）

摘要：本试验在北京市昌平区百善镇对晋饲1号、中饲3241、中饲1640等7个小黑麦品种进行秋季种植，分析不同品种的生长情况和产量，以初步筛选适合在昌平区种植的小黑麦品种。结果表明，7个不同品种的小黑麦在生长指标上存在较大差异；产量方面，中饲3241单位面积的鲜重、干重均为最高，分别为24 t/hm²、7.8 t/hm²。综合产量和干鲜比指标，昌平区可选择中饲3241和中饲1877用于饲草生产。

关键词：小黑麦；品种；生产；产量

小黑麦是小麦（*Triticum* ssp.）和黑麦（*Secale* ssp.）的杂交种，同时具有小麦营养丰富、品质优良和黑麦植株高大、抗病抗逆性强的特性，是优良的禾本科牧草品种之一。我国自20世纪50年代开始引进培育小黑麦新品种，并作为粮食作物在西南、西北的高寒山区种植；90年代开始随着农业结构调整和草畜平衡政策的实施，又作为粮饲兼用作物用于生产，种植范围也从高寒地区转向黄淮海、江南及东北地区，成为这些地区农闲田块种植的新型饲料作物[1]。

昌平区位于北京市西北部，距离市区约30 km，东靠顺义区，西邻门头沟区，南倚海淀区，北与怀柔区接壤，地理位置优越。昌平区属于温带大陆性季风气候，春季干旱多风，夏季湿润多雨，秋季凉爽多风，冬季寒冷干燥，四季分明，气候条件十分宜人。2021年昌平区年平均日照时数2 684 h，年平均气温11.8 ℃，年平均降水量550.3 mm，无霜期203 d，气候温和，为昌平区发展农业提供了得天独厚的条件。

2021年昌平区为了实现绿色奥运理念，把冬奥保障工作作为首要任务。为了改善冬奥期间大气环境质量，减少昌平区季节性农田裸露导致农田产生扬尘，昌平区于2021年10月将区内季节性裸露农田全部种植了小黑麦，既减少裸露农田产生扬尘，又可充分利用冬季种植空闲期收获饲用小黑麦，实现了经济效益和生态效益的双赢。在此背景下，本试验在昌平区开展秋季种植不同品种的小黑麦，通过比较其生长表现和产量，以筛选出适宜在昌平区种植的小黑麦品种。

1　材料与方法

1.1　试验地概况

试验地位于北京市昌平区百善镇孟祖村，海拔30～60 m，年平均气温11.8 ℃，多年平均降水量578 mm，多年平均水面蒸发量1 245 mm，无霜期200～203 d。

1.2 试验材料

试验所用的 7 个饲用小黑麦品种分别为晋饲 1 号、中饲 3241、中饲 1640、中饲 828、中饲 3297、M507、中饲 1877。

1.3 试验设计

试验于 2021 年 10 月 18 日播种，小区采取随机排列。每个小区面积为 2 m×5 m，采用条播的方法，行距为 15 cm，每个小区 13 行，播种深度 3～5 cm，小区之间设置 1 m 的保护行。播种量为 10 kg/亩，无底肥。2022 年 5 月 13 日收获。

1.4 测定项目及方法

1.4.1 形态特征测定

1.4.1.1 株高

小黑麦进入成熟期，收获前测定一次株高，每个品种随机选择 3 株，分别测量地面至穗顶部的自然高度。

1.4.1.2 分蘖数和有效分蘖数

小黑麦收获时，每个品种随机选取 3 株记录其分蘖数和有效分蘖数。

1.4.1.3 叶片总数、干叶片数和绿叶片数

小黑麦收获时，记录每个品种随机选取的 3 株的叶片总数、干叶片数和绿叶片数。

1.4.1.4 叶面积

小黑麦收获时，每个小区随机选取株的从下向上数第 3 片叶，用直尺测量该叶片的叶长和叶宽。

1.4.2 产量

鲜草产量：每个品种随机取样，取样面积 1 m^2，齐地面刈割，测定其鲜草产量。

干草产量：每个鲜草样品称重后进行自然风干，经过 35 d 自然风干后，称量干草产量，并计算其干鲜比。

2 结果与分析

2.1 不同品种小黑麦生长情况

由表 1 可知，7 个品种株高为 101.0～144.3 cm，中饲 3297 株高最高，达 144.3 cm，与中饲 828 的 143.7 cm 株高显著高于其他品种的株高。中饲 1640 的分蘖数和有效分蘖数分别为 7.7 个和 5.7 个，显著高于其他品种。中饲 3297 的叶片总数最多，但和另外 4 个品种无明显差异。M507 的绿叶片数最多，且显著高于其他品种。中饲 828 叶宽为 1.6 cm，为 7 个品种中最宽。中饲 1640 叶长为 26.3 cm，为 7 个品种中最长。

表 1 7 个小黑麦品种生长情况统计表

品种	株高/cm	分蘖数/个	有效分蘖数/个	叶片总数/片	干叶片数/片	绿叶片数/片	叶宽/cm	叶长/cm
晋饲 1 号	101.0bA	6.7abA	4.3abA	21.7aA	3.7aA	18 cBC	1.5	20.5
中饲 3241	133.7abA	5.7bA	3.0bA	15.0bB	1.3abA	13.7dC	1.4	23.9
中饲 1640	124.0abA	7.7aA	5.7aA	14.7bB	1.3abA	13.3dC	1.5	26.3
中饲 828	143.7aA	5.7bA	4.3abA	21.7aA	2.3abA	19.3bcAB	1.6	22.1

续表 1

品种	株高/cm	分蘖数/个	有效分蘖数/个	叶片总数/片	干叶片数/片	绿叶片数/片	叶宽/cm	叶长/cm
中饲 3297	144.3aA	7.0abA	4.7abA	24aA	1.7abA	22.3abAB	1.5	21.1
M507	110.3abA	6.3abA	4.7abA	23.7aA	0 bA	23.7aA	1.5	22.4
中饲 1877	131.3abA	6.3abA	4.0abA	21.7aA	0.7bA	21.0abcAB	1.4	20.9

注:同列同一指标下不同小写字母代表 $P<0.05$ 水平差异显著;同列同一指标下不同大写字母代表 $P<0.01$ 水平差异显著。

2.2 不同品种小黑麦产量情况

由表 2 可见,中饲 3241 单位面积的鲜重、干重均为最高,分别为 24.0 t/hm^2、7.8 t/hm^2,均显著高于其他品种。各品种的干鲜比为 25.26%~36.11%。中饲 828 的干鲜比最大,为 36.11%。M507 的干鲜比最小,为 25.26%。

表 2 7 个小黑麦品种产量情况统计表

品种	鲜重/(t/hm^2)	干重/(t/hm^2)	干鲜比/%
晋饲 1 号	19.7abA	5.9abAB	29.95
中饲 3241	24.0aA	7.8aA	32.5
中饲 1640	18.0bA	6.0abAB	33.33
中饲 828	18.0bA	6.5abAB	36.11
中饲 3297	19.7abA	6.4abAB	32.49
M507	19.0abA	4.8bB	25.26
中饲 1877	22.0abA	7.3aAB	33.18

注:同列同一指标下不同小写字母代表 $P<0.05$ 水平差异显著;同列同一指标下不同大写字母代表 $P<0.01$ 水平差异显著。

3 讨论

小黑麦具有良好的抗逆性和适应能力,在我国大部分地区均能生长,但由于气候条件和土壤条件的差异,其在各地的饲草产量差别较大。生育期为评价小黑麦种植效果的重要指标之一,本试验中 7 个小黑麦品种为统一播种,统一收获,未考虑不同品种的熟性进行分别收获。

不同品种的小黑麦可能对土壤条件要求不同,土壤质地和肥力不同可能对不同品种小黑麦的生长产生不同的影响。在昌平区不同的地块种植不同品种的小黑麦和不同品种小黑麦的营养品质研究将是未来需要探索的方面,结合初步筛选的生长情况,以更全面地评价小黑麦的品质和产量,为昌平区开展小黑麦种植提供更好的理论依据。

4 结论

本试验中 7 个不同品种的小黑麦的各项生长指标存在差异,从产量上来看,昌平区可选择中饲 3241 和中饲 1877 用于饲草生产。

参考文献

[1] 王兆凤. 鲁北地区饲用小黑麦不同品种生产性能比较研究[J]. 山东农业科学,2020,52(8):36-40.

[2] 张淼,胡宝贵,刘超,等. 北京城市总体规划背景下昌平区观光休闲农业发展研究[J]. 农业科技管理,2018,37(4):63-66,85.

昌平区羽衣甘蓝栽培技术

陈永利,何秉青,金生东,李利锋
(昌平区农业技术推广站　102200)

摘要:本文结合羽衣甘蓝不仅营养丰富,而且叶片形态美观的特性,通过春季大棚、露地栽培以及与草莓套种等栽培方式的对比分析,提炼了实现羽衣甘蓝的周年种植的具体模式,试图对园区及种植户在品种选择以及致富增收等方面起到一定的参考作用。

关键词:羽衣甘蓝;栽培技术

羽衣甘蓝(*Brassica oleracea* var. *acephala* f. *tricolor*)性喜冷凉,经多次短期霜冻尚不枯萎,种子在3～5 ℃仍可发芽,适宜的生长发育温度为18～25 ℃,能抵抗35 ℃以上的高温。它是长日照植物,生长期长,长日照、高光强,有利于茎叶生长。羽衣甘蓝喜湿不耐旱,适宜生长的土壤湿度为75%～80%,空气相对湿度为80%～90%。羽衣甘蓝对土壤的要求不严格,但仍以富含有机质的壤土或砂壤为宜,适于中性土壤。

羽衣甘蓝栽培期长,可多次采收,需肥量较大,栽培中应以氮肥为主,并配施磷、钾肥。综上所述,羽衣甘蓝耐寒抗热、喜湿喜肥,能在日光温室内周年生产。但由于高温、干旱、强光下会增加产品的纤维素含量、降低产品的品质。因此羽衣甘蓝尤其适于秋冬、冬春日光温室栽培。

1　形态特征

羽衣甘蓝是结球甘蓝的园艺变种。在形态上和卷心菜相似,最大的区别是羽衣甘蓝的中心叶片不会卷成团状。羽衣甘蓝大部分根系分布在30 cm的土层中,主根不发达,须根较发达;茎直立生长,较粗壮,密生叶片;叶片较厚叶柄较长,约占全叶长度的1/3。叶片形状有三种:圆叶系列、皱叶系列以及羽衣系列[1]。叶片颜色多样,外部叶片颜色多为蓝绿色和紫色,内部叶片颜色较为丰富,有白色、粉红色、黄绿色以及紫红色等。总状花序,虫媒花,花黄色。果实为角果,表面光滑。种子球形,褐色,千粒重为3～4 g。

2　生活习性

2.1　分布状况

羽衣甘蓝原产于欧洲地中海至北海沿岸,在荷兰、英国等欧洲国家普遍栽培。我国羽衣甘蓝栽培时间较短,一些观赏品种从日本、荷兰等地引入。主要在一些大城市种植,包括北京、上海和广州等[2]。

2.2　生长特性

羽衣甘蓝极耐寒,能适应短暂的霜冻天气。种子适宜的发芽温度20～25 ℃。生长适宜温度 20～25 ℃,夜间温度 5～10 ℃。超过 35 ℃也能正常生长,但叶片质地较硬,食用品质会下降。羽衣甘蓝喜阳光,属于长日照作物。在营养体生长期间,较强的光照有利于生长。羽衣甘蓝在生长初期对湿度没有严格的要求,但是形成期需要较高的空气湿度。空气湿度达 70%～90%时,营养体生长良好,品质优,产量高。羽衣甘蓝对土壤要求不高,极易成活。在富含有机质的壤土中生长,有利于高产优质。羽衣甘蓝适宜在中性或微酸性的土壤中栽培[3]。

3 栽培技术

在昌平区羽衣甘蓝主要以露地种植为主,也可以采取草莓套种羽衣甘蓝的模式。

3.1 地栽模式

3.1.1 繁育种苗

通常采用集约化穴盘育苗技术。具体操作如下:选用 72 孔的穴盘和常规商品基质。将含水量为 60%的基质装满穴盘,穴盘表面用刮板刮平,用另一个空的穴盘底部下压基质 1 cm 左右。采用人工播种,每孔点 1 粒种子,播完用蛭石覆盖,用刮板把穴盘表面刮平。将播种好的穴盘整齐摆放到空地或者苗床上,向穴盘洒水,保证浇透。苗期温度保持在 20～25 ℃,夜间温度不得低于 10 ℃,温度高时注意遮阴。

3.1.2 选地整地

选择地势高、排灌方便、有机质和钙含量高的壤土作为定植地。每亩使用腐熟的农家有机肥 2～3 t,翻耕后做宽 1～1.2 m 的小高畦,在定植前安装好地插式旋转滴灌设施。

3.1.3 移栽定植

幼苗具有 5 片真叶就可以定植。露地栽培一年可以种植两季。春季栽培每年 2 月中旬在温室育苗,3 月中旬定植,4 月中旬以后开始采收。秋季栽培是 7 月中旬播种育苗,8 月中旬定植,9—10 月可以采收。定植前先打定植孔,定植株距 25～30 cm,行距 50 cm,浇足定植水。

3.1.4 田间管理

3.1.4.1 水肥管理

缓苗成功一周后进行第一次追肥,每亩施用尿素 10～15 kg,以保证茎叶快速生长。每采收完一次,要追肥一次,每亩追施尿素 10～15 kg。羽衣甘蓝整个生长季需水量较大,除每次追肥需要浇水之外,应保持土壤湿润。遇到降雨天气,应注意及时排水,防止发生涝害。

3.1.4.2 株形整理

应及时去除老叶和黄叶,保证通风透气,减少病害的发生。

3.1.4.3 中耕除草

幼苗缓苗成功后,及时中耕松土。这样既能提高地温,又能促进根系生长,去除杂草。在植株封垄前需要中耕除草 2 次,深度为 2～3 cm。

3.1.4.4 病虫害防治

主要虫害有小菜蛾、菜青虫以及斜纹夜蛾等,病害主要有软腐病和黑斑病等。防治小菜蛾、菜青虫以及斜纹夜蛾等推荐使用甜核·苏云菌,该药由甜菜夜蛾核型多角体病毒(SeNPV)和苏云金杆菌(Bt)为主要原料制成。纯生物制剂,低毒、低残留,对甜菜夜蛾有很好的防治作用。防治软腐病和黑斑病建议使用 40%百菌清悬浮剂 150～175 mL/亩,或枯草芽孢杆菌可湿性粉剂 400～600 倍液。

3.1.5 采收

从播种至采收需 55～65 d，从定植到采收要 25～30 d，外叶展开 10～20 片时即可采收嫩叶食用，此时大约有 8 片叶，叶片较嫩，食用口感较好，每次每株能采嫩叶 5～6 片，留下心叶继续生长，此后一般每隔 10～15 d 采收 1 次。晚春、夏季如管理得当，又无菜青虫为害，可采收至初冬。秋冬季稍经霜冻后味道更好。在夏季高温季节，叶片变得坚硬，纤维增多，口味较差，故要早些采摘，而早春、晚秋、冬季季节采收的嫩叶品质、风味更佳。

3.2 草莓套种羽衣甘蓝

羽衣甘蓝与草莓套种是一种创新栽培模式，可种植在草莓温室的前后位置，也可单独进行盆栽，灵活性强。9 月中旬可根据草莓定植情况在草莓日光温室内进行套种。羽衣甘蓝与草莓套种管理最为简单，景观效果最为突出。由于其品种优势，在京郊草莓种植园区内景观效果突出，可以给草莓种植户带来额外的经济收入。

3.2.1 食用价值

羽衣甘蓝营养丰富，含有大量的维生素 A、维生素 C、维生素 B_2 及多种矿物质，特别是钙、铁、钾含量很高。羽衣甘蓝其嫩叶可炒食、凉拌、做汤，烹调后保持鲜美的碧绿色。

3.2.2 经济价值

草莓套种羽衣甘蓝，能改善草莓栽培土壤连坐障碍、改良土壤环境，丰富消费者的选择，增加种植户的经济收入，每亩能增加纯收益 650 元。

3.2.3 观赏价值

在北方地区，晚秋和初冬季天气寒冷，没有适宜的景观作物。而羽衣甘蓝耐寒性较好、叶色鲜艳美丽、叶片形态迥异，以及观赏期较长，迅速成为庭院、阳台、菜园、花坛以及农业观光园区的栽培品种。

参考文献

[1] 任洪达．羽衣甘蓝在休闲农业中的利用方式与栽培技术[J]. 河北农业，2016(8)：41-43.

[2] 祁连弟．观赏蔬菜羽衣甘蓝栽培技术[J]. 现代农业，2013(7)：19-20.

[3] 赵斌．羽衣甘蓝的栽培及其在园林中的应用[J]. 农技服务，2017，34(10)：40.

昌平区露地甘蓝机械化移栽试验小结及拓展应用

李彦君，王尚君，刘攀，杨松鹤，赵玉茹，兰士才
（昌平区农业机械化技术推广站　102200）

摘要：目前昌平区甘蓝移栽基本是人工移栽的作业方式。为提高工作效率、降低劳动强度和生产成本，提高农户收益，昌平区农技推广站引进日本井关蔬菜移栽机进行露地甘蓝移栽试验。本次试验完成11亩露地机械化甘蓝移栽，仅2人操作，用时12 h，工作效率为0.9亩/h。人工移栽需10人工作12 h完成。此次试验的成功，为将来实现露地甘蓝生产全程机械化移栽积累了宝贵的经验。

关键词：甘蓝移栽；井关蔬菜移栽机；移栽效果

1　试验地点和时间

2023年5月25日—27日在昌平区兴寿镇北京金惠农农业专业合作社进行露地甘蓝机械化移栽试验，在机械化移栽工作开展之前，需进行起垄覆膜铺管工作，本次甘蓝移栽试验应用日本井关牌蔬菜移栽机（图1），试验地块长度80 m×92 m，折合地块面积11亩。

图1　井关牌蔬菜移栽机

2　主要工作过程

移栽机在预先完成的垄面上方行驶，整组幼苗杯在机具的平台上沿固定的轨道做椭圆形循环运动，平台轨道下方的鹤嘴栽植器由两片半圆锥状金属件组成，插植嘴按工作需要可以张开和闭合。当某个幼苗杯移动至鹤嘴栽植器正上方时，杯底自然打开，杯中的幼苗靠自身重量下落到栽植器中。同时，在机具行进过程中，鹤嘴栽植器有规律地上下运动。当栽植器尖嘴部分插入土壤到达运动最低点时，鹤嘴张开，并在垄面形成一个穴坑。此时，由于栽植器的鹤嘴处于张开状态，栽植器中的幼苗失去了下面的支持力，幼苗靠自重下落被投放到这个穴坑中。当栽植器开始上行时，鹤嘴慢慢闭合。被投放至土壤穴坑中的幼苗由其后的V形覆土镇压轮进行覆土压实，至此完成单株幼苗移栽作业。移栽机在行进过程中，上述过程不断循环，从而完成整个幼苗移栽作业。

3　试验过程与分析

3.1　移栽情况

人工移栽甘蓝需 10 名工人完成，由于人工移栽甘蓝工作量大，长时间工作会导致工人劳累，造成移栽的深度不一、株距行距不固定、覆土没有压实等情况。机械化移栽株距行距固定，移栽深度均匀，覆土更加紧实，后期缓苗效果好。

3.2　机械化移栽

机械化移栽试验前需进行机具调试，在此过程中我们发现存在大量漏栽，经过分析发现，园区所购买的甘蓝幼苗相比正常的甘蓝幼苗叶柄尺寸要大。导苗管直径为 5 cm，此幼苗宽度超过了 5 cm，导致幼苗卡在导苗管中，以及此次试验地块地面不平，在起垄后，垄面成波浪形，垄面较低的地方鹤嘴栽植器进入土壤的深度不够，造成漏栽。经与园区协商和不断测试，将甘蓝幼苗外围的叶柄去除，使幼苗的宽度变窄，进而顺利实现机械化移栽作业，见图 2、图 3。本次试验因地块不平，需增加一人进行辅助作业，工作效率可达到 0.9 亩/h。(1 亩≈667 m^2)

图 2　井关移栽机露地甘蓝移栽

图 3　井关移栽机露地甘蓝移栽效果

表 1　井关移栽机甘蓝露地移栽试验记录表

	点位	穴盘	苗杯/cm	幼苗株数	工作效率/(亩/h)	移植频率/(株/min)	株距/cm	行距/cm	漏栽数	漏栽率/%
机械作业	1	72	18	350	0.9	63.25	40	30	25	7.14
	2			344		62.75			26	7.55
	3			347		63.5			22	6.34
	4			345		61.25			20	5.79
	5			282		51.5	50		22	7.80
	6			285		52.25			20	7.01
	7			278		51.75			25	8.99
	8			284		52.5			28	9.85
	平均值									7.55

3.3　对比分析

本次使用移栽机进行甘蓝幼苗机械化移栽，共计完成 11 亩露地移栽。通过对比：以往人工移栽，需进行测量、打孔、移栽、覆土，搬运幼苗，需 10 人进行操作。一天最多完成 4 亩，费用 200 元/人，需两天半完成。即 200×10×2.5＝5 000(元)。

机械化移栽只需两人工作 2 d，费用 250 元/人，移栽机折旧费用 7.7 万元/10 年/200 d＝

38.5 元，油料费用折合 6.18 元/亩。即，250×2×2+38.5×2+6.18×11=1 144.98(元)。

完成 11 亩露地人工移栽需总人工费用 5 000 元，机械化移栽需 1 144.98 元，同比节省费用 3 855.02 元。

经过本次试验分析，若使用合适的幼苗在平整的地块上作业，预计一人工作 8 h 即可完成 11 亩的甘蓝机械化移栽，可以大幅度地减低漏栽率，漏栽率可控制在 3%以内，预计费用为 250+38.5+6.18×11=356.48(元)，同比节省费用 4 643.52 元。

4 拓展应用

在本次试验结束后，试验组发现园区内正在进行花生人工播种作业，在与园区工作人员交流后得知园区内花生种植的株距为 30 cm，行距为 30 cm，本次试验的井关蔬菜移栽机株距范围为 30～50 cm，行距范围 30～60 cm。在与园区人员协商后，试验组应用井关移栽机完成了 3 亩露地花生播种工作。

拓展应用井关移栽机完成 3 亩露地花生播种，仅 1 人操作，相比人工播种节约 5 人，用时 2 h。人工移栽需 6 人工作半天，费用为 100 元/人，共需 100×6=600(元)。机械化移栽需 1 名机手工作半天，费用为 125 元/人，共需 125+38.5+6.18×3=182.04(元)。此次拓展试验节约成本 417.96 元左右，工作效率达到 1.5 亩/h。

在花生机械化播种的过程中，花生种子的拿取和投放都很方便，其体积较小，可以顺畅地从苗杯进入导苗管中，同时地块平整度较高，可实现自走式作业，播种高效，无漏栽。由下面图 4、图 5 对比可以看出，机械化作业的行距株距要比人工作业更加稳定。

通过试验发现，井关移栽机适用于种植行距在 30～50 cm、株距在 30～60 cm 的大颗粒种子的播种。

图 4　花生机械化播种

图 5　花生人工播种

表 2　井关移栽机花生露地播种试验记录表

	点位	穴盘/孔	苗杯/cm	播种数	工作效率/(亩/h)	播种频率/(粒/min)	株距/cm	行距/cm	漏栽数	漏栽率/%
机械作业	1	72	18	306	1.5	82.75	30	30	0	0
	2			298		81.75			0	0
	3			304		82.5			0	0
	4			298		81.75			0	0
	平均值									0

此次拓展取得了很好的效果，可以让此次试验的机具得到更广泛的应用，提高作业效率，节省成本，为农户带来更多的收益。

5　结论及注意事项

5.1　试验结论

一是试验机型适用于幼苗长度不超过 18 cm，宽度不超过 5 cm，移栽行距在 30～50 cm，株距在 30～60 cm 的蔬菜幼苗，例如，甘蓝苗、番茄苗、辣椒苗、茄子苗等，同时可适用于种植行距在 30～50 cm，株距在 30～60 cm 的大颗粒种子的播种。二是通过拓展应用，发现井关移栽机适用于花生播种，井关移栽机在播种花生时，效率高，速度快，适用性强，无漏播，机械化播种只需一人，是人工播种的 5 倍。三是机具在露地进行作业，移栽机有足够的转向空间进行转向或掉头，相比温室节省了空载掉头的时间。

5.2　移栽作业中应注意的问题

一是前期旋耕深度达到 15 cm 以上。推荐旋耕作业后使用激光平地仪平整地块，地块平整有利于机械化起垄覆膜铺管和移栽作业。二是机械化起垄覆膜铺管作业保证垄向笔直，垄面平整，垄沟无杂土。三是使用地插，将滴灌管末端固定在地插上，保证机械化起垄覆膜铺管笔直且平行，防止恶劣天气的破坏，如大风天气导致滴灌管移位。四是导苗管高度 18 cm，直径 5 cm，幼苗高度应小于导苗管高度，宽度小于导苗管直径，幼苗过高和过宽，易卡在导苗管中，造成漏栽。幼苗根部基质的宽度应小于 5 cm，在育苗或购买幼苗的时候要注意幼苗的尺寸。在移栽前尽量保证幼苗直立，利于放苗。五是此次作业地块为南北垄，可在地块最南端与最北端各增加东西两垄，增加种植面积。

6　小结

目前，昌平区主要农作物基本实现了全程机械化，但设施农业的机械化水平不足 40%，整体机械化水平相对滞后，很难达到 2025 年底全市设施农业机械化水平不低于 50%的预定目标。特别是设施农业在种植、植株调整与采收、运输方面机械化水平基本为零，追肥机械化水平也较低，耕整地、环境调控、施药机械化水平有待提高。在此希望政府支持发展设施农业，优化设施农业扶持政策实施机制，向产业布局集中、发展蔬菜产业意愿较强的地区倾斜。实施闲置设施清零行动，积极推进设施农业改造提升，提高大棚冬闲时节利用效率。井关牌蔬菜移栽机在甘蓝露地移栽试验中达到了满意的效果，对突破蔬菜全程机械作业的关键薄弱环节具有重要意义。今后昌平区农业技术推行站将进行更为全面的蔬菜机械化移栽试验，努力解决昌平区蔬菜机械化移栽问题。待技术成熟后在全区范围内进行推广，节省人力物力的投入，提高工作效率，促进增产增收，扩大经济效益，使广大农户受益。

参考文献

[1] 杨立国，赵景文．蔬菜产业机械化技术及装备[M]．北京：中国农业科学技术出版社，2020.
[2] 邹国元，杨俊刚，孙焱鑫．设施蔬菜轻简高效栽培[M]．北京：中国农业出版社，2019.

北京市温室秋季生菜品种筛选与试验研究

钟连全[1]，邢冬梅[1]，陈海明[1]，佟海林[1]，崔美丽[1]，刘正雄[1]，李锦[1]，李威威[1]，
谷振东[1]，许虹[1]，汤泽滢[1]，李玉荣[2]，孙燚[2]，阚瑀璠[3]
（1. 北京市昌平区植保植检站　102200　2. 北京市昌平区农业服务中心　102200
3. 北京市昌平区畜牧水产技术推广站　102200）

摘要：本文通过温室生菜的性状调查和筛选系列试验，从累计的104个生菜品种、5个茬口栽培中初步筛选出适合北京地区秋季（9—11月）温室种植的生菜，适合夏季栽培、秋季收获的生菜品种：散叶生菜4种：芳妮、北散生2号、裕散生2号、西班牙绿；罗马生菜2种：S3、心罗；结球生菜4种：北生2号、北生3号、拳王、万胜。适合秋季栽培、冬季收获的生菜品种：散叶生菜2种：裕散生2号、芳妮；罗马生菜1种：心罗；结球生菜3种：北生2号、北生3号、拳王。

关键词：温室；生菜；秋季

生菜新鲜脆嫩、口感清香、营养丰富，是深受北京市民喜爱、能够有效保障首都"菜篮子"蔬菜产品稳定供应的叶类蔬菜。在北京市叶类蔬菜生产范围中，生菜栽培面积0.47万～0.53万hm^2，位居第一。然而在秋季生产中，由于北京市秋季时间较短，过晚播种容易造成结球较小甚至不结球，产量较低；而过早播种，又容易造成结球生菜抽薹、裂球等现象，也不能获得较高产量。为此，曹之富等以常种的3个结球生菜品种（射手101、铁人T08、超级皇后）为研究对象，通过比较生育期、抽薹情况和产量情况等指标性状，总结出在北京市秋季露地种植结球生菜选用超级皇后并于7月16日播种能降低抽薹率，容易获得高产高效益。本研究的生菜品种不仅有散叶生菜，还有罗马和结球生菜，而且品种数量大，累积104个品种、茬口共5茬。进行北京市温室秋季生菜品种筛选与试验系列研究，旨在为提高北京本地秋季生菜自给率提供科学参考。

1　材料与方法

1.1　供试品种

散叶、罗马生菜和第五、第六茬结球生菜，所有生菜品种均由北京农学院提供。

1.1.1　第七茬散叶、罗马生菜

参试品种共23种，散叶生菜16种，罗马生菜7种（表1）。

1.1.2　第八茬散叶、罗马生菜

参试品种共21种，散叶生菜13种，罗马生菜8种（表2）。

1.1.3　第五茬结球生菜

参试品种共21种（表3）。

表 1　第七茬散叶、罗马生菜参试品种

序号	品种名	类型	序号	品种名	类型
1	裕散生 3 号	散叶	13	北紫生 1 号	散叶
2	LE1701	散叶	14	芳妮	散叶
3	LE1603	散叶	15	裕紫生 1 号	散叶
4	北紫生 3 号	散叶	16	LZB02	散叶
5	小奶油绿	散叶	17	奥罗	罗马
6	北散生 2 号	散叶	18	S1	罗马
7	HZB03	散叶	19	S2	罗马
8	西班牙绿	散叶	20	S3	罗马
9	北紫生 2 号	散叶	21	S4	罗马
10	裕散生 2 号	散叶	22	S5	罗马
11	北散生 1 号	散叶	23	LE1703	罗马
12	北紫生 4 号	散叶			

表 2　第八茬散叶、罗马生菜参试品种

序号	品种名	类型	序号	品种名	类型
1	北散生 2 号	散叶	12	北紫生 3 号	散叶
2	北紫生 4 号	散叶	13	LZB02	散叶
3	北散生 1 号	散叶	14	美罗	罗马
4	西班牙绿	散叶	15	心罗	罗马
5	HZB03	散叶	16	S5	罗马
6	裕散生 2 号	散叶	17	LE1703	罗马
7	LE1603	散叶	18	S4	罗马
8	芳妮	散叶	19	S3	罗马
9	北紫生 2 号	散叶	20	S1	罗马
10	小奶油绿	散叶	21	S2	罗马
11	LE1701	散叶			

表 3　第五茬结球生菜参试品种

序号	品种名	类型	序号	品种名	类型
1	射手	结球	12	J4	结球
2	北生 1 号	结球	13	J5	结球
3	M-2	结球	14	北生 4 号	半结球
4	拳王	结球	15	J6	结球
5	J1	结球	16	PSR-20	结球
6	北生 3 号	结球	17	J8	结球
7	万胜	结球	18	铁人	结球
8	J2	结球	19	J7	结球
9	HH2017	结球	20	北生 2 号	结球
10	J3	结球	21	J9	结球
11	亚特兰大	结球			

1.1.4 第九茬散叶、罗马生菜

参试品种共25种，散叶生菜16种，罗马生菜9种(表4)。

表4 第九茬散叶、罗马生菜参试品种

序号	品种名	类型	序号	品种名	类型
1	小奶油绿	散叶	14	S1	罗马
2	S3	罗马	15	S2	罗马
3	HZB03	散叶	16	北紫生3号	散叶
4	奥罗	罗马	17	西班牙绿	散叶
5	LE1703	罗马	18	LE1701	散叶
6	北紫生4号	散叶	19	北紫生2号	散叶
7	心罗	罗马	20	裕散生2号	散叶
8	S5	罗马	21	芳妮	散叶
9	LE1603	散叶	23	北散生2号	散叶
10	S4	罗马	24	北散生1号	散叶
11	美罗	罗马	25	27005	散叶
13	LZB02	散叶			

1.1.5 第六茬结球生菜

参试品种共14种(表5)。

表5 第六茬结球生菜参试品种

序号	品种名	类型	序号	品种名	类型
1	J1	结球	8	北生2号	结球
2	J2	结球	9	铁人	结球
3	J3	结球	10	M-2	结球
4	北生3号	结球	11	拳王	结球
5	北生1号	结球	12	PSR-20	结球
6	J8	结球	13	25008	结球
7	射手	结球	14	HH2017	结球

1.2 试验地点

试验地点：北京市昌平区种子管理站试验基地(昌平区马池口镇丈头村村南)8号温室和12号温室。

1.3 栽培方式

一个试验小区是1.2 m宽的梯形高平畦，畦面宽0.9 m，沟宽30 cm，高15 cm。每畦栽培3行生菜，其中，结球生菜行株距40 cm×35 cm，散叶、罗马生菜行株距40 cm×30 cm。

1.4 试验方法

1.4.1 物候性调查

调查记录生菜的播种期、定植期和采收期。

1.4.2 栽培管理记录情况

对生菜在栽培管理过程中的水、肥、药施用情况进行记录。

1.4.3 植物学性状调查

采收期各小区取 10 株典型植株进行考种，观测植物以下性状：株型、株高（茎基到最长叶尖）、叶形、叶色、开展度、薹心柱高、烧心烧边情况、口感、商品性、抗病性、耐寒性等性状。

其中，株高、开展度、薹心柱高用直尺测量，叶片数用计数法统计，试验数据采取五点测定法。定性指标株型、叶色、叶形等则采用观察法加以记录。所有测定数据均取其平均值进行分析。

产量以单株鲜重（单位/g）和单株干重（单位/g）来衡量。收获后，每个品种中选取 5 棵长势均匀的单株，去除基质进行称重，记录植株鲜重。将称量过的样品放入烘箱烘至恒重，再称重，记录植株干重。均取其平均值进行分析。

2 结果与分析

2.1 物候性调查结果与分析

秋季生菜有的是在夏季播种，在秋季（9—11 月）收获，有的是在秋季播种，冬季收获，如表 6 所示。

表 6 物候性调查表

品种与茬口	播种期	定植期	采收期
第七茬散叶、罗马生菜	2019.7.8	2019.8.13	2019.9.17
第八茬散叶、罗马生菜	2019.8.16	2019.9.18	2019.10.29
第五茬结球生菜	2019.8.13	2019.9.11	2019.10.29
第九茬散叶、罗马生菜	2019.9.20	2019.11.1	2019.12.20
第六茬结球生菜	2019.9.26	2019.11.1	2020.1.10

2.2 水肥药施用结果

对定植后的生菜进行田间管理和记录。结合整地前用水，第七茬散叶、罗马生菜一个生育期折合亩用水量 16 t，折合亩施肥量 2.8 kg，如表 7 所示。

表 7 第七茬散叶、罗马生菜水肥药管理记录

浇水		施肥			打药			
时间	用量/m^3	时间	种类	用量/kg	时间	种类	用量	防治对象
2019.8.13	4.5	2019.8.29	大量元素水溶肥	2	2019.8.19	乙嘧酚、乙基多杀菌素	800 倍	白粉病、杀菌杀虫
2019.8.29	3				2019.8.23	氰戊马拉松、阿维菌素	800 倍	蚜虫
合计	7.5			2				

对定植后的生菜进行田间管理和记录。结合整地前用水，第八茬散叶、罗马生菜一个生育期折合亩用水量 18 t，折合亩施肥量 2.8 kg，如表 8 所示。

表 8 第八茬散叶、罗马生菜水肥药管理记录

温室	浇水		施肥			打药			
	时间	用量/m^3	时间	种类	用量/kg	时间	种类	用量	防治对象
8号	2019.8.13	4.5	2019.8.29	大量元素水溶肥	2	2019.8.19	乙嘧酚、乙基多杀菌素	800倍	白粉病、杀菌杀虫
	2019.8.29	3				2019.8.23	氰戊马拉松、阿维菌素	800倍	蚜虫
	合计	7.5			2				

对定植后的生菜进行田间管理和记录。结合整地前用水，第五茬结球生菜一个生育期折合亩用水量 21 t，折合亩施肥量 7.8 kg，如表 9 所示。

表 9 第五茬结球生菜水肥药管理记录

温室	浇水		施肥			打药			
	时间	用量/m^3	时间	种类	用量/kg	时间	种类	用量	防治对象
12号	2019.9.11	2.5	2019.9.29	大量元素水溶肥	1	2019.9.18	乙嘧酚、乙基多杀菌素	800倍	白粉病、杀菌杀虫
	2019.9.29	1.5	2019.10.6	大量元素水溶肥	1	2019.9.25	氰戊马拉松、阿维菌素	800倍	蚜虫
	2019.10.6	1.5							
	合计	5.5			2				

对定植后的生菜进行田间管理和记录。结合整地前用水，本茬散叶、罗马生菜一个生育期折合亩用水量 11 t，折合亩施肥量 2.8 kg，如表 10 所示。

表 10 第九茬散叶、罗马生菜水肥药管理记录

浇水		施肥			打药			
时间	用量/m^3	时间	种类	用量/kg	时间	种类	用量	防治对象
2019.11.1	3.7	2019.11.18	大量元素水溶肥	2	2019.11.9	乙嘧酚、乙基多杀菌素	800倍	白粉病、杀菌杀虫
2019.11.18	2.2				2019.11.16	氰戊马拉松、阿维菌素	800倍	蚜虫
2019.11.27	1							
合计	6.9			2				

对定植后的生菜进行田间管理和记录。结合整地前用水，在第六茬结球生菜一个生育期

折合亩用水量 11.1 t,折合亩施肥量 11.1 kg,如表 11 所示。

表 11　第六茬结球生菜水肥药管理记录

浇水		施肥			打药			
时间	用量/m^3	时间	种类	用量/kg	时间	种类	用量	防治对象
2019.11.1	2.1	2019.11.18	大量元素水溶肥	2	2019.11.1	棵棵无损	1 000 倍	根结线虫
2019.11.18	1.2	2019.11.28	大量元素水溶肥	2	2019.11.9	乙嘧酚、乙基多杀菌素	800 倍	白粉病、杀菌杀虫
2019.11.28	1.7	2019.12.5	大量元素水溶肥	1	2019.11.16	氰戊马拉松、阿维菌素	800 倍	蚜虫
合计	5			5				

2.3　植物学性状及产量调查结果与分析

2.3.1　第七茬散叶、罗马生菜

初步筛选出适合本茬栽培的散叶生菜 3 种(芳妮、北散生 2 号、裕散生 2 号)如表 12 所示。本茬芳妮、北散生 2 号、裕散生 2 号不抽薹,表现较好,别的品种都有严重的抽薹现象,不适宜本茬种植。

表 12　秋季适宜品种筛选试验田间调查表(8 号温室)(第七茬散叶、罗马生菜)

序号	品种编号	株型	株高/cm	开展度/cm×cm	薹心柱高/cm	整齐度	商品性	抗病性	口味	单株重/g	亩产/kg	备注
1	裕散生 3 号	散叶	60	40×40	52	×	×	√	微苦	178	972	抽薹
2	LE1701	散叶	24	41×38	8.5	√	×	√	微苦	236	1 287	抽薹
3	LE1603	散叶	34	39×38	8.8	√	×	√	苦	202	1 102	抽薹
4	北紫生 3 号	散叶	30	42×40	19.5	√	×	√	微苦	362	1 982	抽薹
5	小奶油绿	散叶	15	30×30	9.3	×	×	√	苦	191	1 046	抽薹
6	北散生 2 号	散叶	20	32×32	4.2	√	√	√	苦	267	1 454	正常
7	HZB03	散叶	53	39×39	56.3	×	×	√	苦	167	912	抽薹严重
8	西班牙绿	散叶	26	42×41	8.7	√	×	√	微苦	273	1 491	有点抽薹
9	北紫生 2 号	散叶	35	34×32	39.8	×	×	√	微苦	220	1 204	抽薹严重
10	裕散生 2 号	散叶	18	37×37	4.4	√	×	√	微苦	233	1 269	正常
11	北散生 1 号	散叶	37	41×41	37	×	×	√	苦	171	926	抽薹严重
12	北紫生 4 号	散叶	35	35×35	31	√	×	√	苦	57	310	抽薹严重
13	北紫生 1 号	散叶	48	34×34	47	×	×	√	苦	97	532	抽薹严重
14	芳妮	散叶	18	32×32	6.2	√	×	√	微苦	273	1 491	正常
15	裕紫生 1 号	散叶	25	30×29	29.4	×	×	√	苦	91	495	抽薹严重
16	LZB02	散叶	52	84×78	44	√	×	√	微苦	407	2 222	抽薹严重
17	奥罗	罗马	34	46×46	25.3	×	×	√	苦	306	1 667	抽薹
18	S1	罗马	34	44×44	25.8	×	×	√	苦	203	1 109	抽薹

续表 12

序号	品种编号	株型	株高/cm	开展度/cm×cm	薹心柱高/cm	整齐度	商品性	抗病性	口味	单株重/g	亩产/kg	备注
19	S2	罗马	32	46×46	19	√	×	√	苦	294	1 602	抽薹
20	S3	罗马	30	44×43	36.5	√	×	√	苦	286	1 565	抽薹
21	S4	罗马	37	42×42	53	×	×	√	苦	244	1 333	抽薹
22	S5	罗马	42	42×42	55	×	×	√	苦	218	1 193	抽薹
23	LE1703	罗马	45	38×38	34	×	×	√	苦	169	921	抽薹

2.3.2 第八茬散叶、罗马生菜

初步筛选出适合本茬栽培的散叶生菜 3 种(芳妮、裕散生 2 号、西班牙绿)、罗马生菜 2 种(S3、心罗),如表 13 所示。

表 13 秋季适宜品种筛选试验田间调查表(8 号温室)(第八茬散叶、罗马生菜)

序号	品种编号	株型	株高/cm	开展度/cm×cm	薹心柱高/cm	烧心烧边情况	整齐度	商品性	抗病性	单株重/g	亩产/kg
1	北散生 2 号	散叶	20	39×39	2.7	0	√	√	√	253	1 402.8
2	北紫生 4 号	散叶	33	44×38	8.3	0	√	√	√	178	990.8
3	北散生 1 号	散叶	34	54×48	12	0	√	×	√	398	2 213
4	西班牙绿	散叶	25	39×39	3.8	0	√	√	√	342	1 898.2
5	HZB03	散叶	38	49×41	11.5	0	√	×	√	238	1 319.5
6	裕散生 2 号	散叶	21	47×47	3.2	0	√	√	√	418	2 319.6
7	LE1603	散叶	37	45×40	6.3	0	×	×	√	212	1 176
8	芳妮	散叶	25	43×43	4	0	√	√	√	327	1 814.9
9	北紫生 2 号	散叶	23	45×43	6.2	0	×	×	√	252	1 398.2
10	小奶油绿	散叶	15	33×33	3.3	0	√	√	√	203	1 125
11	LE1701	散叶	29	40×40	4	0	√	√	√	307	1 703.8
12	北紫生 3 号	散叶	30	47×45	3	0	√	√	√	322	1 787.1
13	LZB02	散叶	35	75×75	10.6	0	×	×	√	277	1 537.1
14	美罗	罗马	35	42×40	5.8	0	×	×	√	273	1 514
15	心罗	罗马	44	53×53	9.2	0	√	√	√	435	2 416.8
16	S5	罗马	45	38×38	14.5	0	×	×	√	360	2 000.1
17	LE1703	罗马	35	44×44	5.6	0	×	×	√	253	1 407.5
18	S4	罗马	31	37×37	9.1	0	×	×	√	368	2 046.4
19	S3	罗马	35	40×40	5.5	0	√	√	√	340	1 889
20	S1	罗马	35	44×44	6.1	0	×	×	√	269	1 495.4
21	S2	罗马	26	50×46	7.3	0	×	×	√	198	1 101.9

2.3.3 第五茬结球生菜

初步筛选出适合本茬栽培的结球生菜 4 种(北生 2 号、北生 3 号、拳王、万胜),如表 14 所示。北生 2 号:结球生菜,产量比对照组产品(射手品种)高、抗病性强、抱球紧实。北生 3

号:结球生菜,产量比对照组产品(射手品种)高、抗病性强、抱球紧实。拳王:结球生菜,长势一致,抱球紧实,抗病性强,产量高。万胜:结球生菜,长势一致,抱球紧实,抗病性强,产量高。

表 14　秋季适宜品种筛选试验田间调查表(12 号温室)(第五茬结球生菜)

序号	品种名	株型	株高/cm	开展度/cm×cm	薹心柱高/cm	烧心烧边情况	整齐度	商品性	抗病性	单株重/g	亩产/kg
1	射手	结球	24	52×52	7.1	0	√	√	√	329	1 352.1
2	北生 1 号	结球	26	48×48	6	0	√	√	√	309	1 271.1
3	M-2	结球	27	51×51	8.3	0	√	√	√	506	2 081.1
4	拳王	结球	21	50×50	4.2	0	√	√	√	479	1 968.9
5	J1	结球	23	51×51	5.4	0	×	√	√	338	1 389.5
6	北生 3 号	结球	18	51×50	3.9	0	√	√	√	548	2 255.6
7	万胜	结球	18	53×53	6.4	0	√	√	√	521	2 143.4
8	J2	结球	24	53×53	5.1	0	√	√	√	391	1 607.6
9	HH2017	结球	20	53×53	21	0	×	×	√	459	1 887.9
10	J3	结球	29	55×55	5.3	0	×	×	√	374	1 539
11	亚特兰大	结球	28	57×57	6	0	√	√	√	453	1 863
12	J4	结球	25	50×50	8.5	0	√	×	√	398	1 638.7
13	J5	结球	27	55×55	6.2	0	×	×	√	367	1 507.9
14	北生 4 号	结球	20	43×43	9.1	0	√	√	√	380	1 563.9
15	J6	结球	27	43×42	6.2	0	×	×	√	395	1 626.2
16	PSR-20	结球	25	45×45	6.3	0	×	×	√	388	1 595.1
17	J8	结球	22	48×48	4.9	0	√	√	√	377	1 551.5
18	铁人	结球	20	49×49	3.2	0	√	√	√	355	1 458
19	J7	结球	25	56×56	3.8	0	×	×	√	429	1 763.3
20	北生 2 号	结球	26	49×49	4.9	0	√	√	√	459	1 887.9
21	J9	结球	20	50×50	4.2	0	×	×	√	305	1 252.4

2.3.4　第九茬散叶、罗马生菜

初步筛选出适合本茬栽培的散叶生菜 2 种(裕散生 2 号、芳妮),罗马生菜 1 种(心罗),如表 15 所示。裕散生 2 号:散叶生菜,产量高、长势一致、整齐度高。芳妮:散叶生菜,产量高、长势一致、整齐度高。心罗:罗马生菜,长势一致且较快,产量高。

表 15　秋冬茬适宜品种筛选试验田间调查表(第九茬散叶、罗马生菜)

序号	品种编号	株型	株高/cm	开展度/cm×cm	薹心柱高/cm	烧心烧边情况	整齐度	商品性	抗病性	单株重/g	亩产/kg
1	小奶油绿	散叶	14	37×37	3	0	×	√	√	168	930.6
2	S3	罗马	28	30×30	4.1	0	×	√	√	344	1 912.1
3	HZB03	散叶	33	44×44	7.5	0	√	√	√	183	1 013.9
4	奥罗	罗马	38	48×48	4.5	0	√	√	√	389	2 162.1

续表 15

序号	品种编号	株型	株高/cm	开展度/cm×cm	薹心柱高/cm	烧心烧边情况	整齐度	商品性	抗病性	单株重/g	亩产/kg
5	LE1703	罗马	30	35×35	5	0	×	√	√	280	1 555.6
6	北紫生 4 号	散叶	32	45×45	6.6	0	√	√	√	185	1 027.8
7	心罗	罗马	35	44×42	3.8	0	√	√	√	400	2 222
8	S5	罗马	35	37×37	4.6	0	√	√	√	350	1 944.5
9	LE1603	散叶	32	37×37	2.1	0	×	√	√	200	1 111.2
10	S4	罗马	32	39×39	3.7	0	×	×	√	325	1 805.6
11	美罗	罗马	33	38×38	3.5	0	×	×	√	206	1 143.6
13	LZB02	散叶	55	84×75	4.7	0	√	√	√	267	1 481.6
14	S1	罗马	33	38×38	4.5	0	×	×	√	314	1 745.5
15	S2	罗马	31	40×40	5.1	0	×	×	√	263	1 463.0
16	北紫生 3 号	散叶	24	37×37	2.8	0	√	√	√	269	1 495.4
17	西班牙绿	散叶	17	37×37	2.5	0	√	√	√	236	1 310.3
18	LE1701	散叶	22	37×37	2.6	0	√	√	√	248	1 375.0
19	北紫生 2 号	散叶	17	35×35	2.4	0	√	√	√	239	1 328.8
20	裕散生 2 号	散叶	16	38×36	3	0	√	√	√	263	1 463.0
21	芳妮	散叶	17	39×38	2.7	0	√	√	√	283	1 569.5
23	北散生 2 号	散叶	20	36×36	3	0	√	√	√	253	1 402.8
24	北散生 1 号	散叶	27	35×32	4.4	0	√	√	√	319	1 773.2
25	27005	散叶	25	48×45	5.2	0	×	×	√	337	1 870.5

2.3.5 第六茬结球生菜

初步筛选出适合本茬栽培的 3 种:北生 2 号、北生 3 号、拳王,如表 16 所示。北生 2 号:结球生菜,产量比对照组产品(射手品种)高、长势一致、整齐度高。北生 3 号:结球生菜,产量比对照组产品(射手品种)高、长势一致、整齐度高。拳王:结球生菜,产量比对照组产品(射手)高,长势一致。

表 16 秋冬茬适宜品种筛选试验田间调查表(第六茬结球生菜)

序号	品种名	株型	株高/cm	开展度/cm×cm	薹心柱高/cm	烧心烧边情况	整齐度	商品性	抗病性	单株重/g	亩产/kg
1	J1	结球	21	47×47	2.7	0	√	×	×	400	2 043.7
2	J8	结球	21	48×48	3	0	√	√	√	359	1 831.9
3	25008	结球	18	48×48	3.8	0	√	√	√	350	1 788.3
4	北生 3 号	结球	21	50×50	3.7	0	×	√	√	441	2 255.6
5	北生 1 号	结球	20	48×48	3.2	0	√	√	√	407	2 081.1
6	J2	结球	25	46×46	3	0	√	×	√	493	2 517.3
7	射手	结球	20	50×50	2.4	0	×	√	√	376	1 919.1
8	北生 2 号	结球	24	45×45	2.6	0	√	√	√	451	2 305.4

续表 16

序号	品种名	株型	株高/cm	开展度/cm×cm	薹心柱高/cm	烧心烧边情况	整齐度	商品性	抗病性	单株重/g	亩产/kg
9	铁人	结球	24	48×48	3.2	0	√	√	√	359	1 831.9
10	M-2	结球	25	44×44	3	0	×	×	×	576	2 941
11	拳王	结球	22	53×53	2.6	0	√	√	√	415	2 118.5
12	PSR-20	结球	23	48×48	3	0	×	√	√	834	4 261.9
13	J3	结球	24	55×55	2.2	0	√	×	√	476	2 430
14	HH2017	结球	22	48×48	4.5	0	×	×	√	576	2 941

3 结论

温室秋季生菜的生育期为 70～75 d，一般比温室春季生菜生育期长 10 d 左右，主要原因是外界温度的下降引起温室内温度相应降低，虽然生育期较长，但确保了生菜的周年供应。

温室秋季生菜的一个生育期折合亩用水量 20 t，亩施肥量 2.8 kg。秋季生产用水肥量比春季有所降低，而且都是生物肥，对土地生态环境影响很小，用药量更少，而且是低毒、低残留农药。生菜对肥药的需求量极少，这对北京农业生态环境保护有重要意义，是北京蔬菜生产首选品种的主要依据。

通过对温室生菜的各种性状调查和试验研究，初步筛选出适合北京地区秋季温室栽培的抗病性强、丰产性好的生菜品种。

适合夏季栽培，秋季收获的生菜品种中，散叶生菜 4 种：芳妮、北散生 2 号、裕散生 2 号、西班牙绿；罗马生菜 2 种：S3、心罗，其他抽薹严重；结球生菜 4 种：北生 2 号、北生 3 号、拳王、万胜，产量比对照组产品(射手品种)高，长势一致，抱球紧实，抗病白粉病和软腐病。

筛选出适合秋季栽培，冬季收获的生菜品种。其中，散叶生菜 2 种：裕散生 2 号、芳妮；罗马生菜 1 种：心罗，具有产量高、长势一致、整齐度高的优点；结球生菜 3 种：北生 2 号、北生 3 号、拳王，具有产量比对照组产品(射手品种)高、长势一致、整齐度高的优点。

参考文献

[1] 曹之富，韦美嫚，朱青艳，等，不同播种期对秋季露地结球生菜抽薹和产量的影响[J]. 乡村科技，2016(23)：1-8.

[2] 钟连全，徐全明，胡灿丽，等，适合北京地区夏季栽培的生菜品种筛选试验研究[J]. 中国种业，2020(9)：54-58.

磷肥不同施用方式在保护地生菜上的应用比较

杨海霞，张伟胤
（北京市昌平区耕地保护站　102200）

摘要：本文以昌平区日光温室种植的生菜为试验对象，研究5种不同的磷肥施用方式对保护地生菜生长发育的影响。结果显示，处理4施用有机肥，磷肥底施和3次追施肥方式下生菜产量最大，有利于生菜对磷的吸收，获得了较高的经济效益；处理5施用有机肥，磷肥一次性底施（用量为处理3的2倍），不追施磷肥降低了生菜的产量和生菜的经济效益。

关键词：施肥方式；磷肥；保护地生菜

1　材料和方法

1.1　试验地概况

试验于2018年在北京市昌平区南邵镇营坊村的日光温室进行。温室南北向，棚长61 m，宽5 m，高3.5 m。畦长5 m，畦宽1.2 m。经测定，试验地0～20 cm土壤基础理化性状为：有机质35.9 g/kg、全氮2.66 g/kg、有效磷295.2 mg/kg、速效钾858 mg/kg、pH 6.86。

1.2　试验材料

供试生菜品种为皇帝球生生菜。供试肥料成分含量为：尿素（46%）、硫酸二铵（20%）、过磷酸钙（18%）、磷酸二铵（N18%，P46%）、硝酸钾（N13.5%，K46.5%），一级商品有机肥（有机质≥30%，$N+P_2O_5+K_2O\geq 4\%$），供试肥料由北京市土肥站提供。育苗时间为2018年8月25日，基肥施用时间为9月23日，定植时间为9月25日，收获时间为2019年1月13日。

1.3　试验设计

试验共设5个处理。

处理1：不施有机肥，不追施磷肥；

处理2：施用有机肥，基肥不施磷肥，不追施磷肥；

处理3：施用有机肥，磷肥一次性底施，不追施磷肥；

处理4：施用有机肥，磷肥底施和3次追施磷肥；

处理5：施用有机肥，磷肥一次性底施（用量为处理3的2倍），不追施磷肥。

1.4　测定内容与方法

收获时每个小区随机选取5株，累计记产，并折算成亩（1亩≈667 m^2）产量。测定单果质量以及鲜果氮、磷、钾含量。拉秧清棚前，采用五点取样法采集不同处理小区0～20 cm、21～40 cm土壤样品，测定土壤有效磷含量[1]。用半微量开氏法测定土壤全氮量，用氟化铵-盐酸[3]

提取—钼锑抗比色法测定土壤有效磷含量，用乙酸铵提取-火焰光度法测定土壤速效钾含量。采用LY/T1269—1999、LY/T1270—1999[5]标准中方法测定果实的全氮、全磷、全钾含量，如表1所示。

表1　生菜磷肥试验施肥情况表

处理	基肥(kg/亩)		追肥(kg/亩)											
			第一次(连坐期)				第二次(结球前期)				第三次(结球中期)			
	商品有机肥	过磷酸钙	尿素	硫酸铵	磷酸二铵	硝酸钾	尿素	硫酸铵	磷酸二铵	硝酸钾	尿素	硫酸铵	磷酸二铵	硝酸钾
处理1	0	0	9.1	1.8	0	6.5	12.1	2.3	0	8.6	9.1	1.8	0	6.5
处理2	1 000	0	9.1	1.8	0	6.5	12.1	2.3	0	8.6	9.1	1.8	0	6.5
处理3	1 000	17	9.1	1.8	0	6.5	12.1	2.3	0	8.6	9.1	1.8	0	6.5
处理4	1 000	17	9.1	0	2.0	6.5	12.1	0	2.6	8.6	9.1	0	2.0	6.5
处理5	1 000	34	9.1	1.8	0	6.5	12.1	2.3	0	8.6	9.1	1.8	0	6.5

注：各处理栽培管理措施均一致。尿素(46%)、硫酸铵(20%)、过磷酸钙(18%)、磷酸二铵(N18%，P46%)、硝酸钾(N13.5%、K46.5%)灌溉方式均为畦灌。

2　结果与分析

2.1　不同施肥方式对生菜产量的影响

由表2分析可知，处理4施用有机肥、磷肥在基肥和3次追肥时的施肥方式下生菜产量最高，5个处理中生菜产量顺序为处理4>处理3>处理1>处理2>处理5。说明在生菜的生长发育过程中，底施1 t/亩的有机肥没有显著提高生菜的产量；底施有机肥和过磷酸钙能使生菜产量提高8%，底施有机肥和磷肥，同时3次追施磷肥使生菜产量提高了13%。处理3和处理4一次性底施两倍的磷肥使生菜产量降低了10%。

表2　不同施肥方式对生菜产量的影响

处理	平均单株重量/g	折合亩产量/kg
1	310	1 826.88
2	305	1 779.60
3	340	1 980.85
4	350	2 064.50
5	280	1 667.14

2.2　不同施肥方式对土壤有效磷含量的影响

由表3分析可知，0～20 cm不同处理土壤有效磷含量，处理2>处理3>处理5>处理1>处理4；20～40 cm不同处理有效磷含量，处理2>处理5>处理3>处理1>处理4；0～20 cm和20～40 cm土壤中有效磷含量都是处理4施肥方式下在对照组中有效磷含量最低，处理2有效磷含量最高。

表 3 不同处理土壤有效磷含量分析 mg/kg

处理	土壤深度		平均值
	0～20 cm	21～40 cm	
1	171.7	81.3	126.5
2	241.3	110.7	176.0
3	202.8	105.5	154.2
4	170.1	75.9	89.0
5	187.3	109.7	148.5

2.3 不同施肥方式对果实中氮磷钾含量的影响

由表 4 中看出不同磷肥处理的果实中全氮含量，处理 5>处理 4>处理 1>处理 2>处理 3；全磷含量处理 1>处理 3>处理 2＝处理 3>处理 5；全钾含量处理 5>处理 1>处理 3>处理 4>处理 2，说明过量磷肥的施用有利于果实中全氮和全钾的累积，不利于果实中全磷的累积。

表 4 不同施肥方式对果实中全氮、全磷、全钾分析结果

处理	全氮/(g/kg)	全磷/(mg/kg)	全钾/(mg/kg)
1	3.72	0.61	3.72
2	3.68	0.55	3.41
3	3.66	0.59	3.62
4	3.84	0.55	3.55
5	3.88	0.54	3.81

2.4 不同施肥方式的经济效益分析

由表 5 分析可知，不同施肥方式的经济效益，处理 4>处理 1>处理 3>处理 2>处理 5，处理 4 施用有机肥、磷肥在基肥和 3 次追肥时施用经济效益最好。处理 2 底施有机肥和处理 5 过量施用磷肥经济效益都显著降低。

表 5 不同施肥方式对亩经济效益分析 元

处理	产值	肥料投入	收入
1	5 480.64	222.50	5 258.14
2	5 338.80	772.50	4 566.30
3	5 942.55	840.50	5 102.05
4	6 193.50	849.90	5 343.60
5	5 001.42	908.50	4 092.92

3 结论

综上分析，处理 4 施用有机肥、磷肥底施和 3 次追肥时施用的施肥方式下生菜产量最高，有利于对磷的吸收，获得较高的经济效益；在处理 5 施用有机肥，磷肥一次性底施（用量为处理 3 的 2 倍）、磷肥过量施用的情况下抑制了生菜的生长发育，显著降低了生菜的产量，降低

了生菜的经济效益；处理 2 在只施用有机肥的情况下，对生菜的产量和经济效益有显著降低；有机肥和磷肥的施用对果实中氮磷钾的累积没有显著的效果和作用。建议农户施用磷肥的过程中根据土壤状况，施用有机肥，并且磷肥的施用应该底施和追施结合，不要过量施用磷肥。

参考文献

[1] 田贵生，高洁，孟凡金，等．不同硫酸钾钙镁肥用量对油菜产量和经济效益的影响[J]．湖北农业科学，2019，58(6)：26-29.

[2] 张冬明，雷菲，肖彤斌，等．硫酸钾钙镁肥在辣椒上的施用效果[J]．中国瓜菜，2018，31(4)：30-33.

[3] 中科院南京土壤研究所．土壤理化分析[M]．上海：上海科学技术出版社，1978.

日光温室番茄栽培中畸形果产生的原因及解决办法

刘民[1]，段改莲[2]

（1. 北京市昌平区农业技术推广站　102200　2. 北京市昌平区农业服务中心　102200）

摘要：本文着眼于北京地区日光温室番茄生产栽培中经常发生的畸形果问题，分析发生原因并提出解决办法。

关键词：番茄生产；畸形果；疏花疏果

番茄是北京市种植范围最广的蔬菜之一，具有良好的营养价值和经济效益。同时是基地种植的主要果菜品种，也是广大市民喜欢采摘、食用的果菜之一。通过日光温室栽培的番茄经常发生番茄果实畸形，严重影响番茄的产量及商品性，给种植户造成不小的经济损失。目前，已经明确番茄畸型果不仅与品种密切相关，同时又受温度、光照、水分、营养等环境因素的影响，现将环境因素对畸形果的成因进行分析，并总结出适当的防治措施。

1　番茄畸形果类型

番茄畸形果是番茄生产中发生的一种比较严重的生理性病害。畸形果的种类很多，包括椭圆果、链斑果、窗孔果、指突果、孪生果、顶裂果、混发果等多种形状，纵切后发现，这些畸形果的心室数目较多，其株型、花结构等与正常植株相比都有很大差异。畸形果番茄植株生长势旺，叶色深绿，茎秆粗壮，株高优势明显；畸形果植株其萼片肥大且数目较多，花瓣退化快，花蕊短粗，花粉偏少，柱头畸形，呈不规则状。番茄畸形果在番茄各个栽培茬口都会出现，严重时第一、第二穗果的畸形率可达 30%，使番茄的商品率下降，严重影响种植户的经济效益[1]。

2　产生原因分析

2.1　品种

番茄畸形果的发生与品种有一定的关系，不同品种间有明显的差异。一般认为，大型果品种发生的畸形果较多，中小型果品种的畸形果较少。而栽培茬口的不同，需要的品种抗逆性也不同，如越夏、秋延茬栽培需要种植抗高温的品种。研究发现，番茄畸形果发生严重的品种，其子房心室数较多，而子房心室数的多少除受环境条件的影响外，主要由品种自身的遗传属性决定。因此，在番茄选种及相应的育种工作中不能只注重早熟性，还应注重畸形果发生率，以提高果实产量和品质。不同品种的番茄畸形果发生的类型以椭圆果及卵形果中的混发果和顶裂果为主，其他类型的果实也有发生，但发生率较低。

2.2　花芽分化和发育不正常

番茄幼苗在 2～3 片真叶时，进入花芽分化和发育阶段，番茄畸形果其实从番茄苗期花芽分化期就已经出现了。花芽分化不正常，进而发育成畸形果，而影响花芽分化的因素主要与环境条件与营养水平等因素密切相关。

2.3 温度不适

番茄花芽分化与发育对温度有一定的要求，当温度较低，尤其是夜温较低时，容易形成畸形花。其原因是花芽分化期低温，致使用于呼吸作用的养分消耗减少，从而使叶中转运到花芽中的营养物质堆积，花芽营养物质浓度升高，使子房心皮原基的分化数目增多，心皮过度发育引起子房开裂。

低温还使心皮不能均衡发育，子房形状异常，柱头偏粗，形成重瓣的复合花，进而发育成畸形果。番茄苗期 1 d 内遭遇 8 h 以上 6～8 ℃的低温，易发生畸形果，这也是北方寒冷地区，早春茬番茄果发生畸形严重的主要原因。

夏季日照强，温度较高，会导致花芽分化不良或停滞，进而导致后期第一穗果坐果率低、难坐果，而高温也容易导致授粉受精不良，其原因是花粉和胚囊的减数分裂期以及花粉管伸入胚囊期，不耐高温。在高温情况下，生殖器官功能发生障碍，导致落花落果、坐果不良、畸形果等问题严重。

2.4 养分供应失调

番茄花芽分化需要一定的养分，既要保证花芽分化的需要，又要保证茎叶生长点的需要。如果苗期水肥供应过于充足，尤其是氮肥施用过多，会使植株生长过旺，花芽容易过度分化，形成多心皮的畸形花，进而发育成有完整外果皮的畸形果。

种植户为防止植株徒长，容易控水控肥过度，进而出现土壤干旱少肥的情况，花芽发育不良，也容易产生畸形果。尤其是硼元素参与植株生殖器官的生长和发育，水肥供应失调等问题会导致的硼钙等元素吸收障碍，也容易导致畸形果的产生。

2.5 苗龄过长

植株达到苗龄后未能及时定植，而进行药剂控旺，容易因药量过大影响正常的花芽分化，进而产生僵果或畸形果。

2.6 植保生长调节剂使用不当

生产中常应用 2，4-D（二氯苯氧乙酸）、防落素等植株生长调节剂以达到保花保果的目的，但使用过程中药剂使用浓度过大、蘸花时间选取不当、温度不适宜、重复蘸花等因素，均会导致畸形果。

3 预防番茄畸形果的措施

预防番茄畸形果，需要采取多种措施以营造良好的生长环境。

3.1 选用优良品种

根据当地环境，选择抗逆性强、心室变化小的番茄品种。如越夏、秋延茬番茄选择耐高温的品种，而越冬和早春茬宜选择耐低温、弱光的番茄品种。

3.2 苗期管理

加强苗期管理，培育幼苗。苗期是花芽分化的关键时期，一是要光照充足并适时通风，幼苗出土后要控制好温度，白天保持在 23～28 ℃，夜间温度控制在 14～16 ℃为宜，不能长时间低于 8 ℃或高于 35 ℃；二是要保证肥料的均衡供应，控制育苗期氮肥的用量，注意补充硼钙肥，同时要避免水分的剧烈变化，有利于花芽分化；三是要注意适龄定植，避免为防止苗期徒长而使用过量的控旺药剂，导致花芽分化不良。

3.3 中后期管理

加强田间管理，调节植株生殖生长与营养生长平衡。使用充分腐熟的有机肥，注意硼、钙等中微量元素的施用。硼作基肥时可与氮、磷、钾肥混合施用，也可单独喷施应用，尤其注意苗期和开花前的补充。在番茄定植后，要注意控水控温，调整长势平衡是关键。尤其是夏季高温，植株容易徒长，可在浇透定植水、缓苗水后以控水为主，加强中耕，促进根系下扎，也可适当冲施生物菌肥或复合甲壳素有机水溶肥料，培育健壮根系。若出现旺长迹象，可适当喷施矮壮素等进行控旺，但切勿喷施过量。

3.4 花期

在花期选择适当时期，合理使用植物生长调节剂。

3.4.1 点花

选择合适的时期和时段。一般选择是一穗花第二朵和第三朵花的花瓣完全开放，并且伸长到喇叭口时点花为宜，点花过早易形成僵果，点花过晚会造成畸形果或裂果。

3.4.2 要选择适宜的浓度

调节剂的浓度要随着气温高低随时调整。气温较低时，应适当增加浓度，反之降低，避免重复。一般用 2,4-D 浓度 10～15 mg/kg 涂抹在花柄处；用番茄灵 30～40 mg/kg 蘸花；用防落素 20～50 mg/kg 喷花。

3.4.3 植物生长调节剂

植物生长调节剂的使用效果，除了浓度之外，还受植株长势等多重因素的影响。因此，每次植物生长调节剂更换之前，种植户应提前进行小面积试验，确认效果之后，再大面积使用。

3.5 合理疏花疏果

生产中为避免养分供应不足导致果实发育障碍或缓慢，要注重疏花疏果，及时去掉各类畸形花、畸形果，减少养分消耗。其次要保护叶片，避免过早打叶，保证营养供应充足，调节营养生长与生殖生长平衡。同时夏季栽培，要注意合理留果，为避免下部留果过多，造成植株营养消耗过大，影响茎叶和根系的生长，建议下部留果不宜过多。

要从根本上避免畸形果的发生，除科学合理地进行栽培管理外，还需利用分子生物学手段深入研究番茄果实发育规律，探究畸形果形成的原因和机制。另外，开发新型、绿色、安全、环保且能有效控制畸形果发生的生长调节剂也至关重要。

参考文献

[1] 权建华，王勤礼，郑天翔，等．番茄畸形果影响因素与防治措施[J]．长江蔬菜，2020(13)：48-50.

温室高品质番茄越冬茬口轻简化栽培技术

李利锋

（北京市昌平区农业技术推广站　102200）

摘要：近年来，昌平区高品质番茄的种植规模呈现不断上升的趋势。随着从业人口老龄化的加剧，以及劳动力成本的不断上升，在一定程度上制约了番茄产业的发展。本文从昌平区高品质番茄设施栽培品种的选择、定植管理、水肥管理、温湿度管理等环节进行介绍，以期提高昌平区高品质番茄生产水平，保障“菜篮子”供应。

关键词：长季节栽培；番茄换头；熊蜂授粉；轻简化栽培

近年来京郊蔬菜保护地设施生产面积迅速增加，尤其是日光温室的增多。为提高蔬菜种植水平，促进农民增收，昌平区农业技术推广站不断拓展新的思路，集成温室高品质番茄越冬茬口轻简化栽培技术，保温性能好的日光温室种植越冬茬口的高品质番茄亩产（1 亩≈667 m^2）可达 5 000 kg，同时具有采摘期长，价格优势明显的特点。

1　施足底肥

以充分腐熟的有机肥为主，每亩施入 4～5 t，为提高地温，可选用牛羊马粪。另外，底肥中还应施入适量的速效化肥，使幼苗能及时吸收到氮、钾、磷等营养元素，可选用 15∶15∶15 的复合肥 50 kg，过磷酸钙 40 kg，在定植前 10～15 d 将底肥施入温室内。施肥前，用威百亩、辣根素等药剂对温室内土壤进行喷洒、滴灌消毒并混合均匀。施肥时，首先将占总数 2/3 的有机肥撒施在地表，用旋耕机旋耕两轮使其分布均匀，然后将剩余的 1/3 有机肥和复合肥以沟施的形式施入定植畦下部。

2　高畦栽培，膜下暗灌

采用高畦栽培以提高地温，畦高应在 25 cm 左右，行距为 155～165 cm。覆盖银灰色地膜，采用膜下暗灌技术，以降低棚内湿度。中间覆盖黑色园艺地布防杂草生长。

3　合理密植

每个畦面定植 2 行，行距为 35～45 cm，株距为 25～35 cm，每亩定植 2 600～3 600 株。

4　及时浇水

幼苗定植后应及时浇水定植，定植水每亩 2～4 m^3，定植后 3～5 d 再浇 1 次缓苗水。浇水量要视情况而定，通常为 8～14 m^3，若定植水浇水量较大，则缓苗水浇水量应适当减少，反之亦然。根据北京8—9月的天气情况，结合土壤性质判断，一定要具体情况具体分析，有些地区土壤保水性较好，缓苗水可以少浇[1]。

5 冬季防寒保温

温室前沿底脚和东西山墙内侧都应挖防寒沟，沟宽和沟深各50～60 cm以保持温室内温度。另外，将旧棉被堆铺在温室前的露地上，宽度约80 cm，可以起到很好的保温效果。后墙应覆盖旧棉被，或加覆旧棚膜，增强保温效果。在低温时期温室内还可覆盖一层棚膜，白天打开、傍晚关闭以达到保温的目的。

6 适当增加光照

选择高品质的棚膜，定期清扫刷洗膜面，以提高透光率。每半个月还应对棚膜进行清洗。另外，为增加光照可在后墙通道前铺挂反光膜。越冬期间应根据天气及时揭盖保温棉被，尽量延长光照时间，有条件的话可以在棚室内安装人工补光设备。阴雪天气，在保证温室内气温在12 ℃以上的同时，可于中午前后揭开保温被，增加光照时间。

如果在北京雾霾天气连续，或多日阴天后的晴天也不要全部打开保温被，要循序渐进地进行给光，避免因为连续阴天后的强光把番茄植株晒伤，造成植株萎蔫，影响番茄植株正常生长。有条件的话可以在棚室内加装空气源热泵等增温设备进行增温，或定时燃烧温室加温燃烧块给棚室进行增温保暖，保证番茄正常生长。

7 预防和控制病害的发生

番茄黄化曲叶病毒传播迅速，为防止病毒的传播和蔓延，应在通风口和门口处安装40目的防虫网，防虫网顶部宽1.5 m，保证开春打开通风口降温时能够防止粉虱进入温室内传播病毒。在室内悬挂黄板，做好手的消毒，避免人为传播。同时，还应做好灰霉病、晚疫病、蚜虫等病虫害的防治，可采用隆施、极显、代森锰锌等药剂进行喷施防控。

8 加强定植后管理

8.1 及时进行农事操作

浇缓苗水后要进行蹲苗，并在适宜时中耕1～2次，促进根系生长。同时将杂草铲除，及时打叶，去除病叶老叶。在番茄生长季，或者成熟季及时安排此项农事操作，避免养分浪费，造成番茄营养生长不良。

8.2 调节适宜的温湿度

通过开闭风口来调节温度，使得白天温室内温度保持在25～28 ℃，夜间保持在15 ℃。温室内相对湿度应控制在40%～50%。早晨放风时，根据温度情况确定放风时间，若棚内温度低于8 ℃，则应推迟放风，且放风时间不超过15 min。中午前后，当棚内温度达到28 ℃时开始放风；冬季寒冷，放风时间不能超过35 min。

阴天时，温室内温度即使达不到28 ℃，也要适当放风换气（放风时间可推迟到下午），降低棚室湿度，以减少病害的发生，同时还可补充二氧化碳，促进番茄光合作用、提升番茄产量。

8.3 熊蜂授粉

在番茄一穗花开花率达到75%时，就可以在棚室内放熊蜂，放熊蜂前要对棚室内进行彻底的病虫害防控，保证安全期投放。后期喷施药剂进行防控时，要将熊蜂搬出棚室，避免造成熊蜂死亡。

8.4 合理浇水

采用膜下滴灌或暗灌的方式，定植时应浇足量水，然后蹲苗，待第一穗果长至 2 cm 大小时开始浇水，以后以小水勤浇的方式浇水。低温季节尽量减少浇水次数，以免降低地温，应避免过分干旱和大水漫灌的浇水方式，以保持土壤适宜的水分，促进植株生长和果实发育，避免裂果等现象的发生。结果期以维持土壤持水量 60%～80%为宜。

8.5 科学追肥

采取"平衡施肥"的方法和"少食多餐"的原则，避免单一施用氮肥和一次施肥量过多，尤其要保证钾肥的充足供应。在第一穗果长至 2～3 cm(核桃大小)时开始追肥，每亩(1 亩≈667 m^2)追施钾肥 5～7 kg 加三元复合肥 15 kg，以后每穗果长至 2～3 cm 时都要追肥一次，可每亩每次随水追施 40%含量的氮磷钾冲施肥 10 kg，或开穴追施三元复合肥 20 kg(氮磷钾含量为 30%以上)，并叶面喷肥 1～2 次，每次每亩喷施 0.3%浓度的磷酸二氢钾加 0.5%浓度的尿素，尽量喷在叶背面，以利于吸收。经过试验在番茄 3 穗果开始转色时，可以每 20 d 喷施 1 次立美农粉剂，提升番茄果实品质，减少番茄裂果，缩短果实成熟期。

8.6 打杈换头

番茄生长阶段要及时进行打杈，并在 5、6 穗果成熟前后进行留芽，打头。一般定植茬口在 8 月 5 日—9 月 5 日的番茄，若全部采收完成，时间在 1—2 月，要及时对番茄进行换头处理，处理后及时将番茄植株挪出棚室外，进行彻底的病虫害防控，及时在畦面中间开肥沟追施有机肥和 15∶15∶15 的平衡复合肥，追施后进行彻底的中耕，浇水中耕后进行盖膜处理。且此期间要适当提升棚室内温度，可以用加温设备对棚室夜间温度进行加温，温度控制在 18 ℃ 左右。为了减少用工，可以在 3 月底至 4 月中旬对番茄喷施一次矮壮素，抑制植株营养生长，减少落秧次数。可用多效唑等药剂控制生长，施药时要注意白天的温度，一般建议太阳落山后喷施矮壮素。浓度不能过高，避免出现僵苗问题而造成损失。

9 换头后的管理

9.1 熏棚

春季北京温度不断升高，为了减少人工用量，可以在换头后一穗花末期投放熊蜂，或使用轴流风机用风进行番茄授粉，均能大大降低人工用量。春季温度逐渐上升，在投放熊蜂前，建议用一次异丙威彻底熏蒸棚室，在考虑安全与熏蒸药剂浓度不变的情况下，可以适当延长熏蒸的时间，保证异丙威药物熏蒸的效果。

9.2 采收

步入 4 月后，随着温度的不断升高，可以在果实采收时适当缩短生育周期，将六七成熟的番茄提前采收，既能防治裂果，还能便于运输，也能起到高品质番茄少工不减产的目的。经过实验测试，番茄提前采收后，虽然可溶性糖和可溶性固形物的含量会降低，但是维生素的含量增高。故番茄提前采收可提升产量和品质。

9.3 病虫害防治

随着温度的升高，病虫害的发病率也会提高，这就更应该注意病虫害的综合防控。经过试验测试，每 10～15 d 进行 1 次药物防控，能有效杜绝粉虱等虫害的发病率。在必要时可以再进行第2次异丙威的熏蒸。需要注意的是全生育期熏蒸不能超过2次[2]。

9.4 中耕等农事操作

春节番茄长势旺盛，要适时进行番茄打杈和落蔓绕秧，随着温度升高，也要适当缩短灌溉时间，避免出现生理性的卷叶问题，影响植株生长。在换头后还要时刻注意中耕松土，促进番茄新根系的生长和伸长。春季中耕时可以适当加深中耕的深度，在原有基础上深耕3～5 cm，起到更好的中耕作用[3]。

通过两年的试验示范，高品质番茄的轻简化栽培技术已经初见端倪，从整地施肥，品种选择，定植管理多个方面进行了总结，得出结论——采用换头技术、熊蜂授粉技术等都能在生产中起到省人省工的效果，在整体用工量上对比传统喷花、短季节栽培等传统栽培技术节约用工量14%～22%，折合亩用工减少成本4 000～5 500元，真正能帮助种植户节约成本；在保证番茄整体品质的前提下，还能提高高品质番茄的产量，整体亩产量提高600～800 kg，助力农户有效增收。

参考文献

[1] 刘如魁．北方节能日光温室番茄栽培技术[J]．中国农业文摘-农业工程，2022，34(6)：26-29.

[2] 李琪，孙信成，薛鑫，等．苦瓜新品种早秀F1特征特性及设施高效栽培技术[J]．湖北农业科学，2022，61(16)：104-107.

[3] 李文甲．微咸水分根区交替灌溉与双根嫁接协同的番茄节水调质研究[D]．银川：宁夏大学，2022.

昌平区越冬茬高品质番茄栽培小环境控制

蔡连卫，齐长红，张旭，祝宁，何秉青，刘民，韩立红，雷伟伟，刘雪莹
（北京市昌平区农业技术推广站　102200）

摘要：本文着眼于越冬茬设施栽培的小环境控制，从高品质番茄栽培品种的选择，到栽培环境中温度、湿度、光照、气体等几个方面提出了促进昌平区普遍的钢砖结构日光温室生产高品质番茄的培育设计。

关键词：越冬茬设施栽培；高品质番茄；小环境控制

近年来，随着人民生活水平的提高，市民对高品质蔬菜需求的提升，大家在购买番茄时更关注其口感好坏，汁多味浓、酸甜可口、具有儿时味道的高品质番茄品种越来越受到市民的青睐。种植户按照生产普通番茄的观念和做法去种植番茄，风味不浓，质量不稳定，达不到消费者的要求。且越冬茬设施栽培，因设施环境低温、寡照等因素，生产中经常出现裂果、风味差和商品率低的现象，影响产量和效益。

1　品种选择

宜选择：好种（对于种植者好管理）、好吃（对于消费者口感好）、好卖（对于销售者好销售）；抗逆性强；口感好的品种。其中大型果可溶性固形物含量大于6%，中型果可溶性固形物含量大于8%，樱桃番茄可溶性固形物含量大于9%。宜选择货架期长，利于包装、运输、鲜食、采摘、销售的品种。

1.1　京采8号

无限生长型品种，早熟性好，果实呈正圆形，单果重150～180 g，未熟果条状绿肩明显，成熟果为粉红色，该品种长势稳健，叶量中等，具有抗黄氏曲叶病毒（TYLCV）、对根结线虫及叶霉病抗性较强。普通栽培糖度可达7.5°，特殊控水栽培糖度可达10°，适合作为水果鲜食。

1.2　原味1号

无限生长型品种。果实呈苹果形，果形周正，色泽亮丽，单果质量40～60 g，成熟果为粉红色，汁浓酸甜，独有的番茄香味，可溶性固形物含量可达11%。该品种适合越冬、早春温室栽培，适合作为水果鲜食，但该品种不抗 TYLCV 。

1.3　甜脆脆

无限生长型水果茄品种，果实呈粉红色带绿果肩、果实圆形，单果重100 g左右，酸甜味浓，风味独特，回味甘甜，适宜越冬及早春栽培。甜脆脆不抗 TYLCV 。

1.4　京番308

无限生长型，粉果番茄杂交种，早熟，绿肩，果实圆形，汁酸甜，每穗坐果4～7个，单果重

80～100 g,酸甜可口,味道佳。具有抗烟草花叶病毒病 *Tm2a* 基因位点、抗根结线虫 *Mi1* 基因位点等,适合日光温室越冬、早春栽培,但不抗 TYLCV 。

1.5　京番 309

无限生长型,果实为粉果番茄杂交种,早熟,绿肩,每穗坐果 4～7 个,单果重 60～100 g,风味浓、硬度好。具有抗番茄黄化曲叶病毒病 *Ty1* 和 *Ty3a* 基因位点、抗根结线虫 *Mi1* 基位点等,适合日光温室越冬、早春、秋延栽培。

2　越冬茬高品质番茄室内小环境气候控制

北京地区越冬茬番茄生产茬口,播种期一般为 8 月下旬至 9 月中旬,定植期 10 月中旬至 11 月,始收期 11 月至翌年 1 月,拉秧期翌年 6—7 月。番茄苗期正值夏末高温,注意采取降温排湿措施,防止秧苗徒长。进入开花结果期,天气逐渐转冷,光照逐渐减弱,必须采取严格的、科学的管理技术措施,确保温室内保持适宜的温度、湿度、光照和气体环境。

2.1　温度管理

番茄属于喜温类蔬菜,其生长发育的适宜温度为 15～30 ℃ ,白天 23～28 ℃、夜间 15～18 ℃为最佳温度。温度低于 13 ℃会使番茄生长缓慢,发育不良;高于 33 ℃,番茄生理平衡被打破,花器发育不良。土壤温度以 20～22 ℃最适宜,低于 13 ℃,高于 32 ℃时,根的机能下降,根系的生长受到抑制,对水肥的吸收受到阻碍。开花期对温度反应比较敏感,白天生长适温为 20～28 ℃,夜间为 15～20 ℃,温度过低(15 ℃以下)或过高(35 ℃以上),都不利于花器的正常发育,导致不开花。结果期白天 22～28 ℃,夜间 15～18 ℃。果实膨大期要求白天 23～30 ℃,夜间 15～18 ℃。开花坐果期管理的关键是适当控制温度,进行变温管理,即一天低温一天高温。目的是增强植株的抗逆性。低温白天温度维持在 24～26 ℃,夜间维持在 14～16 ℃。高温白天温度在 30 ℃,夜间维持在 18～20 ℃。昼夜温差越大,品质越好。

越冬茬番茄管理的重点是保温。主要的增温措施:挖防寒沟,在温室南侧及东西侧挖宽 40 cm、深 40 cm 的防寒沟,内填秸秆或树叶,减少土壤横向传热;加厚外覆盖物。利用草苫做保温覆盖,草苫重量要求达到 4 kg/m^2,一般每块草苫重量不低于 120 kg;利用保温被做保温覆盖物的,厚度需达到 4.0 cm,重量应不低于 1.2 kg/m^2。

对于温室墙体厚度小于 60 cm 的,应根据经济条件及当地资源,可采用不同措施增加墙体厚度。措施一是在温室北墙外侧贴 10 cm 厚的聚苯保温板,保温板外贴石棉瓦或抹水泥,使苯板与墙体紧密结合。措施二是利用农家的玉米秸秆资源,将秸秆打捆贴在后墙外面,厚度在 15 cm,用废旧棚膜包紧固定在后墙上。措施三是将温室北墙外堆土 1. 5 m 以上,应用设施应急增温产品“增温块”。6～10 块“增温块”可使 0.5 亩的温室增温 3～5 ℃。

2.2　光照管理

番茄是喜光作物,需较强的光照条件,棚室内光照强度不高于 70 000 lx,大多时间为 30 000～35 000 lx,每天日照时数 8～13 h。冬季要尽量提高棚室内的光照,保证光照强度和光照时间。

2.2.1　加强透光

摘除老叶与侧枝,增强植株间通风与透光能力,增强光合作用,减轻病虫害的发生。打底叶的方法是当第一穗果达到绿熟期,果实的重量不再增加,把第一穗果实下部的老叶全部去掉,后依次类推。在阴天、雪天,要及时揭开保温被或草帘,并注意清除棚膜上的水滴、灰尘等污染物，保持清洁透明。

2.2.2 安装补光灯

在日光温室内的北墙上，每隔 10～15 m 安装专用补光灯，每天实施 3～4 h 补光。

2.2.3 后墙悬挂反光幕

在温室内后墙上悬挂镀铝膜反光幕，不但光能利用率可提高 25.2%，同时可提高地温 1～2.5 ℃。悬挂反光幕时不能在整个后墙全部悬挂，全部悬挂会影响后墙对热量的吸收和释放。也可在温室后墙表面用白石灰涂白，或用白色涂料涂白。一般在 10 月至翌年 2 月使用。

2.3 湿度管理

2.3.1 空气湿度管理

根据不同生育期对湿度的要求和控制病害的需要，最佳空气相对湿度的调控指标是：缓苗期 80%～90%，开花坐果期 60%，结果采收期 45%～60%。可通过调整风口，地膜覆盖，温度调节等措施尽可能把温室内的空气湿度控制在最佳指标范围。

2.3.1.1 风口的管理

植物生长要靠光合作用制造养分，在光照正常的条件下光合作用的产物有 70%以上是在上午制造的。因此，上午应少放风，通过向行间撒施生石灰吸湿降湿，使棚室内的温度尽快达到最适宜的光合作用温度。温度升高后，棚室的水分会随之减少，此时再打开放风口，在降温的同时，可迅速排除湿气并换入新鲜空气。从而达到温室降湿、换气的目的。室内空气相对湿度大，空气温度 15～31 ℃的情况下，一般晴天上午 11:00，打开顶风口，放风 20 min。风口要小，风口间距不低于 15 m。需要开多个风口时，一定要在关闭上次风口后，再打开下一轮风口，交替进行。阴天时棚室内虽然达不到 25 ℃，到下午 1:00，也要开风口，进行换气。

关风口的时间直接影响到温室夜间的温度和湿度。一般当棚室内温度降至 18 ℃时，就应关闭风口。关风口的原则要本着闭合风口后，室内温度不会再有大幅度回升(一般回升 2 ℃)。如关风口后，仍然有强光照，会使室内温度迅速回升而产生大量水气，夜间室温比较高，水气凝结成水滴，回落到叶片上，为病菌的侵入提供了适宜的条件。

为使开关风口方便可以采用滑轮放风的办法，在风口处安装滑轮控制比较容易。

2.3.1.2 双层地膜覆盖

实行温室内地膜覆盖的好处非常多，可以有效降低棚内湿度，提高地温，增加底部光照，减少病害发生。冬季覆盖温室地膜的主要目的是保温升温，增光保墒，降低湿度。冬季温室采用透明地膜较好。在每垄两行作物之间搭建小拱棚，形成局部暖棚效果，有效提高地温，促进根系对水肥的吸收。小拱棚的搭建宜在 11 月份，过早使用容易因温度过高产生作物沤根。

2.3.2 土壤湿度管理

土壤相对湿度的大小，主要与浇水和田间中耕松土有关。冬春季节，由于温度低，水分蒸发少，一定要控制浇水量。浇水尽量选择晴天的上午，采取滴灌或膜下暗灌。滴灌每亩浇水量以 15 m^3 为宜，最大不超过 20 m^3，冬春季节滴灌一次浇水 6～8 m^3 即可。湿度大的情况下，及时对垄间土壤进行中耕松土，并向行间撒施生石灰降湿，严格执行“浇水要小、少浇或者不走明水”的浇水原则，严禁下午 3:00 以后浇水。室内温度 20 ℃以下时少浇水或者不浇水。第 3 穗果坐住后，采用正常灌溉量的 60%～80%进行亏缺灌溉管理，让植株在中午前后保持轻度萎蔫状态来提高番茄果实的可溶性糖含量和糖酸比，提升口感。

2.4 气体管理

秋冬茬日光温室番茄的绝大多数生长发育时间，处在密闭的环境内，通风次数少，通过空气交换来补充二氧化碳不足的方法受限制。必须进行相应的补充二氧化碳的措施，增加室内二氧化碳浓度。除此之外，温室内还经常存在二氧化硫、氨气、二氧化氮、氯气等有害气体，造成大量的生理病害，应及时去除有害气体。

2.4.1 二氧化碳控制技术

该技术主要是通过物理、化学等技术措施，增加日光温室内二氧化碳浓度。常用的方法有化学反应法、通风换气法、干冰消解法、燃烧法等。通风换气法主要是通过放风措施，补充室内二氧化碳浓度，但很难达到 300 μL/L 以上。施肥法是通过增放土壤二氧化碳肥料，效果慢，不易控制。化学反应法相对上述两种方法，较为经济、简单、实用、见效快。单次每亩用 2 kg 碳酸氢铵与 2.5 kg 硫酸反应，释放出纯净的二氧化碳。

先将硫酸用清水稀释 3 倍，将碳酸氢铵加入反应。每亩一次布点 30 个左右。用塑料筒作为反应器具，悬挂高于地面 0.5～1 m。干冰消解法是将冰块置于日光温室内，自然消解，但对保温增温有负向作用。而使用二氧化碳发生器，将购置的专用二氧化碳发生器置于室内，使用方便，但会增加成本。

2.4.2 有害气体控制

温室内一般有毒有害气体较多，如氮气、氨气、亚硝酸气体、乙烯和氯气等。其中，氮气是由于施用过量尿素、硫酸铵等速效化肥，或施肥方法不当而产生的。氨气则是由于施用未经腐熟的有机肥，在棚内高温条件下分解而产生的。一次施用氨态氮肥过多，会使某些菌体的作用降低，造成土壤局部过酸，当 pH 小于 5 时，便产生亚硝酸气体。此外，如果农膜或地膜的质量差，或土壤内有地膜残留，因阳光曝晒，温室在高温条件下，易挥发产生乙烯和氯气等有害气体。针对这些可能会产生的有毒气体，种植户应该做好预防，合理施肥、通风换气以及选用安全无毒的农膜和地膜。

参考文献

[1] 潘爱平．高山设施栽培条件下番茄生长势与营养品质比较研究[D]．杭州：浙江农林大学，2015.

[2] 赵欣．番茄对环境的要求和控制[J]．农民致富之友，2011(13)：36.

不同灌溉模式对秋大棚黄瓜生长影响的比较

谷星宇

（北京市昌平区农业技术推广站　102200）

摘要：为了探明潮汐式灌溉在黄瓜栽培中的应用效果，昌平区农业技术推广站对现有的温室、大棚进行改造，并引进安装潮汐式灌溉系统，开展了黄瓜潮汐式基质栽培试验。结果表明，潮汐式栽培供水均匀，黄瓜长势旺盛。与常规的泡沫槽栽培相比，潮汐式栽培黄瓜能提早采收，延长果实上市时间，抗病性强、增产效果显著。同时，潮汐式灌溉实现了水循环利用，提高了水肥利用率。

关键词：潮汐式灌溉；黄瓜；节水节肥

黄瓜为葫芦科黄瓜属一年蔓生草本植物，在我国栽培历史悠久。黄瓜食用方便，富含多种维生素以及多种有益矿物质，是我国的主栽蔬菜作物之一[1]。过去主要以露天种植为主，近年来，随着我国设施园艺的发展，我国保护地黄瓜发展势头迅猛。基于农业用水浪费严重和水资源供需矛盾等现状，北京市一直提倡农业节约用水，提高农业用水效率。黄瓜产量高，需水量大，因此在黄瓜栽培过程中发展节水节肥技术至关重要。

潮汐式灌溉系统起源于农业设施栽培技术发达的荷兰。因为灌溉方法与海水的涨潮落潮相似，所以将这种灌溉方式称为潮汐灌溉。其基本原理是使灌溉水从栽培基质底部进入，依靠栽培基质的毛细管作用，将灌溉水供给植物。潮汐式灌溉方式有床式、槽式、地板式等，能够起到节水节肥、保持叶面干燥、减少菌类滋生、促进光合作用和稳定根部水气含量等作用[2]。潮汐灌溉是一项成熟的农业灌溉技术，很好地解决了灌溉与供氧的矛盾，且灌溉基本不破坏基质的“三相”构成，是一项高效高能的农业技术。

潮汐式灌溉直接从栽培槽底部供给水分，避免了基质栽培中管道堵塞、浇水不均匀的问题，在我国农业生产中获得了广泛利用并进入快速发展阶段。可根据不同的生长阶段和环境条件来设定上限液位，每次灌溉能使槽内的基质和根系得到均匀地渗透，也可以避免或延缓基质表面的盐分积累[3]。完全封闭式的循环系统，水肥利用率高，避免了叶面产生水膜，使叶片得到更多的光照，促使根部吸收更多的营养元素。潮汐式栽培模式将回液收集、消毒后继续用于灌溉，减少了因回液排放造成的水资源浪费及病虫害发生的风险，大大提升了产量与品质。

1　材料与方法

1.1　试验材料

1.1.1　供试品种

黄瓜品种为中研惠农选育的金胚 98。

1.1.2 栽培基质

采用50%粗椰糠+50%细椰糠作为基质,进行栽培,定植前基质的EC值是0.8 mS/cm,pH 7.01。

1.1.3 设备条件

8—11月在金六环农业园春秋大棚内进行,每个棚室的面积为400 m^2。大棚具有通风降温系统。栽培槽为倒梯台形,在PVC材质的倒梯台形栽培槽内部设置水槽,用于潮汐灌溉上水和回水。水槽两侧设置网孔,用于灌溉时渗水到基质中和多余水分回渗;水槽中间设置通气管,便于植株根际通气;潮汐式灌溉系统由4个部分组成:母液桶,工作液池,紫外线消毒器以及栽培槽。回流液经管道回到工作液池,经过紫外线消毒向栽培槽进行灌溉。灌溉制度:4次/日,8 min/次。当工作液不足时,通过液位控制装置自动补充。

1.2 试验方法

试验所用黄瓜苗采用穴盘播种方式,7月29日播种在72孔穴盘中。试验设置潮汐式和泡沫槽式两种栽培方式;定植日期均为2018年8月21日,每个栽培槽定植6株黄瓜苗,每棚共定植1 260株。通过比例施肥泵控制EC值,开花之前EC值为2 mS/cm,结果期EC值为2.8 mS/cm。通过磷酸调节酸碱度,pH控制在6.5。除浇水灌溉不同外,其他所有管理措施均一致。黄瓜生长过程中,定期观察测定两种栽培方式的植株生长情况、各项生理性状指标、产量以及水肥用量。

2 结果与分析

2.1 两种方式黄瓜植株物候期及长势比较

从物候期来看,潮汐式与泡沫槽式抽蔓的时期相同,均为9月5日,开花期潮汐式比泡沫槽式开花期早4 d,潮汐式为9月9日,泡沫槽式为9月13日。采收期潮汐式比泡沫槽式早7 d,潮汐式为9月23日,泡沫槽式为9月29日(表1)。

表1 不同黄瓜物候期比较

栽培方式	抽蔓	开花	坐果	采收
潮汐式	9月5日	9月9日	9月19日	9月25日
泡沫槽式	9月5日	9月13日	9月19日	9月29日

从植株长势看,与泡沫槽式相比,潮汐式栽培的黄瓜株高要矮,但是茎间节数几乎相同,茎秆较粗,植株更加健壮。具体结果见表2。潮汐式栽培由于应用了特殊的灌溉原理,采用从黄瓜根部自下向上给水给肥的方式,和泡沫槽式(灌溉方式为滴灌)相比,不易发生植株水肥供给不均衡的现象。

表2 不同时期黄瓜植株生长性状

栽培方式	抽蔓期/cm	开花期/cm	坐果期/cm	株高/cm	叶片数/个
潮汐式	49	83	132	215	24
泡沫槽式	52	96	149	247	24

同时,能稳定根部介质水汽含量,避免毛细根靠近容器边部及底部干旱而死,因此潮汐式栽培模式能给黄瓜根系提供更加理想的生长环境,使植株更加健壮。泡沫槽式栽培存在一定

的弊端，土壤根部条件以及棚室环境不是黄瓜最佳的生长环境，在这种环境下，会出现物候期提前的现象，导致植株长势偏弱。

2.2 两种栽培方式用水用肥情况比较

整个生长季，潮汐式采用循环利用模式，母液桶内的肥料经电磁阀与水混合，进入工作液池再向栽培槽进行灌溉，26 min 后栽培槽中回流液经管道回到工作液池，再通过紫外线消毒向栽培槽进行灌溉。灌溉制度：4 次/日，8 min/次。用水量为 50 m^3/亩。泡沫槽式无工作液池，直接将配好的工作液通过与清水混合，施入泡沫槽，回流液直接排向室外。灌溉制度：4 次/日，5 min/次，灌溉用水量为 158 m^3/亩。潮汐式使用肥料：硝酸钙、硝酸钾、磷酸二氢铵、硫酸镁、硼砂、硫酸锰、硫酸锌、硫酸铜、钼酸钠、螯合铁，共用肥量为 100 kg/亩，泡沫槽式用肥量为 233 kg/亩，节肥 133 kg/亩。具体结果见表 3。由于潮汐式系统是封闭的循环系统，回液经过过滤和紫外线消毒之后再回到营养液池中，在一定时期内循环反复利用对植株影响小，能够提高水肥利用率，减少根部病虫害的发生。

表 3　两种栽培方式用水用肥量比较

栽培方式	用水量/(m^3/亩)	用肥量/(kg/亩)
潮汐式	50	100
泡沫槽式	158	233

2.3 两种栽培方式对产量的影响

潮汐式栽培从 9 月 23 日开始进入采收期，比泡沫槽式早 7 d。潮汐式栽培：采收期为 9 月 23 日—11 月 8 日，总产量为 1 460.45 kg/亩。泡沫槽栽培：采收期为 9 月 29 日—11 月 8 日，总产量为 826.8 kg/亩。潮汐式比泡沫槽采收期更长，产量更高，增产约 57%。栽培槽密封性能好，棚内空气湿度适宜，因此植株长势健壮，减少了病虫害的发生，不易导致早衰现象。具体产量见表 4。

表 4　两种方式对产量的影响　　kg/亩

栽培方式	9 月	10 月	11 月	总产量
潮汐式	195.05	1 004.3	261.1	1 460.45
泡沫槽式	65.9	654.5	106.1	826.5

3 结论与讨论

本试验采用潮汐式和泡沫槽式栽培黄瓜，比较了两种方式下黄瓜的物候期、生长势、用水用肥量以及产量等指标。从物候期看，潮汐式与泡沫槽式的抽蔓时期相同，与泡沫槽式相比，潮汐式栽培的开花和坐瓜期早 4 d。从植株长势看，与泡沫槽式相比，潮汐式栽培的黄瓜株高要矮，但是茎间节数几乎相同，茎秆较粗，植株更加健壮。从用水用肥量看，潮汐式用水量为 50 m^3/亩，泡沫槽式 158 m^3/亩，节水 108 m^3/亩。潮汐式用肥量为 100 kg/亩，泡沫槽式用肥量 233 kg/亩，节肥 133 kg/亩。潮汐式栽培：采收期为 9 月 23 日—11 月 8 日，总产量为 1 460.45 kg/亩。泡沫槽式栽培：采收期为 9 月 29 日—11 月 8 日，总产量为 826.5 kg/亩。结合基质栽培和潮汐式灌溉系统，通过比较潮汐式和泡沫槽式栽培方式，潮汐式栽培方式在增产的同时还可实现节水和节肥,符合现代农业“绿色”发展理念,具有广阔的应用前景。

参考文献

[1] 李怀智．我国黄瓜栽培的现状及其发展趋势[J]. 蔬菜,2003(8):3-4.
[2] 张富林,杨利,范先鹏等．城郊蔬菜硝酸盐含量状况及蔬菜硝酸盐累积影响因素研究[J]. 湖北农业科学,2009,48(12):3172-3177.
[3] 胡静,杨惠玲,甘小虎,等．意大利生菜潮汐式栽培生产试验[J]. 蔬菜,2015(3):13-15.

昌平区林下竹荪栽培技术要点

王娅亚[1],李颂君[1],路河[1],高丽[1],姚磊[2],田振华[1]
(1. 北京市昌平区农业环境监测站 102200 2. 北京市昌平区农业服务中心 102200)

摘要:林下竹荪栽培是一种林下生态、高效栽培模式。为促进昌平区林下种植竹荪的产业发展,提高竹荪栽培水平,有效促进农业增效、农民增收,本文从季节安排、栽培场地、铺料播种、发菌管理、采收加工等方面,对林下竹荪高产栽培技术进行介绍,以供相关种植户参考借鉴。

关键词:林下;竹荪;栽培技术

竹荪是一种珍稀食用菌,目前世界上已报道的竹荪品种有 12 种,其中在中国发现的有 7 种[1]。研究表明,竹荪含有大量氨基酸、蛋白质、维生素等营养物质,竹荪具有抗氧化、抗糖化、抗衰老、抗疲劳等功效[2]。竹荪栽培存在多种模式,主要有林下栽培、层架式栽培、筐式栽培及工厂化栽培[3]。昌平区为生态涵养区,林木覆盖率高,具有较强的林下种植竹荪的环境优势。当前,昌平区林下栽培竹荪,并未形成统一的技术标准,致使栽培成本增加。笔者结合昌平区气候、土壤等特点,总结出北京市昌平区林下竹荪栽培技术,该技术更适宜昌平区实际生产应用,帮助农户增产增收。

1 竹荪栽培

1.1 季节安排

竹荪自 4 月初至 7 月初均可播种。4 月播种,6—7 月采收;5 月播种,7—8 月采收;6 月播种,8—9 月采收;7 月播种,9—10 月采收。

1.2 栽培场地

选择排灌方便的沙壤土林地,在郁蔽度达 80%～90% 的林下做畦,做畦前将地面翻一次,做畦宽 40～50 cm,长度随投料多少和场地而定。

1.3 铺料播种

选择干燥新鲜的麦秸或打碎的废弃阔叶树枝,浸水使含水量达 65%,堆置发酵 2～3 d,捞出进畦铺料播种,一层料一层菌种,共二层料二层种。上层菌种占总播种量的 2/3,播种量为每平方米料用 750 mL 装的菌种 1 瓶。第二层种播后,在上面再铺设少量浸过水的麦秸或其他覆盖物。培养料要压实,并高于地面 2 cm。

1.4 发菌管理

1.4.1 覆土

播种后立即覆 3～4 cm 厚的土层,覆土颗粒不要过粗过细。播种后 20 d,当竹荪菌丝穿出土层表面后，可再覆土1次，厚1～2 cm。

1.4.2 遮阴

播种后当菌丝透出表层覆土时，在畦面上方搭建小型拱棚，棚高30～50 cm，棚宽依畦宽而定。棚上用草苫或旧麻袋等覆盖，防风且遮阴。

1.4.3 保水

保持麦秸和覆土层的含水量稳定，过干或过湿均影响菌丝生长。在无雨天气，要注意每隔3～5 d喷水1次，保持覆土及培养料的湿度。降水时，要注意排水，为防水淹，要在畦边挖一排水沟。雨天小拱棚上要用薄膜覆盖。长裙竹荪菌丝在麦秸中生长良好，自然温度下经40～50 d可透出覆土层。从播种到菌索末端膨大、形成颗粒状的菌球，需60～65 d。

1.4.4 菌球期

在6—9月自然温度条件下，菌丝生长正常，在土壤表面的菌索尖端发生菌球。初呈米粒状，3～5 d长成黄豆大小，表面光滑，呈乳白色。再经2～4 d，长至花生大小，菌球表面开始出现菌索状刺毛，呈灰白色。随后再过4～6 d，可长至核桃或鸡蛋大小，至16 d刺毛伸长后消退，菌球呈淡灰色或灰褐色。当菌球不再增大时，表明已经成熟。

1.4.5 成熟期

菌球从形成到成熟开裂，需经21～23 d。在此期间须重点做好湿度管理。一方面要适当喷水，使基质含水量由65%提高到75%；另一方面保证菌球生长的小环境空气相对湿度达80%以上。与此同时，还要以弱光刺激，每天揭开拱棚上覆盖物1 h，如遇刮风天气，需盖严棚膜，防止菌球风干。

成熟菌球在22～26 ℃、空气相对湿度85%～95%时，即可开裂。初始菌球顶端破裂，菌盖、菌柄依次从中挤出。当菌柄伸出后，从菌柄和菌盖之间吐出菌裙。

1.4.6 采收加工

当菌裙开张度最大时，应立即采收。采收时将整个子实体从菌托下方采下，摘去菌盖和菌托，菌裙、菌柄要保持完整，放在干净的白布上晒干。摆放时注意菌裙要展开，菌柄放直，以获得整齐美观的商品性菌菇。干燥的时间越短，竹荪的光泽度越好。干燥的方法常为晒干和电热烘干。烤烘干燥的竹荪较脆，经回潮后变软方可包装。

2 前景分析

林下经济是在“绿水青山就是金山银山”的理念指引下，充分利用林地资源和森林生态环境，进行林下种植、养殖等复合性生产而形成的生态环境友好型、质量效益型生产经营系统[4~5]。林下竹荪种植作为林下经济的业态之一，可种植在板栗、核桃、苹果等林果树下。北京市可用来发展林下经济的林地面积12万余公顷，昌平区适宜发展林下经济面积为1万余公顷。昌平板栗、昌平苹果等作为昌平区传统果业代表，具有一定的规模和市场，使得竹荪产业在昌平区发展具备天然的地理优势和市场优势。利用林下空间种植竹荪，可有效提高土地利用率，帮助农户丰富作物品种，实现高效生产，具有一定的可推广性，还可以科学利用空余林下资源和绿色空间，推动资源优势转化为发展优势，满足市民不断增长的林下经济产品需求，提升生态产品供给能力。

参考文献

[1] 龚光禄,杨通静,桂阳,等. 我国竹荪产业现状与红托竹荪菌包脱袋覆土栽培技术[J]. 食药用菌,2022,30(4):271-276.
[2] 敖珍,覃发玠,罗迎春,等. 红托竹荪菌托多糖中试提取工艺及抗氧化能力[J]. 中国调味品,2022,47(10):179-183.
[3] 李梓铭. 竹荪栽培技术[J]. 林业与生态,2021(6):40-41.
[4] 支玲,高晶,支明,等. 林下经济发展政府行动与天保区农户响应[J]. 林业经济,2019,41(3):108-118.
[5] 高玉娟,关晨. 天保工程二期黑龙江省林下经济产业发展研究[J]. 林业经济问题,2020,40(6):618-625.

昌平区塑料大棚甘蔗栽培密度筛选

韩立红[1]，齐长红[1]，田炜玮[2]，陈明远[2]，祝宁[1]，雷伟伟[1]，刘雪莹[1]，朱雪娇[1]
（1. 北京市昌平区农业技术推广站　102200　2. 北京市昌平区农业服务中心　102200）

摘要：随着设施农业的不断发展，打破地域限制、作物栽培技术在农业生产中已广泛应用。为进一步筛选出适宜北方地区塑料大棚甘蔗栽培的种植密度，提升农民栽培管理技术水平，笔者通过开展试验筛选出栽培管理密度8株/m为最适宜北方地区塑料大棚甘蔗栽培的种植密度，为下一步优化栽培技术和开展技术推广打下基础。

关键词：塑料大棚；甘蔗栽培；密度筛选

甘蔗栽培作为中国农业种植体系之一，有着悠久的历史，经历了从华南地区逐步向北推移的过程。[1]甘蔗按用途可分为果蔗和糖蔗，品种很多，受到广大种植户的青睐。北方甘蔗多以鲜食为主，在选用品种时应选择果蔗或果糖兼用品种，且应具备抗旱、抗寒、早熟、高糖等特点。[2]合理的栽培管理技术能有效提高甘蔗产量和糖分，促进甘蔗产业可持续发展。本次试验结合北方地区地域条件特点，为进一步优化大棚甘蔗栽培技术，筛选出更为适宜的栽培密度，实现节本增收，更好地促进大棚甘蔗栽培技术在北方地区的推广应用，开展了北方地区大棚甘蔗栽培密度筛选试验，现将筛选试验结果总结如下。

1　材料与方法

1.1　试验地点概况

试验地点在北京市昌平区兴寿镇，设施条件为塑料大棚，规格为50 m×8 m，大棚沿棚体安有防虫网的风口，棚膜透光性良好，棚内安装有滴灌带及水肥一体化设备，土壤为壤土，肥力中等以上，排灌便利，条件良好。

1.2　试验材料

参试甘蔗品种为传统果蔗"大灰种"，在市场销售中十分普遍。它具有糖度高、口感清脆、汁水充足等特点，其表皮外附着有白色粉状物，节间长，长势强，具有一定的种植销售基础。

1.3　试验设计

试验设3次重复，三行区，行长25 m，每个密度处理长度5 m，行距1.2 m，每小区面积30 m^2。塑料大棚内东西两侧各留保护行1行。试验种植周期为1年。

1.4　试验方法

在试验区域塑料大棚内土壤化冻后进行旋耕，底肥使用羊粪1 t，N：P：K比例为20：20：20的复合肥100 kg，深翻2次，确保土壤疏松且与有肥料充分混合。选择长度约30 cm的出芽甘蔗茎作为生产用的蔗种，蔗种以健壮的"双芽段"为优质蔗种，下种蔗茎数量

1 250 根/亩，约 7 500 芽/亩。在塑料大棚内南北向开沟，沟深约 15 cm，定植前 7～10 d 浇一次大水，保证土壤水分充足。选择晴好天气，将蔗茎按 3 根/m 的密度，芽朝向左右分布，均匀码放在沟内，在表层覆盖约 1 cm 厚的土壤，在沟顶端覆盖塑料薄膜，用土将膜两侧压实，同时将塑料大棚的棚头及风口等充分密闭，为甘蔗出芽提供温暖湿润的气候条件。

2 栽培管理

2.1 间苗前的日常栽培管理

3 月 22 日定植，20～25 d 出苗，当苗顶到塑料膜顶端时，用刀在膜顶端开口通风，炼苗 5 d。在 4 月 20 日，在塑料膜上覆土同时浇水。甘蔗属于高肥水、高光效的农作物，水肥管理要充足，每 2～3 d 浇 1 次大水，1 次约 3 h，水量约 5 m^3，每 7～10 d 随水追肥 10 kg/亩。

2.2 间苗做密度处理

7 月 20 日，甘蔗分蘖形成，当甘蔗长 80～100 cm 时，进行间苗，按照密度 8 株/m、12 株/m、16 株/m、20 株/m 以及不间苗做对照组的处理方法，每小区每个处理长度 5 m，共 3 次重复。

2.3 间苗后的日常栽培管理

7—8 月北京地区日平均光照大于 8 h，平均气温 25～32 ℃，十分利于甘蔗生长，此时甘蔗处于分蘖期到茎伸长期的关键时期，该时期需水量是全生育期的 60%，要及时浇水追肥。同时，注意去分蘖、干枯的脚叶。注意培土，每次 3～5 cm，全生育期培土 2～3 次，防止倒伏。在 11 月中旬，大棚甘蔗栽培可陆续开始采收。

3 结果与分析

3.1 蔗茎产量构成因素调查

11 月 15 日，测量 3 个小区株高和茎径。按公式：甘蔗单茎重(kg)=0.785 4×茎径^2×株高×茎比重÷1 000 计算单茎重。亩产量，根据甘蔗单茎重及栽培密度折算亩产量。

3.2 蔗糖分调查

采收后，将甘蔗鲜茎去皮榨汁，测量其糖分。

3.3 数据处理与分析

采用 WPS Office 2016 对试验数据进行整理计算和制表。

3.4 调查结果比较

通过表 1 可知，不同处理密度的甘蔗，以株高从高到低排序依次是 8 株/m＞CK＞12 株/m＞20 株/m＞16 株/m，不同处理密度对于株高的影响没有产生明显规律；不同处理密度的甘蔗，以茎径从粗到细排序依次是 8 株/m＞12 株/m＞16 株/m＞20 株/m＞CK，可以看出甘蔗的茎径随着处理密度的增加而降低，茎径最粗的是处理密度为 8 株/m 的处理，茎径最细的为处理密度为 CK 的对照组，即不进行间苗处理；不同处理密度的甘蔗，以单株茎重从高到低排序依次是 8 株/m＞12 株/m＞16 株/m＞20 株/m＞CK，可以看出甘蔗的单株茎重随着处理密度的增加而降低，单株茎重最重的是处理密度为 8 株/m 的处理，单株茎重最轻的为处理密度为 CK 的对照组，即不进行间苗处理；不同处理密度的甘蔗，以鲜茎糖度从高到低排序依次是 12 株/m＞8 株/m＞20 株/m＞16 株/m=CK，可以看出甘蔗的鲜茎糖度在处理后密度较低的 8 株/m 和 12 株/m 糖度高于密度较高的 16 株/m 和 20 株/m 以及未经过处理的 CK，即初步表明较低的密度对于鲜茎糖度的增加有一定有益影响；不同处理密度的甘蔗，以单茎重×种植数量折算亩产量，以从高到低的顺序排序依次是 CK＞20 株/m＞16 株/m＞12 株/m＞8 株/m，折算亩产量与单茎重呈负相关，随着密度的增加，折算出的亩产量会依次增加。

表 1　不同处理密度甘蔗农艺性状表现

处理密度/(株/m)	株高/cm	茎粗/cm	单株茎重/kg	鲜茎糖度/(°)	折算亩产量/t
8	175	3.85	2.04	16.90	6.79
12	169	3.55	1.67	17.00	8.36
16	160	3.32	1.39	16.50	9.23
20	162	3	1.15	16.60	9.54
CK	171	2.89	1.12	16.50	10.28

通过表 2 可知，不同处理密度的甘蔗，以脱叶性从易到难排序依次是 8 株/m＞12 株/m＞16 株/m＝20 株/m＝CK，说明随着种植密度的增加，脱叶越来越难；不同处理密度的甘蔗，以倒伏情况从轻到重依次排序，依次是 8 株/m＞12 株/m＞16 株/m＝20 株/m＝CK，说明随着密度的增加，倒伏程度会越来越严重；不同处理密度的甘蔗，以管理难易程度从易到难依次排序，依次是 8 株/m＞12 株/m＞16 株/m＝20 株/m＝CK，说明随着密度的增加，甘蔗的栽培管理越来越难；不同处理密度的甘蔗，商品率从高到低依次排序，依次是 8 株/m＞12 株/m＞16 株/m＞20 株/m＞CK，说明随着密度的增加，商品率会依次下降；不同处理密度的甘蔗，以商品甘蔗产量依次排序，依次是 8 株/m＞12 株/m＞16 株/m＞CK＞20 株/m，说明随着密度的增加，商品甘蔗的产量呈下降趋势。

表 2　不同处理密度甘蔗抗逆性、栽培管理及采收表现情况统计

处理密度/(株/m)	脱叶性	倒伏情况	管理难易程度	商品率/%	商品甘蔗产量/t
8	易	直立	易	98	6.83
12	一般	半倒伏	一般	80	6.68
16	难	倒伏	难	72	6.64
20	难	倒伏	难	57	5.43
CK	难	倒伏	难	53	5.44

4　结论与讨论

4.1　试验结论

通过在大棚内种植甘蔗后进行不同的密度处理，对北方地区大棚甘蔗栽培进行密度筛选试验。经过筛选，8 株/m 的处理密度表现出甘蔗茎径粗、单株茎重大、易脱叶、几乎无倒伏、管理容易、商品率高、商品甘蔗产量高的优势，对于北方地区大棚甘蔗是最优的栽培密度选择。种植园区可根据实际生产情况进行栽培密度处理。

4.2　讨论

北方地区种植甘蔗受气候条件影响具有一定难度，但通过栽培设施塑料大棚的应用，很好地解决了温度低生产周期短的问题，帮助农民在生产中多了一种优质作物的选择。同时，因栽培量少，资源稀缺，对种植甘蔗的农户可卖出较高的价格，具有不错的经济效益。

现通过栽培密度筛选试验为农民生产筛选出适宜本地区的种植密度，帮助农民进一步提升栽培技术，提高经济效益。目前，虽然技术已基本成熟，但与南方甘蔗主产区相比较，甘蔗栽培仍然存在节间短、产量低等生产上的技术问题，仍然需要进一步优化和完善栽培技术，为更好地进行技术推广打下基础。

参考文献

[1] 李杨瑞．广西甘蔗创新与展望[J]．广西农学报，2019，34(4)：1-7.
[2] 祝洁．北方甘蔗栽培技术[J]．河南农业，2010(13)：45-46.
[3] 吴建明，李燕娇，邓宇驰，等．中国甘蔗栽培的研究进展[J]．广西科学，2022，29(4)：613-626.

数字农业在工厂化食用菌生产中的应用

康勇，齐长红，祝宁，麻红蕊，张旭，谷星宇
（北京市昌平区农业技术推广站　102200）

摘要：本文分析了食用菌产业信息化数字化发展现状，提出了推进食用菌产业信息化数字化基础设施建设、提高数字技术应用研发能力的建议。

关键词：数字农业；食用菌；工厂化

1　数字经济背景下北京市食用菌企业的发展现状

1.1　产业发展背景

近年来，随着中国农业供给侧结构性改革的加速推进，许多地方将食用菌产业作为区域经济调整、精准扶贫和乡村振兴的重要抓手。在中国脱贫攻坚的伟大事业中，不与人争粮、不与粮争地、不与地争肥、不与农争时、不与其他产业争资源的小小食用菌，从改革开放之初 5.7 万 t 的年产量，一路增长到 2019 年的 3 933.87 万 t，小蘑菇在中国已成长为大产业。目前，中国是全球食用菌最大的生产国、消费国和出口国。随着食用菌产业水平的提升，应用信息化、数字化技术已经逐步成为食用菌行业发展的主流方向，通过信息化数字化建设，可以发挥规模经济、长尾效应等优势[1]。

1.2　企业发展现状

北京祥云兴隆农业科技发展有限公司位于昌平区小汤山农业园西区，成立于 2017 年。其中标准化厂房 4 栋，厂房基本实现了温湿度与光照等生长条件的数字化控制。

在 2021 年 7 月至 2022 年 7 月的周年生产中，年产食用菌总量 9 447.4 t，年总产值 2 905 万元。其中，工厂化金针菇生产面积 54 亩，平均亩产达到 174.9 t。

2　强化食用菌企业的科技支撑

2.1　食用菌产业信息化与数字化平台加快产业发展

公司的食用菌数字农业中心内设数据采集监控室、会议培训室、电商平台、食用菌智慧农业样板车间、食用菌文化休闲等区域。数字农业平台通过网络可在电脑端和手机端实现对指定区域进行远程温度、湿度、光照的数据采集，以及通过视频查看生产场所、菇房等，进而控制制冷机、风机等工作。智能菇房内生产食用菌，实现了对温度、湿度、通风等进行精准调控。从生产设备研发、厂房建设、技术服务，到食用菌生产的备料、装袋、灭菌、接种、培养、出菇管理、采收包装等工艺流程，公司已经实现了“全产业链”发展格局。

2.2 促进智慧农业发展

在促进智慧农业发展上，工厂自动化基础较高，在设施农业领域可以发挥较强的科技引领作用。基地标准化程度高、研发实力强，与大棚设施相比污染率更低，在发展公司＋农户模式中可起到示范带头作用。现代化设施摆脱了对土地的依赖，有效地增加了土地面积，摆脱了对气候的依赖，可以周年化生产，尤其是遭遇自然灾害的情况下，可有效保障食品供应。

3 数字农业背景下北京市食用菌企业的发展对策

在食用菌生产过程中，栽培环境监测是一个非常重要的环节。食用菌栽培环境监测系统通过传感器，针对各点的温度、湿度、光照、酸碱度、氧气、二氧化碳等参数进行实时采集、记录、存储，使种植户能及时了解食用菌的生长环境。

对栽培环境相应的栽培条件进行有利、有机、合理、科学的管理，可以为种植户节省大量人工操作和电力消耗，提高食用菌成活率，达到增产、节能、减轻工人劳动强度的效果。

拥抱数字化时代，机遇总是伴随挑战而生。疫情对食用菌产业造成冲击的同时也在一定程度上加速了食用菌产业发展的数字化进程。目前，中国食用菌产业总体上面临基础设施滞后，标准建设化程度低，信息化、工厂化程度低，产业链延伸不够，产能过剩等诸多挑战，亟须进行数字化、智能化转型升级，构建种植、加工、销售、市场的大数据平台。智能化、工厂化生产是未来食用菌产业发展的必然趋势，运用数字技术提升食用菌行业现代化水平、转变发展方式，也是中国食用菌产业高质量发展的客观要求。数字技术应用于传统食用菌产业，对提升产业信息化、自动化、智能化水平，发展现代食用菌装备技术产业，以及提高生产效率、管理经营决策水平具有重大意义。

4 结语

综上所述，数字经济时代背景下，分析农产品企业发展中的各种问题以及针对这些问题提出对应的解决方法，对于农产品企业更好地“走出去”具有重要的意义[2]。信息化、数字化是食用菌产业必然的发展趋势，通过信息化、数字化建设，有利于解决当前食用菌产业发展的不足，促进产业信息化、数字化转型和长远发展。目前，我国食用菌产业信息化、数字化建设取得了一些成绩，但信息化、数字化发展还存在着一些问题，中国不能完全照搬国外模式，要积极探索中国特色设施食用菌智能化装备与系统，为食用菌产业健康可持续发展及推进乡村振兴做出更大贡献。

参考文献

[1] 陈学东，马聪，张建华，等．食用菌产业信息化与数字化发展存在的问题与对策研究[J]．宁夏农林科技，2021，62(9)：70-74.

[2] 刘素．数字经济背景下农产品企业发展的问题与对策：以贵州食用菌为例[J]．南方农机，2022，53(12)：187-189.

悬挂式起垄播种机的试验与分析

武昌[1]，王尚君[2]，李彦君[2]，邢广青[1]，刘攀[2]
（1. 北京市昌平区农业服务中心　102200
2. 北京市昌平区农业机械化技术推广站　102200）

摘要：为提升昌平区蔬菜种植机械化水平，提高作业效率的同时降低生产成本与劳动强度，本次应用 BCS 拖拉机(K600RS)悬挂精密蔬菜播种机进行播种试验。蔬菜播种机械化举措将切实提高昌平区蔬菜种植水平，特别是设施蔬菜种植机械化水平，为实现设施蔬菜种植全程机械化积累经验。

关键词：播种机械化水平；悬挂式起垄播种机；蔬菜播种

近年来，随着劳动力成本的逐年增长，致使农业种植的投入成本也不断增加、蔬菜种植效益有所下降。经测算，2021 年昌平区设施农业机械化总水平为 57.61%，但种植机械化水平仅为 4.32%，亟待加快发展，补齐短板。设施蔬菜种植机械化技术在提高蔬菜产量、增加农民收益的同时，可促进设施农业绿色高效发展，提升设施农业机械化水平。

当前，昌平区蔬菜种植在播种环节依旧以传统的人工播种为主，成本高、效率低，费时费力。本次试验应用 BCS 拖拉机(K600RS)悬挂精密蔬菜播种机进行播种，旨在切实提高生产效率、降低生产成本和劳动强度，为实现设施蔬菜种植全程机械化积累经验。

1　试验机具

1.1　机具技术参数及功能特点

BCS 拖拉机(K600RS)：整机尺寸为 3 300 mm×1 240 mm×1 200 mm，最小转弯半径为 2.83 m，机身紧凑，机具大小适合在日光温室中作业。前后等轮，可双向行驶。全时四驱，多盘湿式离合器，前置后置差速器。相关技术参数见表 1。

表 1　BCS 拖拉机(K600RS)技术参数

发动机及功率	久保田 4 缸直喷水冷 48 马力柴油机
变速箱	同步齿轮箱：12 个前进档和 12 个后退档
离合器	耐用油浴式多盘离合器
动力输出	独立动力输出 540/750(转/min)，与齿轮箱同步
液压装置	双回路液压输出，独立泵
驾驶方向控制	静液压驱动转向，可双向行驶

精密蔬菜播种机：整机尺寸为 1 200 mm×1 200 mm×1 100 mm，是一款悬挂在拖拉机上面的小粒种子播种机，由开沟器、覆土板、排种漏斗、槽轮、镇压轮、刮土板等部件组成。通过更

换槽轮，可满足不同蔬菜种子的播种需要，播种精度高，可播油菜、菠菜、小白菜、萝卜、韭菜等。相关技术参数见表2。

表2　精密蔬菜播种机主要技术参数

播种方式	槽轮交换式
最小行距/cm	14
开沟深度/cm	0～3可调
开沟宽度/cm	3

1.2　机具结构特点

播种机为悬挂式，外形小巧，转弯半径小，适合在温室中作业。

2　试验设计

2.1　试验条件

试验选取了昌平区百善镇北京银黄绿色农业生态园1栋日光温室(60 m×7 m)、昌平区兴寿镇北京鑫城缘果品专业合作社1栋日光温室(50 m×8 m)以及昌平区小汤山镇精准农业试验基地内2亩土地进行悬挂式起垄播种机的作业试验。

2.2　试验过程及数据

在北京银黄绿色农业生态园进行了悬挂式起垄播种机的作业试验(图1)，起垄播种6垄，作物为油菜，品种为绿锦二号，完成1栋起垄播种的用时为19 min 7 s。详细数据见表3。

表3　北京银黄绿色农业生态园播种作业试验数据

作物种类	品种	垄面宽度/cm	起垄深度/cm	播种行数	播种深度/cm	播种时间(6垄)	株距/cm	行距/cm	粒径/cm
油菜	绿锦二号	84	19	4	0.3～0.5	3 min 10 s 3 min 20 s 3 min 3 min 15 s 3 min 12 s 3 min 10 s	10	20	0.5

在北京鑫城缘果品专业合作社进行了悬挂式起垄播种机的作业试验(图2)，起垄播种5垄，作物为油菜，品种为京冠一号，完成1栋播种的用时为15 min 39 s。详细数据见表4。

表4　北京鑫城缘果品专业合作社播种作业试验数据

作物种类	品种	垄面宽度/cm	起垄深度/cm	播种行数	播种深度/cm	播种时间(5垄)	株距/cm	行距/cm	粒径/cm
油菜	京冠一号	85	19	4	0.2～0.5 cm	3 min 7 s 3 min 10 s 3 min 3 min 12 s 3 min 10 s	10	15	0.5 mm

图1 北京银黄绿色农业生态园播种作业试验现场

图2 北京鑫城缘果品专业合作社播种作业试验现场

在小汤山镇精准农业试验基地进行了悬挂式起垄播种机的作业试验(图3),起垄播种13垄,作物为菜心,完成2亩露地起垄播种的用时为1 h 20 min(由于试验时土地泥泞,含水率较大,拖拉机不便行走,导致较正常情况下用时略长)。详细数据见表5。

表5 精准农业试验基地播种作业试验数据

作物种类	品种	垄面宽度/cm	起垄深度/cm	播种行数	播种深度/cm	株距/cm	行距/cm	粒径/cm
菜心	油绿70	85	19	4	0.2～0.5	10	15	0.5

图3 精准农业试验基地播种作业试验现场

3 试验结果及分析

3.1 作业质量结果

根据蔬菜播种的技术要求，悬挂式起垄播种机在温室及露地的播种试验非常成功。起垄宽度、起垄深度及垄形符合农机作业标准，播深、株距、行距符合农艺种植要求，三次试验中种子破损、漏播、重播率较低，未出现机械故障。在后续的试验跟踪调查中显示，出苗时间、出苗率及出苗整齐度均符合农艺种植标准，见图 4、图 5。

图 4 出苗效果 1

图 5 出苗效果 2

3.2 对比人工起垄播种

以本次 2 栋日光温室起垄播种工作为例，人工起垄播种需要 4 人工作 1 d，单人费用 160 元/d，合计 640 元。机械化起垄播种仅需要熟练机手 1 名，费用 300 元/d，工作 1 h 需 38 元。拖拉机及悬挂式起垄播种机折旧费用 34.1 万元/10 年/200 d=170 元/d，工作 1 h 约 21 元。油料费用 5 L/h，共计 5 L，35 元。完成 2 栋温室起垄播种工作，人工起垄播种需要 640 元，机械化起垄播种需要 94 元，节省 546 元，成本约为人工的 1/7。作业效率至少是人工的 40 倍。人工起垄劳动强度大、撒种不均匀、株距行距不标准导致蔬菜生长环境差，种子浪费严重，费时费力。应用悬挂式起垄播种机起垄及播种效果良好，完全符合农艺种植要求。详细数据见表 6。

表 6 悬挂式起垄播种机播种对比传统人工播种

起垄方式	作业面积/m^2	人工/人	用时	费用/元
悬挂式起垄播种机	800	1	20 min	94
传统人工起垄播种	800	4	8 h	640

4 讨论与结论

试验结果显示，悬挂式起垄播种机适用于设施温室和陆地的起垄播种作业，无论在农机作业要求、农艺种植标准、作业效率、减小劳动强度上都凸显了它的优势。但是，也存在一定的局限性。例如，悬挂式起垄播种机要求设施温室必须留有机械可进入作业的入口，而昌平区的大多数传统温室只能从一侧的耳房进出，通道狭小还存在 90°拐角，机具无法通过，不具备机械化作业的条件。针对这种情况，农户可以对温室靠近耳房一侧的前骨架进行改造，预设高度不低于 2 m、宽度不低于 1.8 m 的农机作业通道，农机作业提前拆卸下来，作业完成后快速关闭。

此次悬挂式起垄播种机的成功试验，有助于进一步推动设施蔬菜种植机械化的发展，为实现设施蔬菜种植全程机械化积累了重要经验。

参考文献

[1] 杨立国，赵景文．蔬菜产业机械化技术及装备[M]．北京：中国农业科学技术出版社，2020.
[2] 邹国元，杨俊刚，孙焱鑫．设施蔬菜轻简高效栽培[M]．北京：中国农业出版社，2019.

昌平区设施蔬菜生产关键环节机械化技术

刘攀，王尚君，李彦君，陈田福，郭文杰，李想
（北京市昌平区农业机械化技术推广站 102200）

摘要：设施农业是实现都市现代农业的重要形式，在丰富城市“菜篮子”供应，促进农民增收中发挥着重要作用。近几年昌平区农业机械化技术推广站引进了先进的设施农业机械，并在园区开展试验示范，通过经验总结，逐步完善，形成配套技术要领，为昌平区设施蔬菜转向全程机械化、智能化、无人化方向发展提供助力。

关键词：设施农业；机械化

设施农业是都市现代农业的重要实现形式，在丰富城市“菜篮子”供应，促进农民增收中发挥着重要作用。为贯彻落实2021年中央一号文件《关于全面推进乡村振兴加快农业农村现代化的意见》，昌平区农业机械化技术推广站以习近平新时代中国特色社会主义思想为指导，强化现代农业科技和物质装备支撑，加快推进设施种植现代化，提高农机装备自主研制能力，加大购置补贴力度，开展农机作业补贴，走出一条中国特色的农业机械化发展道路，助力乡村振兴，加快农业农村现代化，为全面建设社会主义现代化国家、实现第二个百年奋斗目标做出新的贡献。

依据北京市农业农村局、北京市财政局印发《关于促进设施农业绿色高效发展的指导意见》，到2025年年底，设施农业机械化水平达50%。目前昌平区设施农业的机械化水平不高，急需提升。其中种植、植株调整与采收、运输方面机械化水平、追肥机械化水平较低，耕整地、环境调控、施药机械化水平有待提高。人工作业劳动强度大、用工成本高、农户经济效益低，已不能满足设施农业的发展需求，亟待加快发展。为加快实现昌平区设施种植机械化技术发展，推进各环节机具装备的协同配套，需要构建区域化、标准化的设施种植机械化技术体系。新时期，充分发挥市场在资源配置中的决定性作用，让设施农业成为“菜篮子”保供稳价的重要保障，应加快设施装备与设施专用品种和绿色高效栽培技术集成配套，完善技术装备和社会化服务体系，推动设施种植机械化全程全面高质高效发展。在此基础上，昌平区农业机械化技术推广站进行了大量的试验示范。

1 昌平区设施蔬菜现状

目前，昌平区设施蔬菜种植以叶菜类、茄果类、瓜类为主。各园区（农户）设施温室内主要种植作物为叶菜类（白菜、菠菜、甘蓝、油菜、菜心、韭菜、卷心菜、香菜、芥蓝）、茄果类（茄子、番茄）、瓜类（黄瓜、冬瓜、南瓜、西葫芦、苦瓜）。通过调研发现：有机肥撒施、耕整地、水肥一体化、环境调控、植保环节都已实现机械化，在育苗、起垄、播种、移栽、收获等环节都是人工作业，劳

动强度大、成本高，尤其是温室较多的园区，产能提升严重受阻。

昌平区农业机械化技术推广站通过引进先进的设施蔬菜装备，在园区开展大量的试验示范，现已掌握机械化育苗、起垄、播种、移栽重点环节技术，通过近几年引进的先进机械化技术与新技术相结合，设施蔬菜全程机械化已具有雏形，已逐渐向全程机械化方向发展，未来将实现收获、尾菜处理、农产品初加工等环节机械化。到 2025 年昌平区设施蔬菜将要实现“机器换人”，全程机械化规模生产，并向智能化、无人化方向发展。

2 试验分析

2.1 起垄试验

人工起垄需要 4 人工作 1 d，最多完成 4 栋温室（50 m×8 m）起垄作业，折合约 2.5 亩，单人费用 200 元/d，合计 800 元。若规模保有 100 栋温室，则需 25 d 完成，此时蔬菜已错过最佳上市时间。要在 5～7 d 完成起垄作业，需追加临时用工，生产成本上升，收益极低。机械化起垄播种一体化，仅需要熟练机手 1 名，费用 300 元/d，拖拉机及悬挂起垄播种机折旧费用 10 万元/10 年/200 d＝50 元/d，油料费用 3 L/h，共计 30 L。一天时间能高效完成 20 栋温室作业，折合约 12 亩。相比人工节省 210 元，机械化起垄播种，工作效率高，一穴一粒，节省种子，减少生产成本，省时省力。

2.2 移栽试验

使用半自动移栽机完成 4.5 亩温室的番茄移栽作业，共用时 1.5 d。通过对比，以往人工移栽，需进行测量、打孔、搬运种苗、移栽、覆土，需 5 人操作，4.5 亩温室需 1.5 d 完成，按 160 元/d 计算，1.5 d 完成费用共计 1 200 元，约 267 元/亩。机械化移栽只需一人操作，机手费用按 300 元/d 计算，人工费用共计 450 元，折合 100 元/亩，移栽机折旧费用 7.7 万元/10 年/200 d＝38.5 元，折合约 12.6 元/亩，油料费用折合 5.4 元/亩，机械化移栽费用共计约 118 元/亩，同比节省约 149 元/亩。

使用全自动移栽机试验共完成 5 栋温室（50 m×8 m）的蔬菜移栽试验，折合约 3 亩，平均用时 30 min/栋。人工作业平均 1 人 1 d 能完成 2 栋温室的移栽工作，对比之下，移栽机的工作效率是人工的 8 倍。以本次 5 栋温室（50 m×8 m）移栽工作为例，人工移栽需要 1 人工作 2.5 d，费用 160 元/d，合计 400 元。机械化移栽仅需要熟练机手 1 名，费用 300 元/d，工作 2.5 h，需 94 元。移栽机折旧费用 12.98 万元/10 年/200 d＝65 元/d，工作 2.5 h 约 20.5 元。油料费用 1 L/h，共计 2.5 L，费用 17.5 元。完成 5 栋温室移栽工作，人工移栽需要 400 元，机械化移栽需要 132 元，节省 268 元，成本仅为人工的 1/3，每亩节省约 134 元。

育苗流水线已投入使用，效率极高，可实现 200 盘/h（220 穴/盘）。不足之处是园区需配备专业育苗技术人员，后期管理苗高控制在 6～10 cm，流水线仅能实现 220 穴播种，蔬菜种类较多还需要 72 穴、108 穴等。园区还需拓展销售渠道。

当前，昌平区起垄覆膜铺管已实现一体化，操作简单，工作效率高。不足之处是缺少动力机械，35 马力拖拉机现今已不能满足设施蔬菜起垄需求，至少需 50 马力以上的拖拉机，因此亟待解决拖拉机更新换代、置换补贴等问题。

播种已实现精量化，一穴一粒，一穴多粒。不足：只限圆形种子或包衣种子，不规则种子需进行丸粒化或采用种子编织机进行编绳种植。

移栽机分为半自动和全自动移栽机，半自动移栽机自动作业 1 亩/h，全自动作业 2～3 亩/

h。不足：育苗标准较高，半自动移栽机对幼苗要求苗高 18 cm 以下，直径 5 cm，全自动对幼苗要求高度 6～10 cm。

机械化技术尚在试验阶段，菜心、芥兰收获效果较好。不足：作业过程会破坏蔬菜的品相，降低了农户的收益。

3 小结

2022 年昌平区以培训会、现场会等方式进行培训和宣传，把成熟的技术进行大面积推广并辐射带动周边农户，完成推广蔬菜机械化起垄作业，作业面积达 120 000 m^2，约 180 亩。在实践中还发现，草莓起垄机不仅可完成草莓起垄也可适用于大葱开沟、培土，以及萝卜、白菜起垄。全区共计推广悦田专用草莓起垄机 3 台，悬挂式草莓开沟起垄机 4 台，实现了一机多能。

目前虽然已突破设施蔬菜关键环节机械化技术，但还存在很多不足之处，接下来我们将不断改进并结合园区需求，引进先进的农业机械设备，例如，种子编织机、育苗流水线、自动化丸粒机、自走式线播机、悬挂式起垄覆膜线播机、尾菜藤蔓打捆机等设备。昌平区打造全程机械化技术示范园，实现园区（农户）规模化生产，同时辐射带动周边种植户，最大程度地降低生产成本，提高园区（农户）收益，向省时省力化发展，并形成设施蔬菜全程机械化技术模式，整体提升昌平区设施机械化水平。

未来工作方向：重点推进全区设施农业机械化水平，补齐短板、提高种植和采运环节机械化水平，借助创建“全国设施农业全程机械化示范县”为契机，力争两年内率先通过创建活动来全面提升全区农机化水平。同时推进农业设施提升和改建，达到宜机化要求。希望今后能与更多的专家团队合作，开展智慧农业“无人农场项目”试点研究，紧跟智慧农业步伐，提高农业设施智能化水平，示范引领全区农业发展。打造一家“智慧菜园”场景、一家“智慧草莓园”场景、一家“智慧果园”场景和一个小麦、玉米“千亩无人农场”。主要是建设智慧温室全息化监测网络、智慧蔬菜综合管控平台、智慧蔬菜智能装备、草莓智慧管控云托管服务系统、果园智能装备与平台和千亩无人农场作业装备体系，覆盖园区日光温室和果园的生产全流程，包括蔬菜和草莓智能化生产技术，形成无人化、少人化的生产技术体系，全面提升设施和果园产业全环节智能化水平，提高园区智慧化、科学化管理能力。

参考文献

[1] 王尚君，李彦君，路河. 草莓生产全程机械化技术宣传册[Z]. 2019.

[2] 杨立国，赵景文. 蔬菜产业机械化技术及装备[M]. 北京：中国农业科学技术出版社，2020.

农业安全与环境保护

农业生产经营，既要追求农产品质量和经营效益，更要注重生态环境保护。新时期，统筹复耕复垦地块等各类农业用地的使用现状，围绕土壤肥料对农产品质量的影响、农药残留定性和定量检测分析、农业面源污染地下淋溶检测、有机肥替代化肥技术、农业废弃物综合利用等课题，昌平区农技推广人员认真对标对表、深耕农业一线，做出了新的尝试并取得相应的进展，为促进昌平区农业高质量发展提供助力。收入本章的论文，充分说明兼顾经济效益、生态效益和社会效益，对于推动农业提质增效、产业转型升级的重要性。

土壤检测项目与方法

王彬娜,柴静;[1]张伟胤,阚瑀璠[2],崔美丽[3]
(1. 北京市昌平区耕地保护站　102200　2. 昌平区畜牧水产技术推广站　102200　3. 昌平区植保植检站　102200)

摘要:本文从土壤常规检测角度,结合工作实践,着重强调土壤样品检测方法遵循的原则、取样及样品制备等几个关键环节,以确保土壤检测数据的准确性和有效性,为农业生产实践提供参考。

关键词:土壤;检测方法

作物生长离不开各种元素的支持,土壤中各种元素的含量对作物的产量与质量有直接的影响。土壤养分检测是对土壤中各种成分的含量进行精确的测算,从而为合理配肥施肥提供科学的理论依据。近年来,测土配方、耕地质量评价等项目不断得到实施与推进,但这些项目往往需要土壤样品养分分析及检测数据的支持才能得出相应的结论与评价。近几年涉及的土壤常规养分指标分析、测土配方等养分检测,实际采用的检测方法按照国家标准、行业标准主要包括:土壤有机质(重铬酸钾容量-外加热法)、土壤水解性氮(碱解扩散法)、土壤速效钾(乙酸铵浸提-火焰光度计法)、土壤有效磷酸性土壤(盐酸-氟化铵提取-钼锑抗比色法)、土壤有效磷碱性土壤(碳酸氢钠提取-钼锑抗比色法)、土壤 pH(电位法)、土壤 EC 值(电导率法)等常用的土壤检测方法。

1　土壤有机质:重铬酸钾容量-外加热法

原理:在外加热条件下,用过量的重铬酸钾-硫酸溶液氧化土壤有机碳,多余的重铬酸钾用硫酸亚铁标准溶液滴定,有消耗的重铬酸钾按氧化校正系数计算出有机碳量,再乘以常数 1.742,即为土壤有机质含量。检测方法及步骤:

1.1　土样处理

用分析天平称取 0.250 0 g(过 0.149 mm 孔径)的风干土样(称样量根据有机质含量范围而定),分别放入三角瓶中,每个土样各做 3 个平行样品,用移液器缓慢准确地加入 0.8 mol/L 重铬酸钾 5 mL 和浓硫酸 5 mL,迅速摇匀。将加样后的三角瓶迅速封口并且放入电热恒温水浴锅中,100 ℃恒温 30 min 后取出,用蒸馏水清洗三角瓶瓶壁,使体积保持在 60 mL。

1.2　土壤有机质含量测定

消煮后溶液颜色通常为黄色或略带绿色的黄色,如果主要为绿色,则意味着土壤有机质含量偏高,重铬酸钾-硫酸剂量不足;当滴定过程中消耗的硫酸亚铁量少于空白用量的 1/3 时,也有可能出现不完全氧化。出现以上 2 种情况,都应增加重铬酸钾-硫酸用量或减少土样称样量重新测定[1]。

2　土壤水解性氮

碱解扩散法，在扩散皿中，土样在碱性条件下水解，使易水解氮转化为氨态氮，由硼酸溶液吸收，以标准酸滴定，计算碱解氮含量。

检测方法及步骤，称取风干土样($d \leqslant 2$ mm)2.00 g 置于扩散皿(图 1)外室并轻轻旋转铺平；吸取 H_3BO_3—指示剂溶液 2 mL 置于扩散皿内室；在扩散皿外缘涂碱性胶液，盖上毛玻璃并旋转，使其与皿边完全黏合；轻轻向前平推开毛玻璃至扩散皿外室露出一条狭缝，迅速向扩散皿外室加入(1 mol/L)NaOH 溶液 10 mL，立即盖严，轻轻旋转扩散皿，使 NaOH 溶液与土壤完全混合。用橡皮筋紧固毛玻璃，置于(40±1)℃恒温箱中，碱解扩散(24±0.5)h。用标准 HCl 或 H_2SO_4 滴定扩散皿内室中 H_3BO_3 吸收的 NH_3。

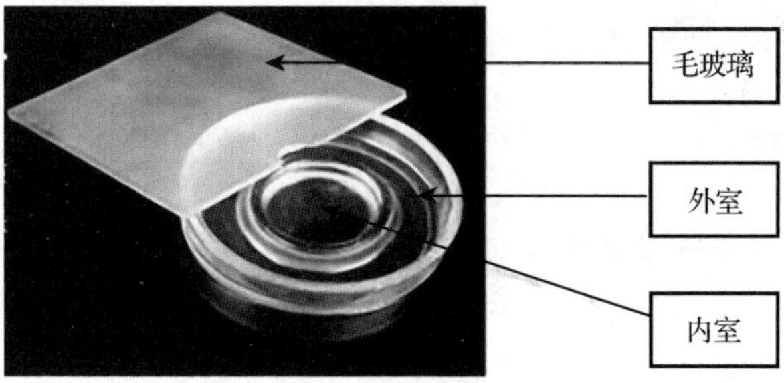

图 1　常规扩散皿

3　土壤速效钾：乙酸铵提取——火焰光度法

原理：NH_4^+ 与土壤胶体表面的 K^+ 进行交换，连同水溶性钾一起进入溶液。浸出液中的钾可直接用火焰光度计测定。检测方法及步骤如下：

3.1　测定分析步骤

称取经 110 ℃烘 2 h 的氯化钾(优级纯) 0.190 7 g，用水溶解后定容至 1 L，贮于塑料瓶中；也可直接购买钾标准溶液。称取通过 2 mm 孔径的风干试样 5.00 g 放于 200 mL 的塑料瓶中，加入 50 mL 乙酸铵溶液(土液比为 1∶10)，盖紧瓶塞，摇匀，在 20～25 ℃下，150～180 r/min 振荡 30 min，过滤。用乙酸铵溶液调节仪器零点，滤液直接在火焰光度计上测定，同时做空白试验。核准曲线的绘制：分别吸取 100 μg/mL 钾标准溶 0 mL、3.00 mL、6.00 mL、9.00 mL、12.00 mL、15.00 mL 于 50 mL 容量瓶中，用乙酸铵溶液定容，即为浓度 0 μg/mL、6 μg/mL、12 μg/mL、18 μg/mL、24 μg/mL、30 μg/mL 的钾标准系列溶液，同样品一样用火焰光度计测定，绘制标准曲线或求回归方程。

3.2　结果计算

根据公式：速效钾(K) $= \rho \cdot V \cdot D \times 1\,000\, m \times 10^3$

式中：ρ-查校准曲线或求回归方程而得测定液中的钾的质量浓度(μg/mL)；V -加入浸提剂体积(50 mL)；D-稀释倍数，若不稀释则 $D=1$；10^3 和 1 000 分别为将 μg 换算成 mg 或 g 换算成 kg；m -风干试样质量(g)。

平行测定结果以算术平均值表示，结果取整数。精密度：平行测定结果的相对相差不大于 5%。不同实验室测定结果的相对相差不大于 8%[3]。

4 土壤有效磷(酸性土壤)

盐酸-氟化铵提取-钼锑抗比色法原理：酸性土壤中的磷主要以 Fe-P 和 Al-P 形态存在，利用 F^- 在酸性溶液中络合 Fe^{3+} 和 Al^{3+} 的能力，使一定量的磷酸铁、磷酸铝中的磷释放出来。同时 H^+ 亦溶解出部分活性较大的 Ca-P 中的磷。

4.1 操作

称取通过 2 mm 孔径筛的风干试样 2.50 g，置于 200 mL 塑料瓶中，加入约 1 g 无磷活性炭和(25±1)℃的碳酸氢钠浸提剂 50.00 mL，摇匀，于恒温水浴摇床上用(180±20) r/min 的频率振荡 (30±1) min，立即用无磷滤纸过滤于干燥的 150 mL 三角瓶中。吸取滤液 10 mL 于 25 mL 比色管中，缓慢加入显色剂 5.0 mL 慢慢摇动，排出 CO_2 后加水定容至刻度，充分摇匀。在室温高于 20 ℃处放置 30 min，用 1 cm 光径比色皿在 7200 型可见分光光度计波长 700 nm 处比色，测量吸光度。

标准曲线绘制：吸取 5 μg/mL 的磷标准溶液 0 mL、1.00 mL、2.00 mL、3.00 mL、4.00 mL、5.00 mL、6.00 mL 于 25 mL 色管中，加入浸提剂 10.00 mL，显色剂 5.00 mL 慢慢摇匀，排出气泡后加水定容至刻度。系列溶液中磷的浓度依次为 0 μg/mL，0.20 μg/mL，0.40 μg/mL，0.60 μg/mL，0.80 μg/mL，1.00 μg/mL，1.20 μg/mL 测量吸光值，绘制标准曲线及回归方程。

4.2 结果

结果在 Olsen 法测定有效磷的过程中，溶液中的含磷量与反应生成钼蓝溶液颜色的深浅成正比，颜色越深，说明含磷量越高。

由于碳酸氢钠土壤浸提液多数都带有一定的颜色，多数为黄色，传统采用活性炭吸附的方法消除颜色的干扰[4]。

5 土壤 pH

电位法原理：采用电位法测定土壤 pH 是将 pH 玻璃电极和甘汞电极插入土壤悬液或浸出液中，测定其电动势，再换算成 pH。在酸度计上测定，经过标准溶液定值后可直接读取 pH。

5.1 土壤样品采集

每个样地按"S"形布点取样 20 份，采样深度为 0～10 cm，将 20 份土样去除植物根系和石块，混匀后装至样品袋，土壤样品室内风干，压碎后过 1 mm 筛保存。

5.2 土壤 pH 的测定

称取通过 1 mm 筛孔的风干土样 10 g 置于 25 mL 烧杯中，加蒸馏水 10 mL 混匀，静置 30 min，将玻璃电极球浸入悬液泥层中，并将甘汞电极侧孔上的塞子拔去，甘汞电极浸在悬液上部清液中，测读 pH。

5.3 数据处理

所有数据均用 SPSS 22.0 分析[5]。

6 土壤 EC 值

电导率法原理：土壤中水溶性盐是强电解质，在水溶液中呈带电荷的离子，因此溶液具有导电作用。溶液导电能力的强弱以电导率表示,可用电导仪测定。检测方法及步骤:称样 10 g 待测样品(20 目,自然风干样)于 250 mL,可密封塑料瓶中。

用容量瓶准确量取 50 mL 去 CO_2 水,倒入塑料瓶中(同时做两个空白试验)盖好瓶盖(检漏),放入振荡机中,振荡速率 180 次/min,振荡 5 min 后,取出塑料瓶,将瓶中浸提液倒入相对应的三角瓶上的滤纸中过滤,用电导仪测定。

7 结语

土壤是一个复杂的体系,土壤中的元素种类多、性质不同,在活性方面也极不相同。我国目前常规土壤测试方法仍然采用以单一元素浸提为基础的测试方法,而多元素联合浸提以及土壤养分分析智能化是土壤测试发展的新趋势,应积极利用先进的仪器设备,采用工作效率高、准确性高的测定方法。

在实际土壤样品分析中还会有一些影响检测结果的因素,如人员的检测水平、原始数据的记录、有效数字的修约、标准溶液的配制等,只有提高土壤测试效率和准确性,才能充分发挥指导农民合理施肥与实现增产、增收和保护环境的作用。

本文主要阐述了实际工作中常用的几种检测方法,希望对土壤样品检测工作及结果数据评估发挥一定的借鉴作用。

参考文献

[1] 李晓萍,梁哲军,杨志国,等,土壤有机质测定方法的改进与探索.[J]. 现代农业科技,2021(20):155-157.

[2] 侯建伟,邢存芳,杨莉琳. 土壤碱解氮测定方法优化改革[J]. 西南师范大学学报(自然科学版),2021,46(7):45-49.

[3] 孙兰香. 乙酸铵浸提——火焰光度计法测定土壤速效钾[J]. 现代农业技,2008(17):199.

[4] 张飞龙. Olsen 法测定土壤中有效磷的方法优化及检测研究[J]. 西藏农业科技,2016,38(4):33-37.

[5] 黄翔,陈钢,洪娟,等. 耕地土壤 pH 测定方法比较研究[J]. 湖北农业科学,2021,60(19):106-109.

昌平区土壤养分与施肥现状调查

沈兰，张卫东，杨海霞，张雪姣，刘敏，王丽
（北京市昌平区耕地保护站 102200）

摘要：为了及时了解昌平区土壤养分状况，助力昌平区农业健康可持续发展，本研究对2022年昌平区耕地土壤养分与施肥情况进行分析，得出昌平区不同类型土壤养分及施肥情况。设施草莓、蔬菜土壤养分为较高水平，粮田土壤有机质中氮、磷含量处于中低水平，钾处于高水平；化肥施用量整体稳中有降。建议多渠道继续推广土肥技术、加强对耕地质量动态监控。

关键词：土壤养分；施肥；草莓

土壤养分状况是衡量土壤生产能力的基础指标，是促进昌平区农业高产稳产的前提，是推进农业供给侧结构性改革、提高农业综合效益和竞争力的重要保障。随着昌平区土地利用形式和管理方式的调整，土壤养分状况势必会发生改变。因此，对昌平区耕地地力调查迫在眉睫，摸清耕地质量状况，摸清影响耕地质量的因素与存在问题，通过对已有数据整理和实地调查，及时了解昌平区土壤养分状况，并归纳总结出养分演变规律，是掌握土壤肥力的有效途径。本研究在昌平区开展土地地力调查，综合分析农地分布数据，了解昌平区耕地肥力质量状况，分析存在问题，为提高农业综合生产能力，实现农业增效、农民增收、农业可持续发展起到一定的促进作用。

1 昌平区耕地及产业分布状况

昌平区位于北京城区西北部，地理坐标为北纬40°2′18″～40°23′13″，东经115°50′17″～116°29′49″。南与朝阳、海淀两区为邻，北与延庆区相交，西及西南与河北省的怀来县、北京门头沟区毗连，东与顺义区、怀柔区接壤。昌平区总面积为1 352 km^2，西部和西北部为群山怀抱，山区面积占全区总面积的53.6%。这里地质地貌多种多样，自然景色秀美，文物古迹丰富；交通便利，京张公路、京八高速公路和京包铁路纵穿南北，京通铁路和京密运河贯穿东西。

1.1 地质地貌

全区地貌形态较为复杂。山区的形成受燕山运动的影响很大，以南口关沟为界，西北部山区为太行山系，北部山区则统称军都山，属燕山山系。区内平原，主要是由渤海沉降凹陷和多年冲积物所填形成的华北平原的西北边缘。全区地势西北高、东南低，呈阶梯状下降。在太行山、燕山山地和平原部分的衔接地带，分布着土层深厚的岗台地，为果粮间作区。

在燕山运动的影响下，西北山区整个地质历史时期，沉积岩发育完全，山体陡峻，主要以石灰岩为主。北部山区由于岩浆侵入，分布着大量的花岗岩、正长岩、古老的沉积岩等。

昌平区内主要河流是温榆河，它的主要上源有南沙河、北沙河、东沙河、蔺沟河 4 个支流，并在沙河镇和曹碾村汇合，形成向心状的温榆河水系。

1.2 气候特征

昌平区属温带大陆性半干旱季风气候。冬季寒冷干燥，春季干旱多风，夏季雨量较多。根据北京市昌平区统计年鉴：

温度：昌平区年平均气温 11.8 ℃。全区温度分布由东往西、自南而北，逐渐降低，山前地区热量堆积，形成山前暖带。

降水量：昌平区年平均降水量 550.3 mm，雨季集中在 6—8 月，山区较平原降水量偏多。

日照：平均日照时数 2 684 h。

风速：冬春季以西北风为主，夏季以西南风为主，春季平均风速 2.8 m/s。

1.3 土壤及产业分布

全区土壤呈规律性变化。海拔 800 m 以上的中山地区，零星分布着棕壤，其余低山地带以淋溶褐土为主。运河以北至山前山麓阶地，成土母质为洪积冲积物，主要土壤类型为褐土，山前为果树带，果树带下部以粮菜为主。运河以南为平原，成土母质为洪积冲积物，主要土壤类型为潮土，主要作物为粮菜、饲草、苗木等。

昌平区草莓产业主产区位于东部平原地区，在北纬 40°线附近，是国际公认的发展设施草莓栽培的优选区域，为草莓产业提供了理想的种植环境，主要包括兴寿、崔村、北七家、小汤山、百善、南邵等镇。2021—2022 年，全区种植草莓共计 5 050 栋，涉及 13 个镇、79 个村、近 1 500 户种植户，成功创建了草莓国家级农业标准化示范区（草莓产业现状来源于北京市昌平区人民政府网）。昌平区大力支持草莓产业发展，出台了《北京市昌平区人民政府关于扶持农业产业化发展的意见》（昌政发〔2016〕9 号）文件，补贴政策包含草莓种苗、蜜蜂、用于活性土壤的生物菌剂、农药、土壤化学消毒、新建立体基质栽培草莓的温室、半基质栽培的温室、后墙壁挂式管道栽培、基质更新[1]。

2 土壤样品采集与分析

2.1 土样采集

土壤样品的采集是整个测土施肥工作的基础。根据昌平区农作物种植特点，尽量提高样品的代表性，样品采用梅花形、S 形或 X 形多点（10～15 点）混合。

2.2 土壤样品检测方法

根据测土配方施肥项目要求对所采集的全部样品及时风干、检测分析。检测项目有大量元素（全氮、碱解氮、速效钾、速效磷）、其他元素（有机质、pH、EC 值）项目检测。按照农业农村部测土配方施肥技术规范中要求的方法进行：全氮采用半微量凯氏法测定；碱解氮采用碱解扩散法；速效钾采用乙酸铵浸提——火焰光度计法测定；有效磷采用 $NaHCO_3$ 提取——钼锑抗比色法测定；有机质采用容量法测定；pH 采用电位法；EC 值采用 1∶5 土水比电导率法。

2.3 土壤检测结果评价分析

根据北京市土壤养分分等定级标准对检测数据进行分析，当前昌平区土壤平均有机质含量为 27.0 g/kg，处于极高养分水平，有机质含量富足；土壤全氮、速效钾处于极高水平，碱解氮、有效磷养分均处于高水平；土壤酸碱度平均值为碱性；土壤平均 EC 值含量为 245.1 μS/cm，较 2017 年降低了 1.57%，土壤盐分含量下降。地力培肥和土壤除盐工作成效显著。详见表

表1。

表1 2022年昌平区土壤养分平均值

项目	有机质/(g/kg)	全氮/(g/kg)	碱解氮/(mg/kg)	有效磷/(mg/kg)	速效钾/(mg/kg)	pH	EC值/(μS/cm)
平均值	27.0	0.131	107.2	80.4	260	8.023	245.1

2.3.1 草莓土壤养分检测结果评价分析

由于昌平区保护地草莓属于经济价值较高的水果，属于高度集约化的封闭管理，加之种植户对产量与品质的追求，造成肥料施用过剩的现象。经过多年种植的土壤养分逐年累积，目前昌平区保护地草莓土壤属于高肥力水平，见表2(依据表3《昌平区草莓地块土壤养分分级标准》进行评价)。具体情况如下：有机质平均值31.8 g/kg，处于高等肥力水平的地块比例最高，占检测草莓土壤样品总数的42.86%，中肥力水平占28.57%，低水平较少占28.57%；碱解氮处于高肥力水平占35.48%，处于中、低肥力水平的分别占35.48%、29.03%；有效磷高、中肥力水平占比分别为22.58%、77.42%；速效钾处于高肥力水平地块占比远超中、低肥力水平地块，分别为61.29%、29.03%及9.68%；土壤EC值处于安全水平占比64.52%，受到生长胁迫的占比25.81%，遭受盐害的占比6.45%。

表2 2022年昌平区设施草莓土壤养分平均值

项目	有机质/(g/kg)	全氮/(g/kg)	碱解氮/(mg/kg)	有效磷/(mg/kg)	速效钾/(mg/kg)	pH	EC值/(μS/cm)
平均值	31.8	0.168	132.8	124.2	358	7.9	286.9

表3 昌平区草莓地块土壤养分分级标准

养分级别	耕地土壤养分指标含量分级			
	有机质/(g/kg)	碱解氮/(mg/kg)	有效磷/(mg/kg)	速效钾/(mg/kg)
高肥力	≥30	≥150	≥150	≥240
中肥力	20～30	100～150	50～150	120～240
低肥力	<20	<100	<50	<120

2.3.2 蔬菜土壤养分检测结果评价分析

根据北京市土壤养分分等定级标准对2022年蔬菜土壤检测数据平均值进行评价，有机质31.3 g/kg处于极高养分水平；土壤全氮、碱解氮、有效磷、速效钾养分均处于极高水平；土壤酸碱度平均值为碱性；土壤平均EC值含量为301.2 μS/cm，处于低盐度水平。详见表4。

表4 2022年昌平区种植蔬菜土壤养分平均值

项目	有机质/(g/kg)	全氮/(g/kg)	碱解氮/(mg/kg)	有效磷/(mg/kg)	速效钾/(mg/kg)	pH	EC值/(μS/cm)
平均值	31.3	0.158	120.0	108.3	319.7	7.90	301.2

2.3.3 粮田土壤养分检测结果评价分析

根据北京市土壤养分分等定级标准对2022年粮田土壤检测数据平均值进行评价，有机质

18.2 g/kg 处于中等养分水平；土壤全氮处于极低水平，碱解氮处于中等水平，土壤有效磷处于低水平，速效钾养分均处于高水平；土壤酸碱度平均值为碱性；土壤平均 EC 值含量为 155.5 μS/cm，处于安全水平。详见表 5。

表 5　2022 年昌平区粮田土壤养分平均值

项目	有机质/(g/kg)	全氮/(g/kg)	碱解氮/(mg/kg)	有效磷/(mg/kg)	速效钾/(mg/kg)	pH	EC 值/(μS/cm)
平均值	18.2	0.081	76.8	22.9	130.5	8.22	155.5

3　昌平区施肥调查与分析

调查涉及昌平区草莓种植基地，无公害农产品生产基地、绿色、有机蔬菜生产基地；调查作物包括草莓、蔬菜、粮食作物等。通过对各生产类型基地的年度主要茬口开展调查，获得不同种植作物的施肥品种与施用量情况等农田施肥基础数据。

3.1　不同种植类型及作物品种

本次调查共计回收有效调查表 44 份。调查大田作物 13 份；露地、保护地蔬菜作物 15 份；保护地草莓 16 份。

3.2　调查作物及施肥品种

主要大田作物为冬小麦、春播玉米、夏播青饲玉米，施肥品种单一，为尿素、三元复合肥、缓释肥。

露地、保护地作物：草莓、番茄、大椒、黄瓜、茄子、油菜、芹菜等。施肥品种较多，以草莓作物施肥品种最为丰富多样。

草莓作物施肥品种中有机肥有商品鸡粪、商品羊粪、纯干鸡粪、湿鸡粪、湿牛粪、自制堆沤肥等。还包括豆粕、麻渣等物料。

草莓作物施肥品种中生物菌肥有微生物菌肥(阿姆斯)和水溶性微生物菌肥(东方力源)。

草莓作物施肥品种中有三元复合肥、普钙、石灰氮等以底肥方式施用；大量元素水溶肥、中微量元素肥料以滴灌、灌根、叶面喷施等方式施用。

三元复合肥、大量元素水溶肥、中微量元素肥料品种繁多。

三元复合肥有：15-15-15 型、18-18-18 型(三铵)、16-8-16 型等。

水溶肥主要有：16-5-22 水溶肥，15-10-35、28-8-20(利农丰高氮)、16-10-30(利农丰高钾)19-19-19、N+P+K=20%(农农特黄桶海藻肥)16-6-28(领跑水溶肥)，16-6-32(海大海藻滴灌肥)等。

3.3　施肥方式

粮食作物、饲料作物，施肥种类单一、数量较小，以底施或追施 20 kg 尿素为主，有些地块使用三元复合肥或多元缓释肥。

蔬菜作物，果菜类施肥数量较大，底施有机肥一般在 1 000 kg 以上，并在幼果期、采摘期追施水溶肥。有的园区采取利用上茬作物所施用肥料的后效，采用 0 底肥方式，而后在幼果期、采摘期追施水溶肥以补充养分。叶菜类施肥数量较小，底施有机肥 500 kg 以下，或利用上茬肥料的后效，采用 0 底肥方式，生长期间有一次追肥或无追肥。

草莓作物施肥数量较大，底施有机肥均在 1 000 kg 以上，并在花期、幼果期、果实膨大期、采摘期多次追施水溶肥。因管理方式、技术水平不同，追施水溶肥的次生与浓度都有较大的差异，产量也有较大差异。

3.4 施肥数据统计与分析

通过统计调查数据汇总分析得出，2022 年昌平区蔬菜（含草莓）单位播种面积化肥用量 N 为 7.2 kg/亩，P_2O_5 为 5.34 kg/亩，K_2O 为 9.09 kg/亩，合计蔬菜单位播种面积化肥用量为 21.63 kg/亩，较 2019 年减少了 1.68%；粮田单位播种面积化肥用量 N 为 3.75 kg/亩，P_2O_5 为 2.22 kg/亩，K_2O 为 7.75 kg/亩，合计粮田单位播种面积化肥用量为 7.75 kg/亩；通过加权平均得出昌平区单位播种面积化肥用量为 15.91 kg/亩。当前昌平区耕地化肥用量总体稳中有降，粮田方面由于复耕复垦及昌平区对于撂荒地管理，与去年相比化肥施用量从较低水平缓慢提升。

4 对策与建议

4.1 多渠道继续推广土肥技术、促进农业现代化

当前，昌平区农业生产大多是一家一户的生产维护组，推广部门利用现有人员、经费等条件将先进的农业技术推广到每家每户有很大难度、也不现实，因此，新的农业技术与成果大多通过首先指导种植大户生产，然后通过其发挥示范带动作用进行大面积推广，也有一定效果，但技术覆盖率并不理想。随着社会的快速发展，数字信息化已经深入到人们生活的各个角落，土肥技术推广工作也面临同样的机遇与挑战，目前单纯地依靠技术员走村入户的进行推广工作局限性很强，要与大时代背景接轨，就应与时俱进，充分利用数字媒体传播速度快，效率高等特点，将土肥技术推广工作提升一个新的台阶。

4.2 推进化肥减量，加强耕地质量保护

目前昌平区土壤养分含量分布情况具有明显的地域性，兴寿、崔村镇土壤养分含量较高。施肥应结合不同乡镇的地力情况因地制宜，针对百善、小汤山、南口地区中等水平养分可进行相应的培肥措施。现有土壤检测数据表明，昌平区土壤有机质含量显著增长已经从中级水平演变为较高水平；有效磷含量相较十年前增长显著；速效钾含量年度变化较大，总体表现为显著增长，草莓种植地块速效钾含量较高。近年来，培肥地力工作取得了可观成效。

我国农业水环境污染的主要原因之一就是过量施用化肥，在农业生产过程中，不合理施用化肥，会导致土壤中过剩的化肥淋溶至地下水乃至河流，增加水中的氮、磷等元素富集，降低微生物活性，影响水质，从而对水生态环境造成破坏。同时会出现土壤板结硬化，耕作层变浅，保水保肥功能下降等现象，直接影响农作物的生长。因此，必须大力提高耕地的地力水平，加强防治土壤的环境污染。农作物生长以土壤为基础。优质土壤才能生长出“优质、高产、高效、安全”的农产品。对土壤增补有机质，加强土壤保肥保水功能，改变土壤理化性状，开展零底肥探索、缓释肥效、土壤改良等多技术实践，推广水肥一体化，发展高效节水农艺耕作技术，以及各种化学控制节水技术和生物节水技术。推广秸秆还田，有机废物循环利用等，并通过增施生物菌肥等有效措施增加土壤有机质含量。制定土壤环保宣传工作方案、化肥负增长行动方案等，全面营造化肥减量促进都市农业发展的良好氛围。

4.3 对耕地的质量进行动态管理

耕地是宝贵的农业资源，是最重要的生产要素。中央高度重视耕地质量保护工作，习近平总书记明确提出，“耕地是我国最为宝贵的资源。我国人多地少的基本国情，决定了我们必须

把关系十几亿人吃饭大事的耕地保护好,绝不能有闪失”。必须把开展耕地质量调查与评价工作常态化。通过科学布设昌平区耕地质量调查点位,对调查点位耕地质量的主要性状开展调查,采集调查点位土壤样品并进行相关理化性状的检测,整理校验昌平区土地利用现状图、土壤图、行政区划图等基础图件,形成空间数据和属性数据,按照农业农村部制定的“黄淮海大区域”二级农业区耕地质量评价指标体系进行昌平区耕地质量等级评价,全面掌握全区耕地质量状况并建立耕地质量档案。配套相应的人员与设备,组成市级的耕地质量监测网络,对耕地质量实行动态监测。制定各级监测点的工作内容及技术标准,使耕地质量监测工作做到经常化、制度化、规范化。

参考文献

[1] 于静淏,齐长红,陈加和,等. 昌平区草莓产业发展现状及对策建议[J]. 蔬菜,2021,(S1):0-105.
[2] 陈姝含,王娜,陈健. 对于农村生态水环境治理的思考与对策分析[J]. 中国林业经济,2019(5):10-12.
[3] 李秀芬,朱金兆,顾晓君,等. 农业面源污染现状与防治进展[J]. 中国人口. 资源与环境,2010,20(4):81-84.

昌平区农业面源污染地下淋溶监测试验初探

徐明泽，田硕，阚炜杰，张雷，石春梅，施鹏飞，王娅亚，田振华
（北京市昌平区农业环境监测站　102200）

摘要：为研究土壤氮养分淋失的影响特征，昌平区草莓、蔬菜重点种植镇设置5个地下淋溶监测点位（蔬菜1个、草莓4个），采用田间渗滤池法开展地下淋溶长期定位监测工作。年度监测结果显示，保护地栽培地下淋溶的产生量与灌水方式、灌溉频次、灌溉量有关。N的流失系数在0.87%～91.79%，P的流失系数在0.01%～0.067%，K的流失系数在0.04%～1.24%，养分流失以氮素为主，NO_3^--N是氮素淋失的主要形态。施肥是养分淋失的基础，灌溉是养分淋失的动力，养分的淋失不仅与养分的投入量有关，同时与基础地力水平、灌溉方式均存在一定关系。

关键词：地下淋溶；田间渗滤池；定位监测；草莓；蔬菜

昌平区保护地种植面积约占耕地面积的1/3，种植作物以草莓、蔬菜为主，近年来草莓种植面积稳定在5 000栋，蔬菜约5 000亩，种植年限多为10年以上，连坐现象普遍，因此施肥量大、土壤肥力高、养分失衡、肥料利用率偏低等问题日益明显，造成土壤中氮、磷的过量积累[1]，这不仅造成资源的浪费，过量积累的氮、磷会随着灌溉水以地下淋溶的方式流失[2-4]，由此会引发土壤质量下降、环境风险增加[5]，导致农业面源污染风险增高，农业面源污染是影响水体环境质量的重要原因之一[6]。

为贯彻落实乡村振兴战略，强化土壤污染风险防控，自2019年起昌平区农业环境监测站开展农业面源污染地下淋溶监测项目，旨在摸清昌平区保护地草莓、蔬菜施肥情况，以及目前施肥、灌溉水现状对土壤氮养分淋失的影响特征，对进一步研究适宜施肥方式、施肥量、灌水量奠定基础，对降低农业面源污染风险，改善农业生态环境，保障农产品质量安全，实现农业健康可持续发展具有重要意义。

1　材料与方法

1.1　监测地点

监测地点在北京市昌平区，监测点设置覆盖崔村镇、兴寿镇、南邵镇、百善镇等重点种植镇街。监测点位情况及土壤肥力条件如表1、表2所示。

1.2　监测方法

按照“典型性、长期性、可操作性”的布点原则，在昌平区草莓、蔬菜重点种植镇设置5个地下淋溶监测点位，采用田间渗滤池法[7-8]开展地下淋溶长期定位监测工作，包括保护地蔬菜监测点位1个，草莓监测点4个。每个监测点在温室内均匀埋设3套田间渗滤池装置（图1），按

照传统施肥、灌水方式进行生产管理。一年为一个监测周期(作物生长阶段+农田非种植时段)。

表1　昌平区地下淋溶监测点信息表

点位编号	所在镇街	监测作物
CPLR01	崔村镇	蔬菜
CPLR02	兴寿镇	草莓(南北垄)
CPLR03	百善镇	草莓(东西垄)
CPLR04	南邵镇	草莓(东西垄)
CPLR05	兴寿镇	草莓(南北垄)

表2　各监测点土壤基础肥力条件

点位编号	有机质/(g/kg)	全氮/(g/kg)	NH_4^+-N/(mg/kg)	NO_3^--N/(mg/kg)	碱解氮/(mg/kg)	全磷/(g/kg)	有效磷/(mg/kg)	全钾/(g/kg)	速效钾/(mg/kg)	pH
CPLR01	45.12	2.79	0.51	68.05	196.5	1.74	407.7	20.87	848.63	7.81
CPLR02	40.29	2.25	0.45	44.33	197.13	4.58	263.73	21.36	410.2	8.09
CPLR03	40.12	2.11	1.6	12.17	188.43	1.44	154.4	22.96	430.83	8.5
CPLR04	65.4	3.09	1.01	103.69	246.8	3.12	349.1	19.46	295.87	6.9
CPLR05	30.94	1.66	1.51	13.89	160.9	2.49	307.73	22.12	343.1	8.01

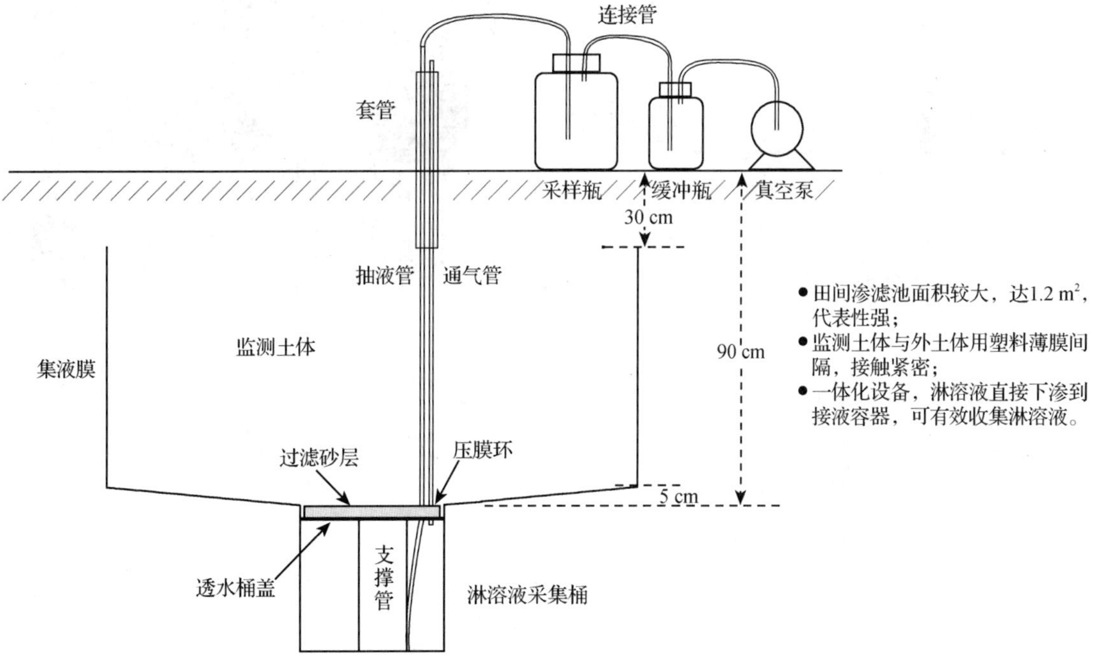

图1　田间渗滤池装置示意图

1.2.1 安装田间渗滤池装置

1.2.1.1 划分监测小区,划定安装位置

以小区中部可代表整体灌溉施肥空间区域为宜。渗滤池长边垂直于作物行向,划定一个长 150 cm、宽 80 cm 的长方形边界,监测小区划定示意图及现场定位如图 2、图 3 所示。

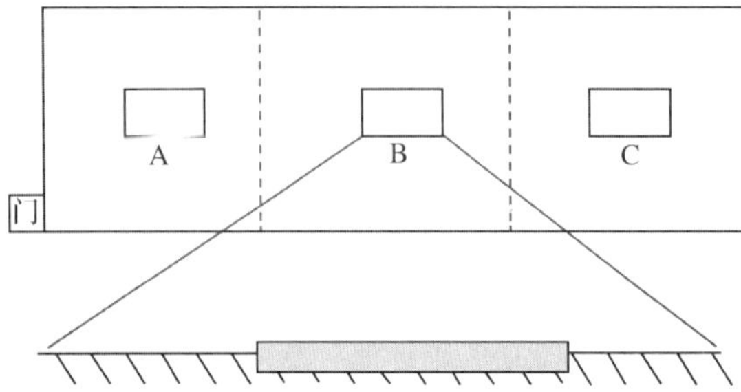

图 2 监测小区分布示意图

图 3 监测小区划定

1.2.1.2 挖土壤剖面

在划定区域内挖掘一个深 90 cm 的土壤剖面,挖掘时按照分四层进行挖掘(0～20 cm、21～40 cm、41～60 cm、61～90 cm),挖出的土壤分别堆放在地表衬垫上,以方便分层回填,操作示意图见图 4、图 5。

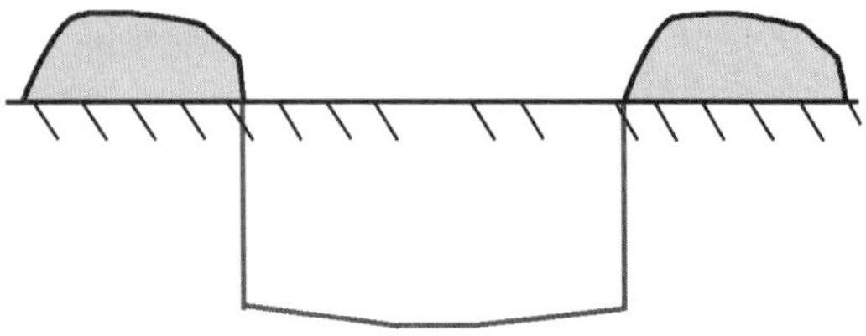

图 4 控制土壤示意图

图 5 控制土壤剖面

1.2.1.3 修整底部、挖小剖面、安装收集桶

铺集液膜、压膜环固定、剪膜、装过滤砂层,操作过程见图 6 至图 8。

1.2.1.4 土壤逐层回填

边回填边压实,回填至距地表 30 cm 时,将集液膜沿回填土表面裁掉,把通气与抽液管穿过套管,套管垂直立于土表,再回填最上层土壤,回填示意图及现场图片见图 9 至图 11。

1.2.2 样品采集

1.2.2.1 土壤

埋设淋溶桶同时采集 0～20 cm、20～40 cm、41～60 cm、61～90 cm 四层土壤基础样本;每季作物拉秧后每个监测小区采集 0～20 cm 混合土壤样品 1 份。

图 6　安装淋溶收集桶

图 7　压膜环固定

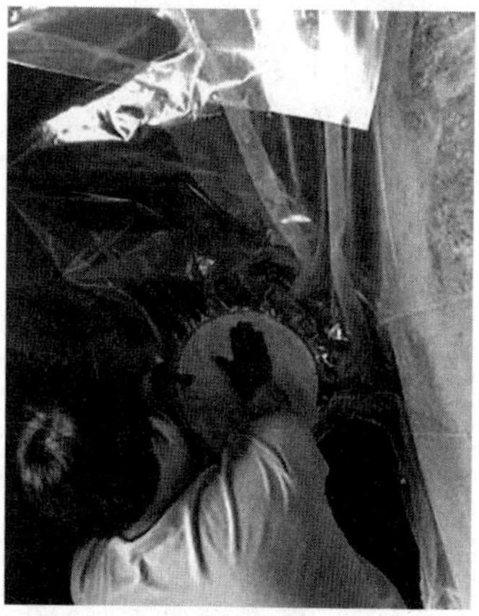

图 8　装填过滤砂层

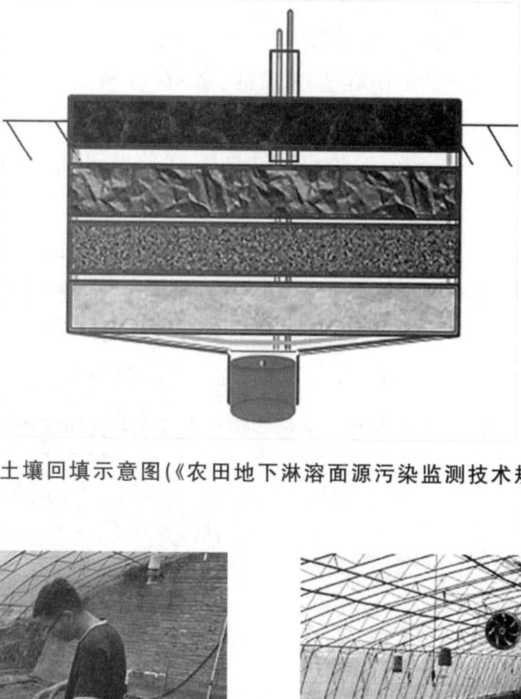

图 9　土壤回填示意图(《农田地下淋溶面源污染监测技术规范》)

图 10　安装套管

图 11　回填完成

1.2.2.2　灌溉水

每月采集一次灌溉水样。

1.2.2.3　淋溶水

每次浇水后 2～3 d，检查淋溶桶有无淋溶水收集，记录淋溶量并采集淋溶水样。

1.2.2.4　可食用农产品

采收期每个监测小区采集可食用农产品鲜样。

1.2.2.5　作物秸秆

每季作物生育期结束后，采集作物秸秆。

2　结果与分析

2.1　灌溉对淋溶产生的影响

各监测点年度灌溉情况及淋溶情况如表 3、图 12 至图 16 所示。从年度监测结果来看，5 个监测点产流系数分别为 41.8%、4.9%、42.1%、25.2%、31.99%，CPLR01-蔬菜监测点和 CPLR03-草莓监测点灌溉量较大，平均单次灌溉量较高，淋溶发生次数多，产生淋溶量较大，在 5 个监测点中产流系数较高。CPLR02-草莓监测点、CPLR04-草莓监测点、CPLR05-草莓监测点管理较为精细，地下淋溶的产生主要集中在土壤消毒、定植、缓苗期，此时期需水量大，单次灌溉量大，正常管理后，采取少量多次的滴灌方式进行灌溉，单次灌溉量小，因此产生淋溶量相对较少，产流系数较低。CPLR02-草莓监测点和 CPLR04-草莓监测点灌溉量相似，且管理均较精细，但因 CPLR04 总灌水量及平均单次灌水量较 CPLR02 高，导致产流系数增加，CPLR05-草莓监测点对比 CPLR02-草莓监测点，CPLR04 总灌水量及平均单次灌水量远高于 CPLR02，所以产流系数也高。因此，保护地栽培地下淋溶的产生量与灌水方式、灌溉频次、灌溉量有关。对保护地栽培来说，灌溉是淋溶的动力，单次灌溉量大，产生淋溶量就相对较多，单次灌溉量小，产生淋溶量就相对较少。因此采取少量多次的灌溉方式，可有效减少地下淋溶的产生，降低农业面源污染风险。

表 3　昌平区地下淋溶监测点灌溉与淋溶情况表

点位编号	灌溉方式	灌溉次数	灌水量/m^3	淋溶次数	淋溶量/m^3	产流系数/%
CPLR01	滴灌	19	227	15	94.86	41.8
CPLR02	滴灌	41	81.9	3	3.98	4.9
CPLR03	滴灌	22	310	15	130.62	42.1
CPLR04	滴灌	46	108.21	9	27.24	25.2
CPLR05	滴灌	16	96	6	30.71	31.99

2.2　肥料投入对养分淋失的影响

2.2.1　氮肥投入对氮素淋失的影响

各监测点氮肥的投入与氮素淋失情况如表 4 所示。从年度监测结果来看，5 个监测点肥料中 N 的总投入量分别为 256.50 kg/亩、28.76 kg/亩、9.52 kg/亩、56.40 kg/亩、28.49 kg/亩，氮素流失系数分别为 5.90%、0.87%、91.79%、6.84%、15.82%。有研究表明，氮素投入量越高，淋失量也越大，但从本年度 5 个监测点的监测数据来看，并未出现明显的趋势。施肥是氮素淋溶的基础，灌溉是设施菜地淋溶的动力，氮素的淋失不仅与氮肥投入量有关，同时与基础地力水平、灌溉方式均相关。

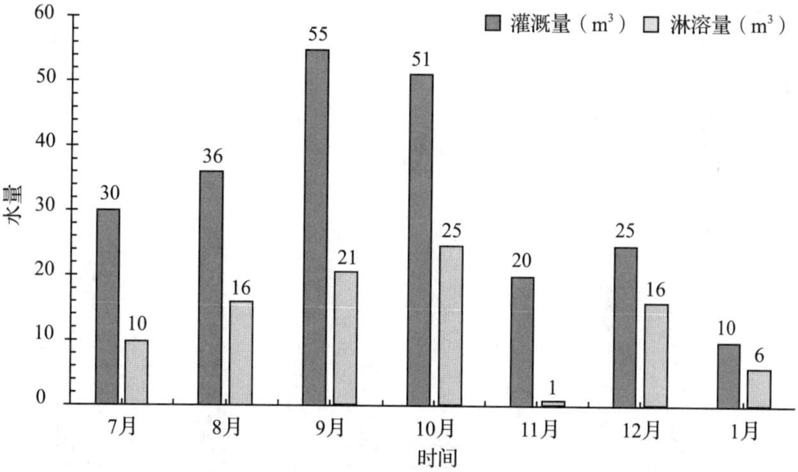

图 12　CPLR01-蔬菜灌溉、淋溶情况

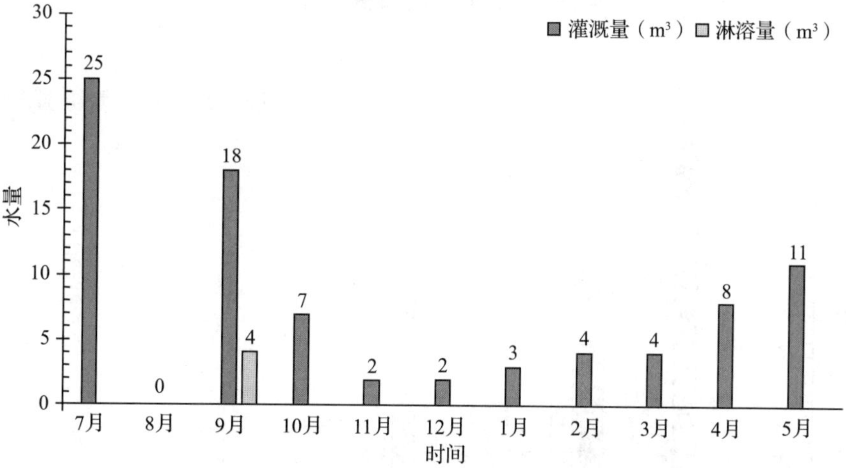

图 13　CPLR02-草莓灌溉、淋溶情况

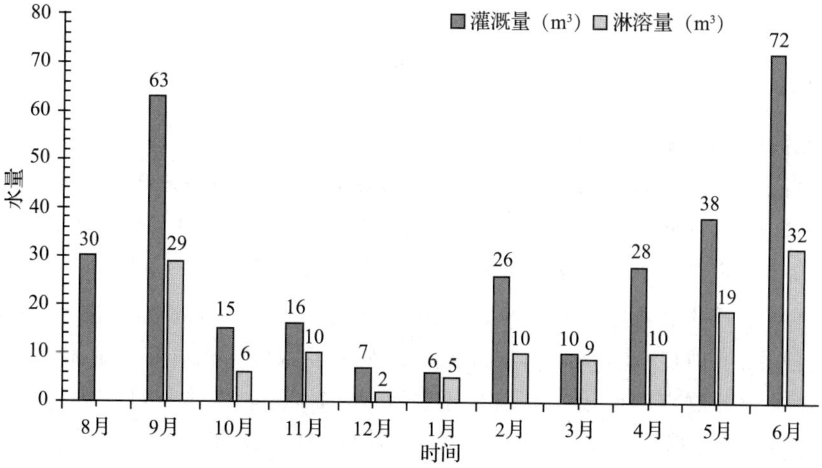

图 14　CPLR03-草莓灌溉、淋溶情况

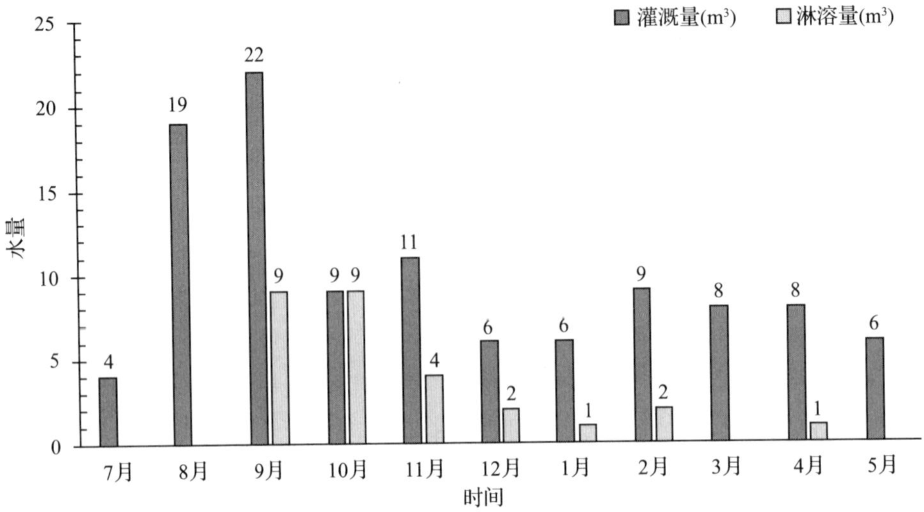

图 15　CPLR04-草莓灌溉、淋溶情况

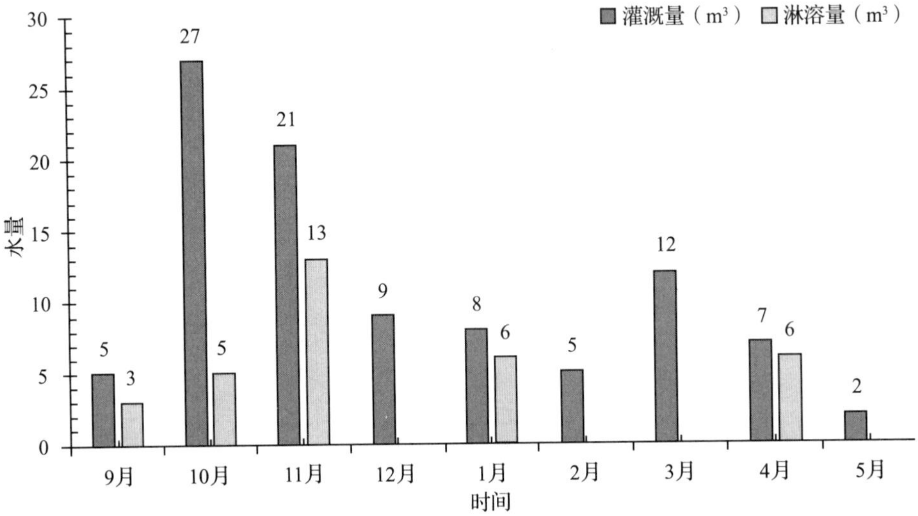

图 16　CPLR05-草莓灌溉、淋溶情况

从年度监测结果来看，5 个监测点 NO_3^--N 淋溶量占可溶性总氮淋溶量的比例分别为 66.4%、63.7%、57.8%、70.4%、61.6%，NH_4^+-N 淋溶量占可溶性总氮淋溶量的比例分别为 0.23%、0.17%、0.23%、0.18%、0.19%，可见氮素的淋失都以 NO_3^--N 为主，NO_3^--N 是氮素淋失的主要形态。这是因 NO_3^--N 带负电荷，不易被土壤吸附，故大量 NO_3^--N 在降雨或灌溉条件下被淋洗向下迁移。由于 NH_4^+-N 带正电荷，易被土壤吸附，故大量 NH_4^+-N 保留在土壤中，只有当土壤中的 NH_4^+-N 达到饱和时，在水流作用下 NH_4^+-N 被淋出土体[9]。

CPLR03-草莓监测点本年度氮素流失系数高达 91.79%，但本年度肥料中 N 的总投入量仅为 9.52 kg/亩，经计算该点位表观氮素利用率为 68.56%，因此该点位本年度氮流失系数过高，因为其土壤本底肥力较高，且本季度施肥量较低，导致 N 流失系数过高。

表4　昌平区地下淋溶监测点N的输入与淋失情况表

点位编号	N投入量/(kg/亩)	可溶性总氮淋溶量/(kg/亩)	NH_4^+-N淋溶量/(kg/亩)	NO_3^--N淋溶量/(kg/亩)	N流失系数/%	表观氮素利用率/%
CPLR01	256.50	22.71	0.05	15.07	5.90	3.17
CPLR02	28.76	0.39	0.00	0.25	0.87	24.20
CPLR03	9.52	15.06	0.03	8.70	91.79	68.56
CPLR04	56.40	5.46	0.01	3.85	6.84	13.83
CPLR05	28.49	7.29	0.01	4.49	15.82	21.18

2.2.2　磷(P)、钾(K)肥投入对磷、钾淋失的影响

各监测点磷肥、钾肥投入与P、K的淋失情况如表5所示。从年度监测结果来看，5个监测点P的流失系数分别为0.10%、0.01%、0.67%、0.16%、0.24%，K的流失系数分别为0.49%、0.04%、1.24%、0.12%、0.36%。磷、钾的投入与钾离子淋溶量相关规律不明显，可能与各监测点本底肥力、灌溉习惯、土壤质地不同有关。

表5　昌平区地下淋溶监测点P、K的输入与淋失情况表

点位编号	P投入量/(kg/亩)	可溶性总磷淋溶量/(g/亩)	P流失系数/%	K投入量/(kg/亩)	钾离子淋溶量/(g/亩)	K流失系数/%
CPLR01	180.84	180.75	0.10	371.01	1 811.06	0.49
CPLR02	12.94	1.03	0.01	38.18	15.57	0.04
CPLR03	1.85	12.44	0.67	13.25	163.91	1.24
CPLR04	24.91	39.87	0.16	64.66	80.64	0.12
CPLR05	8.57	20.54	0.24	36.50	132.63	0.36

3　小结

3.1　保护地栽培地下淋溶的产生量与灌水方式、灌溉频次、灌溉量有关

5个监测点产流系数分别为41.8%、4.9%、42.1%、25.2%、31.99%。设施蔬菜种植相对草莓，灌溉次数虽较少，但单次灌水量相对较大，淋溶产生量相比草莓多，产流系数相对较高。草莓在种植过程中，地下淋溶的产生主要集中在土壤消毒、定植、缓苗期，此时期需水量大，单次灌溉量大，正常管理后，大多采取少量多次的滴灌方式进行灌溉，单次灌溉量小，产生淋溶量相对较少。因此采取少量多次的灌溉方式，可有效减少地下淋溶的产生，降低农业面源污染风险。

3.2　5个监测点N、P、K流失系数

5个监测点N的流失系数在0.87%～91.79%，P的流失系数在0.01%～0.67%，K的流失系数在0.04%～1.24%。保护地栽培模式，氮素在土壤中流失系数相对较大，磷、钾流失系数相对较小，养分流失以氮素为主。NO_3^--N是氮素淋失的主要形态。

3.3　影响养分流失的相关因素

有研究表明，养分投入量越高，淋失量也越大，但本年度监测数据并未出现该趋势。施肥

是养分淋失的基础，灌溉是养分淋失的动力，养分淋失不仅与养分的投入量有关，同时与基础地力水平、灌溉方式均存在一定关系。本年度CPLR03-草莓监测点氮素流失系数高达91.79%，但本年度肥料中N的总投入量仅为9.52 kg/亩，经计算该点位表观氮素利用率为68.56%，因此该点位本年度氮素流失系数过高是因为其土壤本底肥力较高，且因本季度施肥量较低，导致氮素流失系数过高。

参考文献

[1] 刘迪，杜连凤，李顺江，等．不同施肥处理对土壤氮淋溶及设施辣椒品质的影响[J]．农业工程技术，2020，40(22)：66-71.

[2] 韩张雄，董亚妮，王曦婕，等．设施蔬菜地施用磷肥对土壤及环境中磷素积累的影响研究现状[J]．中国农业信息，2016(20)：70-72.

[3] 张桃林．加强土壤和产地环境管理促进农业可持续发展[J]．中国科学院院刊，2015，30(4)：435-444.

[4] 方宇媛，许信旺，吴文忠，等．种植业水环境面源污染及防治对策研究[J]．池州学院院报，2010，24(6)：72-75.

[5] 张宏威，康凌云，梁斌．长期大量施肥增加设施菜田土壤可溶性有机氮淋溶风险[J]．农业工程学报，2013，29(21)：99-107.

[6] 高懋芳，邱建军，刘三超，等．基于文献计量的农业面源污染研究发展态势分析[J]．中国农业科学，2014，47(6)：1140-1150.

[7] 刘宏斌．农田面源污染原位监测方法与实践[M]．北京：科学出版社，2015：19-20.

[8] 姜玲玲，赵同科，杜连凤，等．设施菜地氮淋溶研究方法评价[J]．北方园艺，2018(23)：156-163.

[9] 闫瑞，闫胜军，赵富才，等．农业非点源氮污染研究进展分析[J]．环境保护科学，2014，40(4)：49-55.

昌平区农业生态环境保护工作现状及发展

王揽月[1]，段改莲[1]，周明源[2]，陈卫文[1]，田硕[2]，郭文杰[3]，武昌[1]，谷林[4]，李威威[5]

（1. 北京市昌平区农业服务中心　102200　2. 北京市昌平区环境监测站　102200
3. 北京市昌平区农业机械化技术推广站　102200　4. 北京市昌平区耕地保护站　102200
5. 北京市昌平区植保植检站　102200）

摘要：本文通过对昌平区农业农药、化肥减量增效、农业投入品废弃物回收处置、粪污综合处理、农林废弃物资源化利用、土壤环境监测和农业设施设备减排等农业生态环境保护工作开展情况进行深入剖析，指出农业生态环保存在政策资金不足、统计数据口径不一致和生态环境改善过程缓慢的问题，提出了加大政策扶持必要生态项目、专业化服务组织参与技术服务和加强基层生态环保宣传的发展建议，并给出了以生态指标为抓手推进生态环境保护、加大生态环保设施设备提升改造的创新思路。

关键词：农业；生态环境保护；现状；发展

为践行农业绿色发展和可持续发展理念，昌平区坚持推行农业绿色生产方式，大力发展以节约资源和环境友好型的生态农业，实现生产清洁化、投入品减量化、废弃物资源化和产业模式生态化，着力构筑绿色产业体系。通过对昌平区植保植检站、昌平区耕保站、昌平区环监站、昌平区畜牧水产技术推广站和部分乡镇、农业企业深入调研，结合自身所学、所思、所悟、所得，形成昌平区农业生态环境保护工作现状及发展报告。

1　昌平区农业生态环境保护工作现状

昌平区是首都的生态涵养区，2019 年普查显示，耕地和园地总面积 204 515 亩，其中耕地面积 35 667 亩，板栗、苹果、草莓、食用菌等农产品品种多样，特色鲜明，农业生态环境优美。但随着农业集约化程度不断提高，客观上带来了化肥、农药、农膜等农业投入品使用量增长以及畜禽粪便、污水等农业废弃物的增加。这些问题不仅阻碍了昌平区农业生产的健康发展，同时也给昌平区农业生态环境的可持续利用带来了阻力。近几年来，昌平区农业部门认真落实乡村振兴战略，重点打好大气、水、土壤污染防治“三大战役”，以“一控两减三基本”为目标，以生态农业为抓手，着力推进农业资源利用节约化、生产过程清洁化、产业链条生态化、废弃物利用资源化，以良好的农业生态环境助推昌平区乡村振兴。昌平区还组织实施第二次全国农业污染源普查，摸清农业方面污染源情况；加大养殖场（户）清退力度，推进畜禽生态养殖，开展粪污处理和资源化利用；推进化肥减量，推广测土配方施肥和有机肥替代技术；推进农药减量，推广安全生物农药，开展统防统治和绿色防控；建立农药包装回收、废旧地膜回收网点；开展耕地土壤环境质量监测；推进农业设施设备减排及农作物秸秆综合利用；加强渔业资源保护；加强兽用医疗废弃物处理及病死动物无害化处理；开展农业节水，调整产业结构等。

1.1 化肥减量和有机肥替代

目前，使用化肥对农作物土壤和环境的影响已经逐渐被人们所认识。为了优化用肥结构，减少化肥对土壤和环境的影响，昌平区农业部门已经在化肥减量和有机肥替代上做了积极努力和尝试。据统计，昌平区 2020 年单位耕地化肥用量为 22.23 kg/亩，较 2019 年的 25.8 kg/亩减少 13.84％；并且化肥利用率从 2019 年的 35％提高到了 38％；有机肥推广量在 2018 年 2 850 t 的基础上，到 2021 年突破 10 000 t，3 年间增长数倍，化肥的减量提效和有机肥的替代都取得了较明显的成效。

1.2 农药减量和废旧农药包装回收

昌平区常年农田农药用量 70 余 t(折百量)、100 余个品种，其中，杀虫杀螨剂 40 余个品种、杀菌剂 50 余个品种、除草剂 20 余个品种、植物生长调节剂 10 余个品种，每年可产生 200 余万个农药包装废弃物。由于农户环保意识淡薄、农药使用不科学与大量农药包装废弃物的随意丢弃，致使残留农药流入农田土壤与水系中，对农田景观、美丽乡村和生态环境造成了不良影响。

为减少化学农药和农药包装废弃物对环境带来的不利影响，昌平区制定了《2015—2022 年昌平区农药减量使用实施方案》，并结合农药、植保植检等各项职能工作，以减少化学农药用量为重点，以推广绿色防控技术为抓手，积极开展相关工作(表 1)。

表 1 2020 年北京市农药补贴项目昌平区补贴情况统计表

类别	合计	化学农药	理化诱控	授粉昆虫	生物农药	天敌
补贴金额/万元	262.27	4.84	12.04	18.64	51.83	174.92
占比/％	—	1.85	4.59	7.10	19.76	66.70

通过努力，2021 年昌平区农田农药总用量为 71.64 t(折百量)，比 2020 年的 73.5 t 减少 2.53％、比 2019 年的 76.11 t 减少 5.87％。2021 年农药利用率提升至 45.01％，比 2020 年提高 0.7％、比 2019 年提高 1.7％；农作物病虫绿色防控覆盖率达 55％，比 2020 年提高 5％、比 2019 年提高 9.1％；农作物病虫统防统治覆盖率达 38％，比 2020 年提高 3％、比 2019 年提高 5.9％；单位耕地面积亩均农药用量 254 g/亩(折百量)，比 2020 年减少 12.6％、比 2019 年减少 21.4％；农药包装回收自 2018 年 7 月项目启动至今回收农药废弃包装已超过 800 万个(表 2)。昌平区自开展农药减量和废弃农药包装回收工作以来，农药使用量得到了减少，农药利用率得到了提高，农药包装废弃物回收有了明显成效。

表 2 2021 年农药包装废弃物回收情况汇总表

回收情况	惠农籽种	兴寿服务站	鑫城缘合作社	捷西农科	巨禾农业	圣泉农业	合计
包装袋/个	162 131	188 134	321 152	283 034	376 814	238 150	1 569 415
塑料瓶/个	15 889	176 382	25 710	191 637	245 644	86 940	742 202
玻璃瓶/个	388	8	22	221	3 182	2 074	5 895
合计/个	178 408	364 524	346 884	474 892	625 640	327 164	2 317 512
占回收总数/％	7.70	15.73	14.96	20.49	27.00	14.12	—

1.3 废旧地膜回收

据统计，昌平区常年保护地草莓种植大棚稳定在 5 200 栋(50 m×8 m 标准棚)，保护地蔬菜种植大棚 4 000 栋(50 m×8 m 标准棚)，西瓜 1 000 亩，按照草莓每栋平均产生 7 kg 废旧地膜、蔬菜每栋平均产生 6 kg 废旧地膜、西瓜每亩平均产生 7 kg 废旧地膜，全年产生废旧地膜 48.4 t。这些废旧地膜残存在土壤中，不仅对作物生长产生不利影响，更对农业生态环境造成严重污染。因此，有关部门提倡使用厚度为 0.014 mm 的不易破碎的厚地膜取代习惯使用的 0.01 mm 及以下的薄地膜。同时，按照新旧地膜 1∶2 的兑换比例(即 2 kg 废旧地膜兑换 1 kg 新地膜)实施废旧地膜回收政策。2021 年，全区废旧地膜回收 62.8 t，发放新地膜 16 750 kg，大大降低了废旧地膜对农业生态环境的污染。

1.4 畜牧粪污处理

截止到 2022 年 6 月底，昌平区现有规模化畜禽养殖场 16 家，主要集中在马池口镇和南口镇，约占全区规模养殖场的 70%；养殖大户 59 家(表 3)。全区畜禽规模场和养殖大户共存栏 273 456 头(只)，1—6 月出栏 637 198 头(只)，产粪量 37 646.7 t，产污水量 15 529.39 t(表 4)。

表 3 16 家规模化畜禽养殖场产生粪量和产生污水量(2022 年 1—6 月)

畜别	规模场数/家	存栏/头(只)	出栏/头(只)	产粪量/t	污水量/t
猪	4	12 000	56 941	2 277.6	2 693.7
蛋鸡	2	86 000	271 270	2 668.15	283
肉鸡	1	36 000	163 600	788.4	118.8
奶牛	5	3 964	1 691	23 771.91	9 542
羊	2	683	556	194.5	124.5
蛋鸭	2	75 000	11 000	2 326.87	247.5
合计	16	213 647	505 058	32 027.43	13 009.5

表 4 59 家养殖大户产生粪量和产生污水量(2022 年 1—6 月)

畜别	养殖场数/家	存栏/头(只)	出栏/头(只)	产粪量/t	污水量/t
羊	28	5 543	13 938	1 213.9	1 011.5
蛋鸡	22	52 926	117 548	1 642.03	174.65
肉牛	7	980	654	2 684.5	1 268.04
羊驼	1	160	0	35.04	29.2
鹿	1	200	0	43.8	36.5
合计	59	59 809	132 140	5 619.27	2 519.89

1.4.1 规模化养殖场(户)粪污处理方式

(1)清粪方式主要采用人工干清粪、机械干清粪。

(2)粪污存贮设施有干粪贮存场地、粪污三级沉淀池、粪污存贮池、厌氧/耗氧处理设备、随时装袋委托清运。

(3)粪污处理方式有益生菌除臭消毒、自然堆积发酵、有机肥接种发酵、厌氧/耗氧发酵，发酵池/罐，生产沼气等。

(4)粪污利用消纳方式有农田和林地利用、场区循环利用、生产有机肥。

1.4.2 粪污处理设施及利用情况

通过调研发现,规模化畜禽养殖场粪便存贮都有符合环保要求的“三防”干粪场(即达到防雨、防渗漏、防水浸泡和溢出),有雨污分流设施的占 82.25%以上,污水处理都有污水贮存池或三级沉淀池。污水处理委托清运公司运到污水处理厂处理的占 85%,自有污水处理设备占 15%。养殖场粪便处理模式主要以在农田进行发酵贮存利用为主的占 70.64%以上,有委托第三方生产有机肥的占 17.65%。自有设施进行发酵处理后,自有农田利用或出售的占 11.71%。总体上粪便消纳以农田和林地利用为主的占 94.2%(表 5)。

表 5　16 家规模化畜禽养殖场粪污处理设施设备及利用情况

畜别	养殖场数	粪污处理设施设备情况/家						粪污处理情况/家			粪污利用情况/%
		人工干清粪	机械干清粪	干粪场	雨污分离	三级沉淀池	单个沉淀池	堆肥发酵	直接还田	委托第三方	
猪	4	4	0	4	4	3	1	4	0	0	95
蛋鸡	3	1	2	3	2	2	1	3	0	1	96
鸭	2	2	0	2	2	1	1	2	0	0	94
奶牛	5	0	5	5	5	5	0	5	0	2	93
绵羊	2	2	0	2	0	0	2	2	0	0	93
合计	16	9	7	16	13	11	5	16	0	3	94.2(平均值)

养殖大户利用干粪贮存场地堆积发酵的占 6.8%,利用临时存放场地或农田林地自然堆积发酵的占 81.3%,不经处理直接农田利用的占 11.9%。利用污水存贮池存贮污水的占 6.78%。总体上,粪便消纳以农田和林地利用为主的占 82.4%(表 6)。

表 6　59 家养殖大户粪污处理设施设备及利用情况

畜别	养殖场数	粪污处理设施设备情况/家						粪污处理情况/家			粪污利用情况/%
		人工干清粪	机械干清粪	干粪场	雨污分离	三级沉淀池	单个沉淀池	堆肥发酵	直接还田	委托第三方	
蛋鸡	2	22	0	1	0	0	1	18	4	0	85
肉牛		7	0	2	0	0	1	5	2	0	80
羊	7	28	0	1	0	0	2	27	1	0	81
羊驼		1	0	0	0	0	0	1	0	0	83
鹿		1	0	0	0	0	0	1	0	0	83
合计	9	59	0	4	0	0	4	52	7	0	82.4(平均值)

1.5 农林废弃物处理

为保障北京清洁空气,打好“蓝天保卫战”,切实改善秋冬季空气质量,昌平区严防秸秆焚烧污染环境,积极推进综合利用促进农作物秸秆禁烧,安排保护性耕作、秸秆还田、果树枝条粉碎还田以及农林废弃物处理和运输等应急处置作业服务。昌平区开展新型农业机械装备的引进、示范、推广,引进 JK1250/500 综合破碎机、ZN-130 全液压遥控割草机、BCSK600 四轮拖拉机及配套果园除草机和碎枝还田机等一系列先进农业机械新装备100余台(套)。开展新农作物秸秆处理站运行模式探索,利用阳坊镇、延寿镇和十三陵镇现有场地设施建成3处农作物秸秆与园林绿化废弃物处理站,每站配备中型规模粉碎处理设备1台及配套工作平台、防护和消防设备,以及工程装载机械等。年处理能力达6 000 t,逐步形成区财政及区农业部门提供技术支持和补贴机具设备、镇政府提供场地、水电并组织收集处理、企业进行市场化开发利用的区、镇、企三结合的农林废弃物处理利用模式。

1.6 耕地土壤质量监测

开展全区土壤污染状况详查,查明农用地土壤污染面积、分布及其对农产品质量的影响。建立国控监测点位23个,市控监测点位30个,区控监测点位70个,共计123个监测点位,初步建立了监测网络。实施土壤环境质量与农产品质量协同监测,对各点位土壤、农灌水及农产品进行取样、制备、检测、分析,重点对砷、镉、铬、汞、铅、铜等多项重金属污染物的数值变化进行同步跟踪监测,为更好地掌握动态变化、制定提升与保护措施提供了科学依据。

1.7 农业设施设备减排

推进"煤改清洁能源"和农业生产设施保温改造,有效降低农业生产领域燃煤污染。养殖圈舍和种植设施改造面积达5万余平方米。管控移动源污染排放,强化拖拉机尾气检测,加快农业领域低速货运汽车淘汰和替换。对拖拉机、联合收割机、播种机统一安装尾气净化装置,减少尾气污染。

2 存在的问题及建议

调研发现,昌平区在农业生态环境保护上做了大量工作,取得了一定成效,实现了社会、生态、经济效益,夯实了昌平区农业绿色发展的基础。但农业生态环境保护工作是一项系统工程,牵涉范围大,点多面广,行业多,治理难,见效慢,还存在一些比较突出的问题,结合本次工作,对这些问题给出一些建议。

2.1 存在的问题

2.1.1 政策资金配套不足

通过调研,笔者了解到所有农业生态环保相关工作的政策普遍存在配套资金不足的现象,比如有机肥替代化肥工作,补贴标准每年有变化,通常不稳定,一方面有机肥在使用中没有化肥见效快、肥力强;另一方面中标企业生产的肥料以次充好,给予补贴的有机肥存在肥力差、杂质多的现象;又比如废旧地膜回收工作,因地膜与作物和土壤混在一起很难清理,补贴力度小,部分农户没有清理废旧地膜回收的意愿。即使收集到一起,也没有相应的场地,随意堆放在田间,容易造成二次污染。农林废弃物处理站建设数量不足,处理能力有限,资源化利用水平无法满足美丽乡村需求。养殖产业大调整,养殖业畜禽粪便无害化处理生态养殖项目与新形势有差异。有效抑制季节性裸露农田扬尘和保护性耕作政策支持力度不够。国家、省市级相关单位对农业环保相应的机具补贴品种少,补贴资金比例过低,机具保有量低,处理能力弱。

2.1.2 统计数据不一致

在调研过程中,笔者发现通过不同单位或者不同渠道得到的同一类数据有较大差距,主要是由于各站所由不同的市级单位指导业务,各专业特点不同,传统的关注重点不同,农业基础数据填报口径存在不一致的现象,比如通过污染源普查台账得到的数据与各站所提供的数据有一定出入,给生态环保调研的准确性带来了不利影响。包括在第二次全国农业污染源普查工作中，农业农村部污染标准和生态环境部标准不一致，造成反复调整数据表格。还有的按照项目性质和要求、资金支持多少，临时组织基础数据，以完成上级布置的项目内容和达到年度任务标准。

2.1.3 农业生态项目见效周期长

农业生态环境的改善，是一个复杂、漫长的过程，必须做到久久为功，每一项工作的开展，都需要大量的人力、物力和财力。同时，农业生态环保工作是一个逐渐改善农业生态环境、慢慢被人们接受的过程，有些工作因为实施一段时间后看不到明显的成绩而被迫放弃，产生功亏一篑的情况。还存在区级农业技术人员和镇级运行单位人员对项目流程不熟悉，政策标准、技术要点没吃透的情况，造成项日实施进度慢、效果打折扣。

2.1.4 农户积极性不高

对于化肥、农药的减量提质和生态养殖技术等工作，因对农户的个人利益影响不大以及认识不到位，一些农户对这些生态环保工作积极性不高，甚至有抵触情绪。因此，虽然各项工作都在积极推进，但地膜、农药包装废弃物回收和化肥、农药减量工作推广势头已经减缓。

2.2 建议

2.2.1 加大政府扶持力度，倡导生态种植和绿色防控服务模式

生态环保工作有一定的政府强制性，要想充分发挥政策服务部门作用和提高农户的生态种植意识，就需要政府继续加大政策、资金扶持力度，以保证各个项目的延续推进和农户生态种植面积的不断增加。

对于肥料、农药销售与使用动态监测、测报；绿色生产和防控技术试验、示范推广；废旧农膜和农药包装废弃物回收；农业废弃物处理和资源化利用；农业清洁能源技术应用；生产资料的源头监管以及生态种植宣传培训等工作的开展，都离不开政策资金的扶持，加大对农业生态环保工作的资金扶持力度，不仅能够有效控制农业面源污染，也是实现农业生态环保目标的重要保障。

2.2.2 以政府购买服务的方式开展农业生态环境保护相关工作

专业化的公司参与生态保护项目技术的引进与示范，专业化的管理队伍参与项目的运维与管理，有利于问题的摸排、数据的采集和工作的开展，对昌平区生态环境保护工作的健康持续发展能够起到持续的规范作用。对于化肥、农药的减量提质，农业废弃物回收处理和资源化利用，统防统治等工作，建议采取以政府购买服务的方式交由专业的第三方队伍管理。

2.2.3 加强农业生态环保宣传培训，提高农户生态保护意识

昌平区在农业面源污染治理、畜禽粪污资源化利用、化肥、农药减量化和农膜、农药废弃物回收等方面做了一系列的工作，也取得了一些成效。但因宣传力度不够，覆盖面小，还有部分镇的农户对相关政策不了解或了解不够，今后还需要在宣传力度和广度上下功夫，力争宣传不留死角。同时，还需加强对农业战线工作人员的农业生态环保培训，让这些服务人员将农业生态环保知识传播给千家万户农户。

3 下一步工作

3.1 坚持对标对表，加快落实相关农业生态指标

大气污染防治方面：到 2025 年年底，全面实现农作物秸秆综合利用，综合利用率在 99% 以上；建立健全农业领域非道路移动机械台账，加快推进农业领域老旧非道路移动机械淘汰工作，鼓励使用电动或符合第四阶段排放标准的非道路移动机械；指导应用秋收作物秸秆还田等

保护性耕作技术，开展耕地休耕轮作试点，有效抑制季节性裸地农田扬尘。力争平原地区基本实现农业领域“无煤化”。

水污染防治方面：加强畜禽养殖粪污治理，全面禁止新建、扩建水产养殖场和规模化畜禽养殖场。优化水产养殖产业布局，依法科学划定禁止养殖区、限制养殖区和养殖区；推广生态健康养殖模式，实施水产养殖池塘标准化改造。到2025年，持续巩固饮用水源二级保护区内养殖场清退，防止复养反弹；规模养殖场粪污处理设施装备基本达到全覆盖，规模化养殖场畜禽粪污综合利用率在90%以上，减少氨挥发排放。开展化肥减量工作，到2025年，化肥用量比2019年下降28%，测土配方施肥技术物化落地率提高到98%。开展农药减量工作，到2025年，农药利用率提高到45%，统防统治覆盖率达到40%，农药用量比2019年下降15%。开展渔业增殖放流，推广农业节水技术。

土壤污染防治方面：开展土壤环境质量类别划分，到2025年，对全区各类别耕地面积、分布等信息进行动态更新。开展土壤环境质量分类管理，优先保护基本农田，推进耕地安全利用，严格管控受污染耕地环境风险。健全耕地土壤环境监测网络。到2025年，受污染耕地安全利用率达到90%。开展耕地质量等级评价与提升，2025年耕地质量比2019年提升0.5个等级。建立农膜回收处理机制，到2025年，农膜基本实现全回收。到2025年，建立肥料、农药包装废弃物回收处理机制，开展综合利用。

3.2 进一步加大对生态环保设施设备提升改造的支持力度

加大财政支持力度，完善农业废弃物和畜禽粪污处理配套设施，加快优化畜禽养殖标准化改造，开展首都功能性种养殖规划研究与示范改造工程设计，以种养殖环境精准调控、生产作业省力省工为目标，开展机械化、智能化、信息化高效种养殖装备研发与集成应用，加快推进农业废弃物和粪污规范建设。加大科技投入，引进适合农业废弃物、畜禽养殖粪污处理、废气过滤净化等环保设备设施，在保证性能质量的前提下，使种养殖场(户)能够购买到物美价廉的设备，改变因改造成本过高、企业(个人)不愿投入等问题。

3.3 加强监测能力建设，建立农业生态环境保护长效机制

充分利用全国第二次污染源普查工作成果，建立基础数据库。逐步建立昌平区农业生态环境保护监测网络体系，建立完善的农田氮磷流失、畜禽养殖废弃物排放、农田地膜残留、耕地重金属污染等农业面源污染监测体系，摸清昌平区农业面源污染的组成、发生特征和影响因素，进一步加强农业生态环境监测工作，实现监测不评价、预报不预警的常态化和规范化。加强农业生态环境监测队伍机构建设，不断提升农业生态环境保护例行监测的能力和水平。

3.4 完善农业执法机构，强化农业投入品的管理

力争到2025年，完整构建责任明确、途径畅通、技术规范、保障有力、赔偿到位、修复有效的生态环境损害赔偿制度。完善生态补偿机制，按照“谁受益、谁补偿、谁保护、谁受偿”的原则，健全空气、森林、湿地、水流、耕地等重点领域和生态保护红线区、生态涵养区重点区域生态保护补偿机制。探索建立生态保护补偿政策资金统筹实施机制[1]。加大对生态环境违法行为的查处力度，落实“双随机、一公开”的监管机制。尽快健全农业执法队伍及相关行业主管部门公安、生态保护、城市管理的沟通配合机制，提高农业污染监管和执法力度，切实加强化肥、农药、农膜等农资市场管理，建立统一的生产、销售、使用档案资料，有效实施农业生产全过程的管理监控。严厉打击制售和使用假冒伪劣、禁用投入品的违法行为。

3.5 加大农业生态环保的宣传培训和舆论引导，提高社会认知度

今后，还要深入开展生态环保方面的宣传教育，做好低碳、健康、环保、高效方面的技术培训工作，推广先进的种养殖实用技术，特别是种养殖环境控制技术，根据不同的品种、规模采取较为实用的处理方法，达到农业废弃物无害化处理的目的。同时，把农业面源污染危害和原因、“三品”系列标准和生产技术、生态环境保护基本知识纳入新型农民培训内容，强化环境忧患意识教育，营造氛围，增强生产人员生态环境保护意识。此外，还需增强全民对农业生态环境，包括整个环境生态文明建设的意识，让公众更加主动、更加积极地参与到农业生态环保工作当中。

3.6 探索循环生态种养殖发展模式，大力拓展绿色空间

努力扩大绿色空间，在浅山区实施退耕还林、生态修复。推动生态涵养区生态保护和绿色发展。支持生态涵养区走出一条特色化、品牌化、差异化的高质量发展之路，打造展现京北美丽自然山水和历史文化的典范区、生态文明建设的引领区，宜居宜业宜游的绿色发展示范区。从严从实推进种养殖业生态环境保护工作，加强农业面源污染治理，鼓励采取秸秆还田、生物净化等措施，推广种养殖相结合的循环生态农业发展模式。

参考文献

[1] 吴帅．深入打好污染防治攻坚战 努力实现绿色低碳发展[N]．青岛日报，2022.07.20.

昌平区农产品产地环境质量现状及建议

阚炜杰[1]，田硕[1]，徐明泽[1]，杨雯祎[2]，王金凤[1]，高丽[1]，李玉泉[1]
（1. 北京市昌平区农业环境监测站 102200 2. 北京市昌平区农业服务中心 102200）

摘要：农产品产地环境长期定位监测是增强农产品产地安全管理、确保农产品安全的基础性工作，具有重要的战略意义和现实意义。本文从北京市昌平区农产品产地长期定位监测数据需求、摸清农产品产地环境变化规律及污染预警三方面，强调监测工作的必要性。总结分析了不同年份、不同作物类型的土壤重金属含量情况污染指数，灌溉水有机肥以及农产品中重金属含量，指出当前监测工作中存在的问题，最后提出针对昌平区农产品产地环境监测的建议。

关键词：农产品产地；环境质量；定位监测；重金属；污染指数

农产品环境安全是保障农产品安全的根本[1]。农产品生产区长期环境定位监测能够及时、准确、全面地捕捉生产区的环境状况。近年来，农业重金属污染风险加剧。其中，土壤中的重金属具有潜伏性、隐蔽性、不可抗逆性、积蓄性等特点。随着城市化进程及工业的迅速发展，矿山开采、工业生产、交通运输、污水灌溉、有机肥、化肥和农药施用等人类活动，均能直接或间接造成重金属在土壤中的累积。土壤重金属污染要比水体、空气等污染更加隐蔽难测，重金属进入土壤后，因其不易被微生物降解，不易移动，故会在土壤中不断积累，同时，还会从土壤中迁移到地下水、植物，被作物吸收和富集，造成农产品质量安全隐患，危害人类健康。

1 农产品产地环境长期定位监测的必要性

1.1 积累农业大数据

近年来，我国农业进入高质量发展阶段。农业生产向精细化、标准化方向发展；基础数据的动态更新和综合分析是关键要求。多年来，我国农业环境数据监测缺乏动态性和稳定性，数据分析缺乏完整性和可预测性，无法更好地满足农业科学生产和管理的需要。需要开展长期定位监测工作，第一时间获得农田土壤年度状况，掌握基本农田的环境质量状况、重金属污染状况及变化趋势、污染物累计程度等。积累农业生产大数据，为农业环境保护、种植业结构调整提供有力的数据支撑，为确保农产品质量安全提供科学依据。

1.2 掌握生产区域环境变化规律

农产品生产区域既需要数量，也需要质量。优良的产地环境是保证农产品质量安全的先决条件[2]。近年来，我国农产品产地的环境状况不容乐观，威胁着农产品的安全。中国土壤污染总超标率为16.1%，耕地土壤点超标率为19.4%，主要是重金属等无机污染[3]。我们要从源头上保证农产品的安全，掌握产地环境条件，揭示动态变化规律，明确危险因素，分析危险机理，制定防控措施。

1.3 建立环境污染预警机制

近年来，中国环境污染事件呈逐年上升趋势，污染损害程度加大。既有现存环境污染风险的问题，也有新环境污染风险的突发问题。为了防范未知风险，农业生产环境长期监测有待加强，建立风险预警机制，避免环境危害的发生与发展。

2 昌平区农产品产地环境质量监测模式

昌平区作为北京的城市发展新区，经济发展迅猛，同时又坐拥首都 2 000 万人的巨大市场，消费者对高品质、安全的农产品的呼声日益高涨，农产品高端消费市场有很大发展空间，保障农业环境质量是农业生产的基础，因此开展以重金属为主要目标的农田环境质量监测工作，显得尤为重要。自 2018 年起昌平区在配合构建国控及市控监测网络的基础上，重点在辖区内饮用水水源地保护区农业耕地及周边增设 70 个区级监测点位开展长期定位监测工作，根据土壤和农产品同步监测原则，实施土壤、农产品、灌溉水、有机肥协同监测，每年对监测点位土壤样品、农灌水、有机肥、农产品进行取样、制备、检测、分析，重点对砷、镉、铬、汞、铅、铜等重金属污染物的数值变化进行同步跟踪检测，并对数据进行分析评价。监控点覆盖 14 个乡镇、45 个村，监测作物涵盖昌平区主要种植类型(涉及蔬菜点位 28 个，草莓点位 39 个，大田作物点位 3 个)，总监测样品量 1 120 个。

3 昌平区农产品产地环境质量状况

3.1 昌平区土壤重金属环境质量状况与评价

本次调查以《土壤环境质量　农用地土壤污染风险管控标准(试行)》(GB 15618—2018)中农用地土壤污染风险筛选值为标准值，采用单项污染指数法和内梅罗综合污染指数法进行分析评价。

2018—2021 年，昌平区 70 个监测点位的土壤样本中重金属镉、汞、砷、铅、铬、铜、镍、锌的单项污染指数结果如表 1 所示，根据土壤单因子污染指数分级标准，单项污染指数均属“非污染”水平。综合污染指数如图 1 所示，呈缓慢上升后趋于平稳态势，土壤综合污染等级为 1 级，污染程度为安全，污染水平为清洁。

其中发现 Cd 污染指数逐年略有升高，导致其升高的原因通常有施肥、农药、污灌、以及农用薄膜残留等因素。目前昌平区严格管理施用农药，灌溉水通过监测无重金属污染，同时 2018 年已开展废旧农膜回收处置专项行动，年农膜回收率均在 90%以上，因此灌溉水、农药、农用薄膜残留等因素并非是重金属含量升高的根本原因。有研究显示，大量施用家禽粪便、含钙镁磷肥等复合肥中均含有一定的重金属元素，这可能是昌平区土壤中重金属含量增加的主要原因。

表 1　2018—2021 年昌平区土壤重金属平均污染指数

年份	镉(Cd)	汞(Hg)	砷(As)	铅(Pb)	铬(Cr)	铜(Cu)	镍(Ni)	锌(Zn)
2018	0.357	0.061	0.289	0.211	0.270	0.275	0.165	0.390
2019	0.480	0.057	0.302	0.182	0.280	0.279	0.197	0.356
2020	0.495	0.049	0.246	0.171	0.261	0.276	0.167	0.392
2021	0.489	0.044	0.255	0.159	0.252	0.264	0.180	0.360

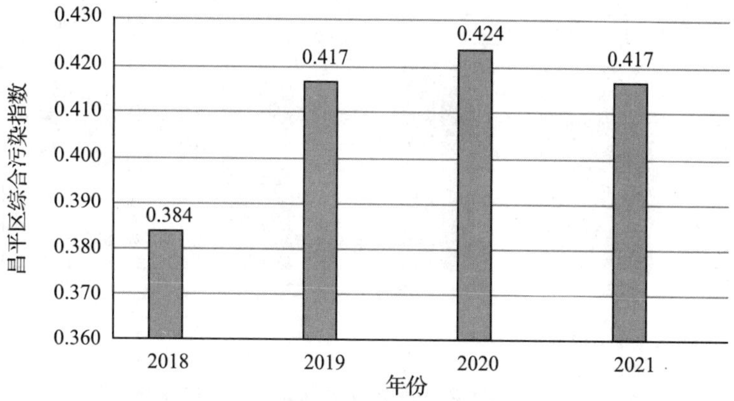

图 1　2018—2021 年土壤重金属综合污染指数趋势图

按照不同作物类别对土壤环境质量进行评价，昌平区监测点位的土壤样本中单项污染指数结果如表 2 所示，蔬菜、草莓作物土壤中镉单项污染指数较高且呈缓慢上升趋势。综合污染指数如图 2 所示，呈缓慢上升后态势，表现为草莓 > 蔬菜 > 大田作物。由于设施蔬菜与草莓作为集约化程度高，农业投入品较多，人为影响较大的农业利用方式，所以土壤重金属累计程度高。

表 2　2018—2021 年不同作物土壤重金属平均污染指数

作物	年份	镉(Cd)	汞(Hg)	砷(As)	铅(Pb)	铬(Cr)	铜(Cu)	镍(Ni)	锌(Zn)
蔬菜	2018	0.374	0.047	0.312	0.213	0.283	0.260	0.160	0.343
	2019	0.454	0.046	0.327	0.173	0.244	0.275	0.172	0.319
	2020	0.479	0.034	0.268	0.173	0.237	0.248	0.148	0.340
	2021	0.457	0.041	0.278	0.160	0.239	0.274	0.188	0.287
草莓	2018	0.344	0.078	0.269	0.210	0.274	0.312	0.167	0.444
	2019	0.508	0.070	0.281	0.188	0.308	0.292	0.215	0.401
	2020	0.513	0.064	0.221	0.173	0.288	0.307	0.182	0.448
	2021	0.532	0.049	0.230	0.162	0.267	0.264	0.182	0.421
大田	2018	0.187	0.033	0.335	0.180	0.213	0.212	0.111	0.224
	2019	0.350	0.026	0.322	0.169	0.236	0.205	0.168	0.208
	2020	0.258	0.039	0.333	0.141	0.182	0.220	0.116	0.205
	2021	0.278	0.020	0.353	0.124	0.203	0.200	0.111	0.218

3.2　灌溉水质量监测

通过对昌平区 70 个监测点位 2018—2021 年 280 份样品进行重金属含量监测，结果显示，灌溉水样品中镉、汞、砷、铅、铬、铜、镍、锌 8 项重金属均未超标。

3.3　有机肥质量监测

通过对昌平区 70 个监测点位 2018—2021 年 280 份样品进行重金属含量监测，以《有机肥料》(NY/T 525—2021)中镉、汞、砷、铅、铬 5 种重金属污染物限量值为标准，对有机肥样品检

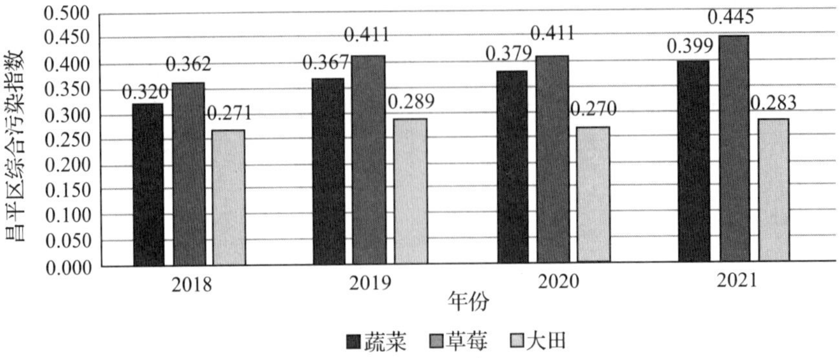

图 2　2018—2021 年不同作物土壤重金属综合污染指数

测结果进行分析。监测结果显示，有机肥样品不存在重金属超标现象。同时对农业生产者进行深入的宣传指导，建议其尽量不用放置多年超过保质期的陈肥、不随便使用推销人员未进行肥料登记、来源不清、效果不明的肥料。

3.4　农产品质量监测

本次检测以《食品安全国家标准　食品中污染物限量》(GB 2762—2022)中镉、汞、砷、铅、铬 5 种重金属污染物限量值为标准，对 280 份农产品样本检测数据进行统计分析，结果显示，农产品样本中，镉、汞、砷、铅、铬 5 种重金属含量均未超过国家标准，处于安全水平。农产品样本中重金属镉、砷、铅、铬被检出，检出率分别为 11.4%、1.43%、5.71%、2.86%。其中镉主要在蔬菜、草莓中被检出，蔬菜中镉检出率 25%、草莓中镉检出率 2.78%。

4　昌平区农产品产地环境质量监测存在的问题

4.1　监测点位数量不足

在昌平区的种植模式等因素影响下，现有的监测点位，侧重于保护地。大田作物点位、山区与半山区点位偏少。随着复垦复耕工作的推进，昌平区种植面积将不断扩大。现有的点位数量无法更好地满足农业生产科学管理的需要。

4.2　监测与评估技术有待完善

现有的监测手段相对单一，分析不够全面，点面结合不够，完整性和可预测性有待提高。缺乏 3S、物联网、云计算和大数据的信息技术应用。不利于环境数据和源信息的提取、分析和整合，对科学评估、预测和预警的支持不够。

4.3　缺乏统一的数据管理

随着大数据时代的到来，为了更好地确保农产品产地安全和农业可持续发展，应提高评价技术，配合现代化技术手段，建立农产品产地环境数据管理库系统和分级平台，实现农产品产地环境信息的实时采集，信息传输联网，数据库动态更新，科学智能分析。

5　针对昌平区农产品产地环境监测的建议

5.1　完善监测点位、拓展监测内容

在现有布点的基础上，根据农产品产地土壤环境状况、空间分布特征、背景值数据范围、种植农作物类型、地形地貌特征等情况，进一步优化监测点位布局，增加监测点位数量，同时保证

农业空间与时间的连续性。

丰富监测内容，选择能够科学反映生产区域环境安全状况的常规监测内容的同时，向有毒有害指标、特征指标、生物指标等拓展延伸。如金属有效态、农药残留、有机污染物、土壤生物等。

5.2 建立农产品产地环境监测网络

通过连续多年对农产品产地环境的监测，不断积累数据，掌握基本农田的环境质量状况、污染物质的积累程度和污染区域，同时需通过现代化技术手段在数据采集端、数据管理端、数据分析端的应用，才能判定农田污染对农产品质量安全的影响。为农业环保和调整种植业结构提供了有力的数据支持。

5.3 强化监管减少面源污染

加大对工业废气物与城镇生活污水及垃圾的治理力度。严格控制农业化学投入品用量。加强对农药、化肥和饲料等农产品生产企业的监管，认真落实产品标准，开展不定期抽查，及时发现问题、处理问题。指导农民合理施肥施药，开展推广配方施肥等工作，保障农业环境的永续发展。

5.4 高度重视战略层面，统一布局

从战略层面，要紧紧围绕国家农产品安全的主要需求和农业可持续发展这个中心来开展工作，提高对生产环境定位和长期监测的重要性、基础性和前瞻性的认识，加强战略规划，夯实农业科技大数据有效性基础。

5.5 进一步推动政策支持力度

农产品产地环境产期定位监测离不开政府资金的投入，需不断增加财政资金扶持，重视财政资金引导功能的发挥，提升财政资金的运用效率，加强政策法规的引导性，推动农业发展向绿色供给、清洁生产、生态保育、质量提升等方面发展。

5.6 引导公众参与

加大农产品产地污染防治宣传、教育与培训力度。发挥舆论导向作用。逐步建立农产品产地环保宣传教育模式，引导广大群众积极参与和支持农产品产地环境保护工作。

参考文献

[1] 张铁亮，王敬，刘潇威，等．构建新时代农产品产地环境监测网络的思考[J]．环境保护，2022，50(5)：19-24.

[2] 章力建，朱立志．保障农产品质量安全的三项重要工作：科技支撑、产地环境保护和国际合作[J]．中国农业信息，2012(12)：4-7.

[3] 陈世平．福建·将建立70个水果产地环境监测点[J]．中国果业信息，2016，33(8)：40-41.

浅谈土壤肥料对农产品质量的影响及研究方向

张卫东
（北京市昌平区耕地保护站　102200）

摘要：土壤肥料是农业生产的基础，直接影响到农产品质量。本文分析了土壤肥料和农产品质量的关系，讨论了提升农产品的土壤肥料、多样化种植、减少农药的主要技术措施，有针对性地提出了提升农产品土壤肥料的重点研究方向，对提升农产品质量，指导农业生产实践具有较强的现实意义。

关键词：土壤肥料；农产品质量

随着社会经济的不断发展，农业生产需求日益增加，农业生产的可持续发展受到越来越多的关注。影响农产品产量和质量的因素比较多，而土壤肥料对其产生直接影响。因此，要在农业生产实践中，改进优化土壤肥料管理措施，不断提升农产品质量。本文分析了土壤肥料对农产品的影响，力求探究了土壤改良、科学施肥等措施及发展方向，为提高农产品质量提供了重要参考和依据。

1　土壤肥料和农产品质量之间的关系

土壤肥料是农作物正常生长的基础，土壤的水分、酸碱度、温度和养分等直接影响着农产品的品质和质量，而肥料改良土壤和提供的养分为保证农作物生长提供了最佳条件。

1.1　土壤对农产品质量的影响

农作物为了满足自身生长的需要，会通过根系从土壤中吸收各种必需的营养元素，比如氮、磷、钾等大量营养元素，这些养分对农作物的生长有着显著作用。农作物生长离不开光合作用，而营养元素的充分供给对其光合作用的发生有显著的影响。如果营养元素供给不足，农作物光合作用会受较大影响，本身的健康受到影响，不能保持正常生长，难以获得高品质农产品[1]。农作物生长过程中还需要从土壤中吸收必需的微量元素，这些元素在保证作物健康状态方面也有显著的价值。其次，土壤酸碱度会影响农作物生长，在酸度过高或者是碱度过高的土壤中，农作物会出现枯萎、死亡的情况，并且不同农作物对酸碱度的适应水平是有差异的。因此，在种植前，需要先分析调查土壤酸碱度、土壤养分含量等基础情况，才能够保障农作物正常生长。

1.2　肥料对农产品质量的影响

在长期的农业生产中，农作物的生长会导致土壤中营养元素逐渐减少，土壤肥力下降，因此，通过施肥为农作物和土壤提供营养元素，以此来保证农作物生长和提高土壤肥力。

常用的肥料包括有机肥料和无机肥料两种，有机肥料主要改善土壤质量，无机肥料主要作用是提高农作物产量和质量。农作物生长过程中，对氮、磷、钾的需求比较多，所以农作物后期施肥主要是以无机肥料为主，提供氮、磷、钾，不仅可以满足农作物生长需要，而且能提高农作物的产量和质量。氮、磷、钾还有其他方面的突出作用，比如氮肥的抗病虫害、钾肥抗倒伏、磷肥提升作物抗旱、抗寒能力[2]。有机肥料又被称为农家肥，和无机肥料相比，有机肥料的来源比较广，种类也比较多，其肥效要明显的优于无机肥料。在作物生长的过程中，有机肥料不仅改善土壤结构，使土壤释放出持续的肥力，而且能够有效地提升农作物的产量及质量。

2 提升农产品质量的主要措施

2.1 科学施肥

不同的农作物存在着不同的生长周期，而各个周期内，其对肥料的需求量是有差异的，因此在施肥的过程中，需要立足于农作物的生长规律和土壤肥力的实际情况来确定施肥的肥料种类、数量以及次数，更加突出施肥的科学性[3]。农作物对施用无机肥料较敏感，过量施用会导致农作物枯死，而施肥不足则会出现农作物营养不良的情况，因此，应依据土壤、作物确定合理施肥量、实施测土配方施肥。坚持有机肥料和无机肥料相结合，因为有机肥料可以改善土壤结构，提升土壤肥力，较显著地提升农产品品质。总之，人们对高品质农产品的需求与日俱增，实施科学施肥对于高品质农产品供给更有现实意义。

2.2 多样化种植

在作物生长过程中，采用科学、多样化的种植方式能够有效地提升农产品质量。因此，在农业生产中，需要基于农作物特性来调整农作物的种植方式，保证其在生长的过程中获得适宜的温度及光照，同时还要提高土地的利用率[4]。目前，农业生产中套种和轮种是非常重要的两种农作物种植方式，所谓的套种是将两种不同的作物进行同一空间种植，因为作物的生长特点不同，生长规律也不同，其对土壤、肥料的具体要求也不同，所以通过套种这种方式最大限度地利用有限的资源，不仅在保证作物品质质量方面有积极的作用，在提高农业产量方面也有显著的价值。比如在甘肃酒泉地区存在着非常普遍的地膜玉米-甜叶菊套种方式。地膜玉米的生长规律和甜叶菊不同，各个阶段的营养需要也不同，且两种作物的植株空间需要也有差异，这使得两种作物的生长产生了互补，所以采用套种的方式有效提升了农业生产效益[5]。至于轮种，主要指的是在作物种植的过程中，同一土地要规避连续种植相同作物的情况，比如某土地在利用的过程中，第一茬种植的是玉米，第二茬种植的也是玉米，那么第三茬必须换种其他作物，否则容易出现玉米病虫害，而且玉米在生长的过程中，养分需要也会明显增加，这不利于提升玉米本身的品质。总之，利用多样化种植方式，对于提高农作物品质有积极的现实意义。

2.3 减少农药使用

近年来，土壤中农药成分残留引发了社会各界的关注，过量使用农药会导致作物农药残留并进入土壤，对土壤的营养结构进行破坏，进而导致土壤肥力下降[6]。因此，为了尽可能地降低过量农药使用带来的不良影响，应依据作物的实际生长情况和农药药性确定农药使用规范，严格控制农药使用次数及施用量，限制农药使用的种类，做好前期病虫害防治工作，运用科学、合理的方式监测管制病虫害频繁发生的区域，减少化学药剂的使用，采取生物防治或物理防治措施，最大限度地保护生态环境，进一步提升农产品质量。

3 土壤肥料对农产品质量的影响

第一是土壤肥料对农作物产量的影响[7]。土壤肥料显著影响农作物产量，为更好地实现土壤肥料的作用，需要做好以下方向的讨论：(1)土壤类型与作物产量的关系。不同的土壤类型存在着不同的特点，比如沙土、泥土等特质是有显著差异的，其与作物本身的适应性也是有明显不同的。在特征不同的土壤类型中种植相同的作物，最终作物的产量会有不同。研究不同土壤类型的特征，掌握土壤的结构以及营养元素含量的特点，针对具体的作物进行关联性分析，并为科学种植提供有效指导。(2)营养元素与作物产量的关系[8]。采用实验的方式，构建不同的土壤营养环境，利用专业的测量仪器测定土壤中的营养元素含量，在土壤中分别增加不同的营养元素，土壤营养结构出现差异，种植同品种作物，并采用相同的管理手段，分析验证不同营养元素对农作物产量的影响。

第二是土壤肥料对农作物的品质影响。土壤肥料对农作物品质的影响也是需要重点关注的内容[9]，主要采取实验的方法开展研究，具体的实验步骤为：(1)添加不同营养元素构建不同的土壤营养环境。比如，7 块土壤环境在其他营养元素相同的情况下，氮元素含量分别保持在 20%、25%、30%、35%、40%、45%和 50%，并且让这个含量一直保持到作物收割。(2)种植同品种的农作物，并记录其生长过程。比如农作物的发芽时间、植株基本情况(叶片、根、茎)、作物收获周期、作物收获产量等[10]。(3)检测收获的农作物品质，主要是检测其中的氮元素。通过这样的实验方式可以明确氮元素与农作物品质之间的关系。通过循环试验的方式分别确定氮元素、磷元素、钾元素以及其他营养元素和农作物品质之间的关系，这样在农作物种植进程中，施用某种营养元素提升品质会更科学。

第三是土壤肥料对农作物种植成本的影响。目前的农业种植中，很多农作物虽然在市场上的价格较高，但是成本也较高，以至于其推广效果并不好。分析农作物种植的土壤、肥料成本，了解农作物种植过程中重点分析和明确的内容，对于指导现代化农业发展具有较好的现实意义。比如在研究中发现某农作物在偏酸性土壤中能够保持良好的生长状态，那么在偏酸性土壤中进行种植，肥料的投入会减少，改良土壤的成本会得到控制，该农作物的经济效益会显著提升[11]。总之，明确了土壤、肥料和农作物种植成本之间的关系，完善落实农作物的科学种植方案，有效控制种植成本，最终农作物种植效益势必显著提升。

综上所述，在农业生产实践中，土壤肥料对农业生产的重要性是不言而喻的，深入分析农业生产实践中的土壤问题、肥料问题，采取科学合理的措施，改良土壤，实现农作物科学施肥，提升农产品质量。

参考文献

[1] 普秋锦．土壤肥料对农产品质量的影响[J]．农家参谋，2022(9)：51-53.

[2] 谈振兰．土壤肥料对农产品质量的影响[J]．世界热带农业信息，2022(3)：28-29.

[3] 郭玉庆．探析土壤肥料对农产品质量的影响及发展[J]．新农业，2022(2)：9.

[4] 徐正凯．信息化时代下土壤肥料与农产品质量的关系[J]．农业工程技术，2021，41(24)：56-57.

[5] 刘雁彬，拜艳玲．土壤肥料对农产品质量的影响与对策[J]．农村实用技术，2021(6)：53-54，52.

[6] 王骞，汤明尧．土壤肥料对农产品质量的影响及优化建议[J]．种子科技，2021，39(7)：82-83.

[7] 刘翠先．土壤肥料对农产品质量的影响探究[J]．南方农业，2020，14(32)：21-22.
[8] 段强杰．土壤肥料对农产品质量的影响分析[J]．河北农机，2020(11)：33-34.
[9] 李梦瑶．试析土壤肥料对农产品质量的影响[J]．农家参谋，2020(21)：87，165.
[10] 高金平．浅谈土壤肥料对农产品质量的影响[J]．农业开发与装备，2020(4)：111.
[11] 李雪莹，陈靖文．土壤肥料与农产品质量关系探究[J]．农村科学实验，2020(7)：65-66.

不同种类肥料产品执行标准及肥料登记管理概述

李辉，柴静，薛丽，张伟胤
（北京市昌平区耕地保护站　102200）

摘要：本文介绍了现有的常见肥料的分类方法，不同种类肥料产品的执行标准和现行《肥料登记管理办法》以及肥料登记证号的查询方法。

关键词：肥料；执行标准；登记管理；肥料标准

肥料是指用于提供、保持或改善植物营养和土壤物理、化学性能以及生物活性，能提高农产品产量，或改善农产品品质，或增强植物抗逆性的有机、无机、微生物及其混合物料。肥料质量管理就是为了规范肥料生产、销售和使用，净化肥料市场，强化肥料产业管理，保证肥料产品质量，培育健康土壤，保护生态环境，保障农产品安全进而保障食品安全，提高农业效益，从而保护广大农民及企业的合法权益，促进农业发展。《肥料登记管理办法》是对肥料销售和生产违法行为进行处罚和管理的直接依据，且国家对不同种类肥料产品生产和销售制定了统一标准和规定。

1　肥料分类

按化学成分，可分为有机肥料、无机肥料、有机无机肥料；按养分，可分为单质肥料、复混（合）肥料（多养分肥料）；按肥效作用方式，可分为速效肥料、缓效肥料；按肥料物理状况，可分为固体肥料、液体肥料、气体肥料；按肥料的化学性质，可分为碱性肥料、酸性肥料、中性肥料。

化肥（无机肥），采用提取、机械粉碎和化学合成等工艺加工制成的无机盐态肥料，又称矿物肥料、矿质肥料。由于绝大部分化学肥料是无机肥料，有时也将无机肥称为化学肥料，简称化肥。

（1）氮肥　有尿素、硫酸铵、氯化铵、碳酸氢铵、硝酸铵等。

（2）磷肥　有过磷酸钙、重过磷酸钙、钙镁磷肥、钢渣磷肥、磷矿粉等。

（3）复合肥料　有磷酸二铵、磷酸二氢钾等。

（4）复混肥料　由两种以上化肥或化肥与有机肥经粉碎造料等物理过程混合而成，含有两种以上常量养分，品种繁多。分为高浓度（总养分含量≥40.0％）、中浓度（总养分含量≥30.0％）、低浓度（总养分含量≥25.0％）三档。

（5）掺混肥料　又称BB肥，是由两种以上粒径相近的单质肥料或复合肥料为原料，按一定比例，通过简单的机械掺混而成，是各种原料混合物直接掺混。

（6）微量元素肥　含有植物营养必需的微量元素如锌、硼、铜、锰、钼、铁等，可以是只含有一种微量元素的单纯化合物，也可以是含有多种微量和大量营养元素的复混肥料或掺混肥料。

2　肥料标准分类

肥料标准分为:国家标准、行业标准、地方标准和企业标准。

2.1　国家标准

指由国家发布的,对全国经济、技术发展有重要意义而必须在全国范围内统一的标准,是我国国家最高一级的规范性文件,也是一项重要的技术法规。国家标准的代号用“国标”汉语拼音的头两个字母“GB”表示。

2.2　行业标准

对没有国家标准而又需要在全国某个行业范围内统一的技术要求,可以制定行业标准。行业标准由国务院有关行政主管部门制定,并报国务院标准化行政主管部门备案,在公布国家标准之后,该项行业标准即行废止。

农业行业标准通常用“农业”汉语拼音的头两个字母“NY”表示。如有机肥料执行 NY 525—2012。

2.3　地方标准

对没有国家标准和行业标准而又需要在省、自治区、直辖市范围内统一的工业产品的安全、卫生要求,可以制定地方标准。地方标准由省、自治区、直辖市标准化行政主管部门制定,并报国务院标准化行政主管部门和国务院有关行政主管部门备案,在公布国家标准或者行业标准之后,该地方标准即应废止。地方标准的代号用“地标”汉语拼音的头两个字母“DB”表示。如:河南省地方标准《配方肥料》执行 DB41/T 275—2001 。

2.4　企业标准

凡企业生产的产品暂时还没有国家标准和行业标准的,应当制定企业标准,作为组织生产的依据,原则上由企业自行组织制订。并由所在省、自治区、直辖市标准化行政管理部门备案。在已有国家标准或行业标准的企业,国家鼓励制定严于国家标准或者行业标准的企业内容标准,在企业内部适用。企业标准在其批准、发布机构所辖范围内有约束力。企业标准代号以汉语拼音“企”的第一个字母“Q”表示。

3　常见肥料产品执行标准

3.1　化肥产品标准

常用化肥产品标准见表 1。

表 1　常用化肥产品标准

序号	肥料名称	执行标准号
1	氯化铵	GB/T 2946—2018
2	硝酸磷肥、硝酸磷钾肥	GB/T 10510—2023
3	农业用硫酸钾	GB/T 20406—2017
4	钙镁磷肥	GB/T 20412—2021
5	钙镁磷钾肥	HG 2598—1994
6	过磷酸钙	GB/T 20413—2017
7	硫酸钾镁肥	GB/T 20937—2018

续表 1

序号	肥料名称	执行标准号
8	磷酸二氢钾	HG/T 2321—2016
9	肥料级磷酸氢钙	HG/T 3275—1999
10	农业用硫酸锌	HG/T 3277—2000
11	农业用腐殖酸钠	HG/T 3278—2018
12	脲铵氮肥	HG/T 4214—2011
13	硝酸铵钙	HG/T 3790—2016
14	农业用硝酸钾	GB/T 20784—2018

3.2 有机肥产品标准

有机肥产品是指能直接供给作物生长发育所必需的营养元素并富含有机物质的肥料。常用品种有绿肥、人类粪便尿液、厩肥、堆肥、沤肥、沼气肥和废弃物肥料。

3.2.1 有机肥料

工厂化加工销售的有机肥料为商品有机肥，按《有机肥料》(NY 525—2012)标准执行。

3.2.2 有机-无机复混肥料

有机肥中加入化肥加工的为有机-无机复混肥料，按《有机-无机复混肥料》(GB 18877—2020)标准执行。

3.2.3 生物有机肥

有机肥中加入微生物菌剂的为生物有机肥，按《生物有机肥》(NY 884—2012)标准执行。

3.3 生物肥产品标准

微生物肥料，是通过微生物的生命活动，使农作物得到特定的肥料效应的制品，也被称为接种剂或菌肥，如传统的固氮、解磷、解钾细菌。

3.3.1 农用微生物菌剂

执行标准 GB 20287—2006。

3.3.2 复合微生物肥料

执行标准 NY/T 798—2015。

3.3.3 农用微生物浓缩制剂

执行标准 NY/T 3083—2017。

3.4 新型肥料产品标准

新型肥料应该是有别于传统的、常规的肥料，包括复合型微生物接种剂，复合微生物肥料，植物促生菌剂，秸秆、垃圾腐熟剂，特殊功能微生物制剂，控、缓释新型肥料，生物有机肥料，有机复合肥，植物稳态营养肥料等(表 2)。

表 2 新型肥料产品标准

序号	肥料种类	执行标准
1	微量元素水溶肥料	NY 1428—2010
2	含氨基酸水溶肥料	NY 1429—2010
3	含腐植酸水溶肥料	NY 1106—2010

续表 2

序号	肥料种类	执行标准
4	大量元素水溶肥料	NY/T 1107—2020
5	农林保水剂	NY/T 886—2022
6	缓释肥料	GB/T 23348—2009
7	控释肥料	HG/T 4215—2011
8	无机包裹型复混肥料(复合肥料)	HG/T 4217—2011
9	硫包衣尿素	GB/T 29401—2020

4 肥料登记信息查询

为了加强肥料管理，保护生态环境，保障人畜安全，促进农业生产，根据《中华人民共和国农业法》等法律、法规，政府部门制定了《肥料登记管理办法》。《肥料登记管理办法》是国家进行肥料管理的直接依据。《肥料登记管理办法》第五条规定实行肥料产品登记管理制度，未经登记的肥料产品不得进口、生产、销售和使用，不得进行广告宣传[1]。第七条规定凡经工商注册，具有独立法人资格的肥料生产者均可提出肥料登记申请。该办法第五章为罚则，是对于需进行肥料登记的肥料产品相关违法行为处罚的规定。

对经农田长期使用，有国家或行业标准的下列产品免予登记：硫酸铵，尿素，硝酸铵，氰氨化钙，磷酸铵(磷酸一铵、二铵)，硝酸磷肥，过磷酸钙，氯化钾，硫酸钾，硝酸钾，氯化铵，碳酸氢铵，钙镁磷肥，磷酸二氢钾，单一微量元素肥，高浓度复合肥。

2022 年修订后的《肥料登记管理办法》其中一条主要内容为大量元素水溶肥料、中量元素水溶肥料、微量元素水溶肥料、农用氯化钾镁、农用硫酸钾镁的，应当向农业农村部备案。

常用需登记的肥料包括：有机肥料、微生物有机肥、缓释肥、控释肥、微量元素水溶肥料、土壤调理剂、土壤修复菌剂等。需要进行肥料登记，并取得肥料登记信息。另外，对于进口肥料需要在国内进行备案，并粘贴备案信息。

参考文献

[1] 于向华．浅析辽宁省肥料使用管理制度[J]．蔬菜，2017(6)：36-38.

昌平区有机肥应用现状及连续施用有机肥对土壤养分的影响

张雪姣[1]，李辉[1]，沈兰[1]，张卫东[1]，郝羽[1]，孙焱[2]，杨雯祎[2]
（1. 北京市昌平区耕地保护站　102200　2. 北京市昌平区农业服务中心　102200）

摘要：为摸清近 5 年来昌平区种植不同作物的农田有机肥施用情况，探究连续施用有机肥对农田土壤养分以及作物产量品质的影响，本研究于 2017—2021 年随机观测了昌平区 258 块不同种植作物农田有机肥施用情况，连续监测 12 块典型地块有机肥施用后的土壤养分变化特征。结果表明：昌平区种植草莓地块有机肥应用率最高，粮田有机肥应用率最低且施用强度显著低于种植草莓、蔬菜的地块；2018—2021 年商品有机肥应用率呈递增趋势。特别是种植草莓、蔬菜的地块，2020 年、2021 年有机肥应用率提高的幅度较大；连续 5 年施用有机肥能够提高土壤有机质含量，显著提高土壤速效钾含量。

关键词：有机肥；连续施用；土壤养分

施肥是提高作物产量最有效的方法[1]，也是影响土壤质量的重要因素[2]。所施用的肥料种类、数量、方式等也是影响作物产量、品质及土壤养分状况的因素。化肥作为重要的农业生产资料，具有养分高、肥效快等特点，但化肥易挥发，长期不合理施用还可能会导致土壤板结、酸化、养分流失等土壤质量问题，造成环境破坏效应[3]。相对化肥而言，有机肥肥效期长，有助于促进废弃物循环利用，已有研究表明，有机肥的合理施用能显著提高土壤氮磷钾的含量[4]。施用有机肥对土壤性状的改善、生物活性的提高和环境的净化等方面具有重要意义[5~8]。特别是近年来，随着绿色农业不断发展，有机肥因绿色、环保的特点普遍受到欢迎。常见的有机肥按照原料来源不同，可分为多种类型。多项研究显示，集约化养殖禽畜粪除含有较高含量的养分以外，同时也含有盐分、重金属及抗生素等有毒有害物质[3~5]。据文献显示，目前我国有机肥资源利用率较低。2018 年我国有机肥料基础资源每年约 5.7×10^9 t 实物量，折合 $N+P_2O_5+K_2O$ 养分总量约 7.30×10^7 t[9]。2009 年，我国秸秆资源量为 8.2×10^9 t，可利用资源为 6.87×10^9 t，作为肥料利用（秸秆还田）的占可收集资源量的 83.8%[10]。据统计，全国每年秸秆还田总量为约 4.5×10^8 t，占秸秆资源总量的不到一半。

总体上，当前我国有机肥原材料总量大，可利用性高。2017 年，我国有机肥总量约为 57 亿 t，有机肥能提供总养分（$N+P_2O_5+K_2O$）约 7 300 万 t[11]，有机肥资源量充盈。叶小霖[12]等以番茄为试验材料的研究表明，减量施肥增施有机肥一方面能够保证番茄氮、磷、钾养分的供应，另一方面还能够提高番茄产量，促进经济效益增长。也有研究表明，每亩施用 400 kg 有机肥替代 200 kg 化肥的土壤耕地质量有所提升，番茄植株生理状况健壮，单果质量和单果数都较多，总增产 7.9%[13]；玉米的产量在有机肥 50% 替代化肥处理下比单施化肥处理分别显著增加 12.5%[14]。有机肥替代化肥的最优组合为化肥用量 53～71 kg/亩、有机肥用量 782～1 257 kg/亩，玉米产量较单施化肥增产 12.8%，每亩可减少化肥用量 9.2～27 kg[15]。据苹果上的有机肥替代试验结果显示，有机肥替代 25%、50%、75%化肥的苹果可溶性固形物、可溶性糖、维生素 C 含量、糖酸比均有不同程度的提高[16]。王冰清[17]、李银坤[18]等以黄瓜为试验材料的研究结果表明，相对于传统施用化肥，施用有机肥能够减少 20%的化肥用量、对黄瓜减少氮肥 25%～50%后，不仅可以提高黄瓜的产量，而且也保证了黄瓜的营养品质。李永胜[19]等以菜心为研究对象，论证了化肥减量施用的可行性，结果表明，和传统施肥相比，施用有机肥不会对菜心的产量造成影响。有机肥替代化肥对菠菜、小白菜和生菜的叶片数、单株质量以及株高都有良好的促进作用[20]。在大白菜栽培中，施用商品有机肥 3 900 kg/hm^2，可减少 20%的化肥施用量的同时，较农民常规施肥，产量提高，土壤理化性质改善，土壤供肥能力增强[21]。

据统计，2013—2020 年北京市有机肥质量显著提升，目前有机肥质量总体良好[22]。近年来，北京地区加大了对合格商品有机肥的推广应用力度，但对其实际应用状况及对土壤于作物的影响与变化情况尚无全面分析。本文调查统计了北京昌平区 2017—2021 年商品有机肥应用现状，对 2018—2022 年连续施用有机肥的地块土壤养分状况进行分析，研究探讨连续施有机肥条件下，土壤养分变化情况，以期为有机肥合理替代化肥提供依据。

1 材料与方法

1.1 研究区概况

本研究以北京市昌平区(40°2′～40°23′N，115°50′～116°29′E)为研究区，昌平区地处温榆河冲积平原和燕山、太行山支脉的结合地带，属暖温带、半湿润大陆性季风气候。高温期与多雨期一致，年平均日照时数 2 684 小时，年平均气温 11.8 ℃，年平均降水量 550.3 mm。山地及山前洪积平原主要为褐土，冲积平原主要为潮土。

1.2 有机肥施用监测

于 2017—2021 年 5 年间，随机选取了研究区内 258 个地块进行有机肥施用监测，其中 2017 年、2018 年、2019 年、2020 年、2021 年样本数量分别为 47 份、46 份、51 份、45 份、69 份。监测内容包括种植类型、有机肥类型、有机肥用量等信息。

1.3 土壤养分监测

为了揭示有机肥连续施用后对土壤养分的影响，在研究区内建立了 12 个土壤养分变化监测点，涉及类型包括粮田、设施蔬菜地、设施草莓地。

分别于 2018 年监测开始前和 2019—2022 年每茬作物收获后采集 0～20 cm 耕层土壤样品，测定基本土壤养分数据。

1.4 测定项目及方法

土壤样品 pH 采用电位法；土壤有机质采用重铬酸钾-浓硫酸外加热法测定；土壤全氮采用半微量凯氏定氮法测定、土壤有效磷用碳酸氢钠浸提-钼锑抗比色法测定；土壤速效钾用乙酸铵浸提——火焰光度法测定。有机肥样品测定按照 NY/T 525—2021 标准：有机质、总氮均采用容量法测定；磷(以 P_2O_5 计)采用紫外可见分光光度法测定；钾(以 K_2O 计)采用火焰光度法测定。

1.5 数据处理及分析方法

数据采用 Microsoft Excel 2010 进行统计整理、利用 SPSS 19 进行方差分析(LSD 法,显著水平 $\alpha=0.05$)。

2 结果与分析

2.1 有机肥应用现状

2.1.1 有机肥主要应用类型

昌平区应用有机肥的主要类型如图 1 所示,主要包括商品有机肥、牛羊粪、鸡粪及马粪、鹅粪、猪粪等其他农家肥。不同有机肥类型按照应用面积由高到低排序依次为:鸡粪>商品有机肥>牛羊粪>其他农家肥。按照有机肥应用类型分类,鸡粪应用面积最大,38.53%,且以发酵腐熟的干鸡粪为主;商品有机肥应用率仅为 26.41%。

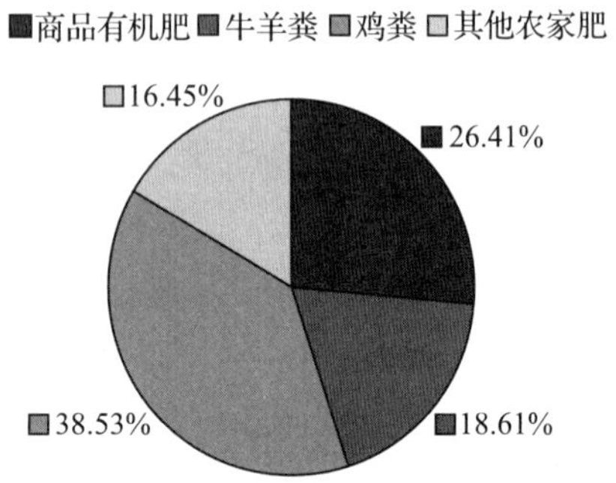

图 1 昌平区不同有机肥应用占比

2.1.2 不同类型作物商品有机肥应用情况

按照作物类型,商品有机肥应用率由高到低依次为:草莓>蔬菜>粮田(表 1)。其中,种植草莓地块商品有机肥应用最高,达 50.00%。粮田使用商品有机肥应用率最低,且每亩用量显著低于种植草莓、蔬菜的地块。

表 1 不同类型作物商品有机肥应用情况

作物类型	用量/(t/hm^2)		
	最小用量	最大用量	平均用量
粮田	4.5	30	15.9±9.1
草莓	15	75	34.9±13.6
蔬菜	1.5	60	33.6±18.2
合计	1.5	75	32.9±18.8

2.1.3 商品有机肥应用变化

如图 2 所示,2017—2021 年商品有机肥应用率呈递增趋势。所调查的粮田地块 2019—2021 年商品有机肥应用率在 18%~20%。蔬菜作物商品有机肥应用率到 2021 年有较大幅度提升,较 2018 年增长了 20 个百分点。总体上,这与北京地区自 2019 年开始加大有机肥推广力度,实施多项惠农政策密不可分。

2.1.4 有机肥替代化肥情况

就昌平区实际看来,2022 年共设置了监测点 17 个(其中蔬菜、草莓各 6 个,粮食作物 5 个)。通过开展施肥调查后得知,项目实施前上茬作物平均化肥用量为 30.6 kg/亩。实施后粮田、菜田、草莓地块化肥用量分别较上一茬减少 7.8 kg、3.2 kg、4.4 kg。总体上,有机肥施用替代了部分化肥,当季化肥用量减少了 5.0 kg/亩(表 2)。

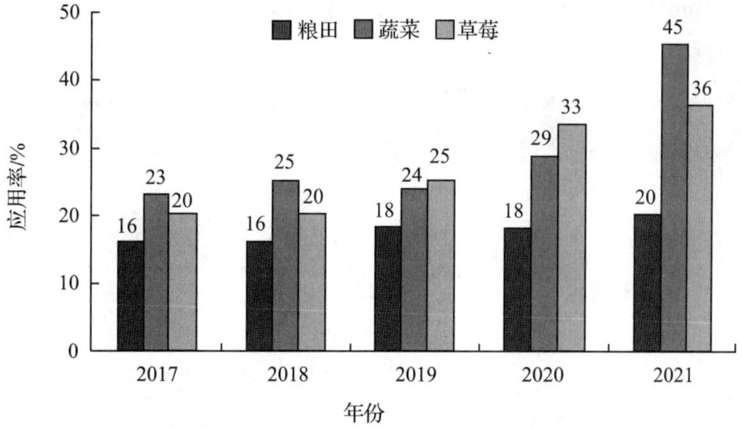

图 2　2017—2021 年不同类型作物有机肥应用变化

表 2　不同种植类型实施前后化肥用量表　　kg/亩

种植类型	上茬化肥用量	当季化肥用量	化肥用量变化
粮田	14.4	6.6	−7.8
菜田	19.5	16.3	−3.2
草莓	55.4	51.0	−4.4
加权平均	30.6	25.7	−5.0

2.2　长期施用有机肥对土壤养分的影响

2.2.1　对土壤有机质含量的影响

通过在研究区内建立 12 个土壤养分变化监测点，经分析得知，2018—2022 年土壤有机质含量在 34.3 ～35.9 g/kg，见图 3。有机质含量由高到低排序依次为：2022 年＞2021 年＞2019 年＞2020 年＞2018 年，总体呈逐渐上升趋势。总体上土壤有机质含量变化不大，各年份间土壤有机质含量差异不显著。2022 年土壤有机质含量达 35.9 g/kg，较上一年提高了 2.6％，较 2018 年提高了 4.1％。

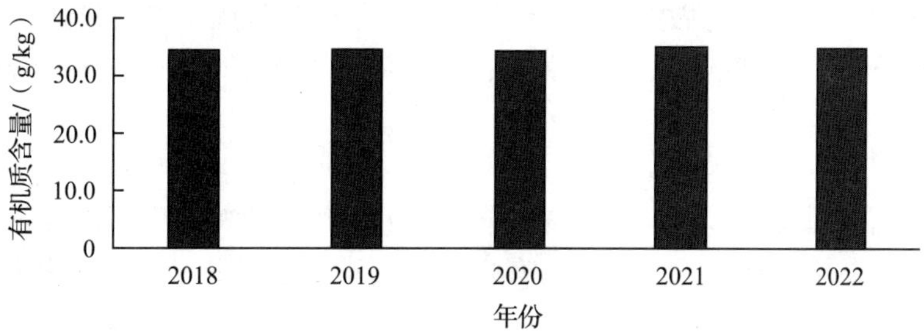

图 3　2018—2021 年土壤有机质含量变化

2.2.2　对土壤氮、磷、钾含量的影响

由表 3 可以看出，2018—2022 年长期施用有机肥的条件下，土壤全氮、有效磷土壤含量均无显著升高或降低。2021 年土壤全氮含量、有效磷含量均为近 5 年中最高，分别达到 2 037 mg/kg、

219.17 mg/kg。2022 年土壤全氮含量、有效磷含量分别较 2018 年提高了 4.4%、26.7%，差异均不显著。2018—2022 年，土壤速效钾含量由高到低依次为：2022 年>2021 年>2019 年>2018 年>2020 年。2022 年土壤速效钾含量较 2018—2020 年显著提高，较 2021 年相比土壤速效钾含量提高了 12.5%，差异不显著；较 2018 年提高了 52.9%，差异显著。

表 3　2018—2022 年土壤氮磷钾养分含量变化　　mg/kg

年份	全氮	有效磷	速效钾
2018	1 889±560a	173.03±83.86a	378±129b
2019	1 929±544a	172.51±126.00a	388±257b
2020	1 925±892a	176.32±97.51a	351±164b
2021	2 037±907a	219.17±177.64a	514±480ab
2022	1 973±603a	185.91±62.78a	578±197a

3　讨论

本研究中供试地区特色产业为草莓，通常为 9 月定植至翌年 6 月收获，生育期较长。数据显示，昌平区每年用于生产种植的温室数量保持在 5 200 栋左右，平均年产量 621.2 万 kg，平均产值 3.19 亿元，草莓种植面积和产量水平位居北京市各区县之首。据调查，北京市自 2019 年开始实施农业绿色改革发展工作，加大了有机肥推广应用力度，以及当地政府对草莓种苗、农药、有机肥实施惠农补贴。这促进了种植户为获得较高经济效益而加大生产要素的投入。

因此，在本研究中商品有机肥在草莓和蔬菜种植上应用的比粮田高，除了与草莓和部分果菜类蔬菜生育期长，需长期供应养分有关外，与种植户追求投入的高回报率有关。由于政府补贴政策的实施，这可能也是导致本研究中 2020 年、2021 年商品有机肥应用率大幅升高的重要原因。

土壤有机质是土壤的重要组成部分，其数量和质量是表征土壤质量的重要指标，是由一系列逐级分解的物质组成有机混合物，在土壤中与土壤黏粒矿物及团聚体作用而稳定存在，在土壤肥力、环境保护、农业可持续发展等方面具有很重要的作用和意义[23]。本研究中商品有机肥施用年限为 5 年，结果显示土壤有机质含量有所升高，但因为土壤有机质形成和积累过程复杂且缓慢，因此差异不显著。土壤大量元素养分，如氮、磷、钾养分的消耗与累积，受到施肥、灌溉、管理等影响较大。特别是追肥补充营养元素。本研究中，连续施用有机肥对土壤全氮、有效磷及速效钾的影响与农户追肥管理有关。有关追肥对土壤养分指标的影响仍需进一步研究。

4　结论

昌平区种植草莓地块有机肥应用率最高，粮田有机肥应用率最低且施用强度显著低于种植草莓、蔬菜的地块。2018—2021 年商品有机肥应用率呈递增趋势。特别是种植草莓、蔬菜的地块，2020 年、2021 年有机肥应用率提高幅度较大；连续 5 年施用有机肥能够显著降低土壤 pH，提高土壤有机质含量，显著提高土壤速效钾含量。

参考文献

[1] 陶磊，褚贵新，刘涛，等．有机肥替代部分化肥对长期连作棉田产量、土壤微生物数量及酶活性的影响

[J]. 生态学报,2014,34(21):6137-6146.

[2] 郭萍,文庭池,董玲玲,等. 施肥对土壤养分含量、微生物数量和酶活性的影响[J]. 农业现代化研究,2011, 32(3):362-366.

[3] 常艳丽,刘俊梅,李玉会,等. 陕西关中平原小麦/玉米轮作体系施肥现状调查与评价. 西北农林科技大学学报(自然科学版),2014, 42(8):51-61.

[4] 张运龙. 有机肥施用对冬小麦-夏玉米产量和土壤肥力的影响[M]. 北京:中国农业大学出版社,2017.

[5] 姚丽贤,李国良,党志. 集约化养殖禽畜粪中主要化学物质调查[J]. 应用生态学报,2006,17(10):1989-1992.

[6] 倪进治,徐建民,谢正苗,等. 不同有机肥料对土壤生物活性有机质组分的动态影响[J]. 植物营养与肥料学报,2001,7(4):374-378.

[7] 王立刚,李维炯,邱建军,等. 生物有机肥对作物生长、土壤肥力及产量的效应研究[J]. 土壤肥料,2004(5):12-16.

[8] 蒲全明,杨鹏,邓榆川,等. 不同施肥方式对冬春茬甘蓝根际土壤酶活性、土壤养分及品质的影响[J]. 中国农业科技导报, 2020,22(7):130-139.

[9] 余杰,杨水平. 有机肥农用与环保减压[J]. 建材与装饰,2018, (14):164-165.

[10] 农业部科技教育司. 全国农作物秸秆资源调查与评价报告[R]. 2010.

[11] 牛新胜,巨晓棠. 我国有机肥料资源及利用. 植物营养与肥料学报,2017,23(6):1462-1479.

[12] 叶小霖. 广西右江河谷冬种番茄减量优化施肥研究[D]. 南宁:广西大学, 2017.

[13] 李汉燕,李海涛,刘东刚,等. 有机肥替代化肥减量在番茄上的效果试验[J]. 种子科技,2019, 37(12):19,21.

[14] 谢军,赵亚南,陈轩敬,等. 有机肥氮替代化肥氮提高玉米产量和氮素吸收利用效率[J]. 中国农业科学,2016, 49(20):3934-3943.

[15] 梁改梅,李娜娜,黄学芳,等. 黄土旱塬区玉米产量最优的有机肥与化肥配施组合研究[J]. 中国土壤与肥料,2022(3):29-38.

[16] 杜春燕. 有机肥替代化肥对果实产量、品质及土壤肥力的影响[D]. 杨凌:西北农林科技大学,2019.

[17] 王冰清,尹能文,郑棉海,等. 化肥减量配施有机肥对蔬菜产量和品质的影响[J]. 中国农学通报,2012,28(1):242-247.

[18] 李银坤,武雪萍,武其甫,等. 不同水氮处理对温室黄瓜产量、品质及水分利用效率的影响[J]. 中国土壤与肥料,2010 (3):21-24.

[19] 李永胜,杜建军,张稳成,等. 菜心减量优化施肥效应研究[J]. 北方园艺 ,2014 (14):18-21.

[20] 杨静,张俊鹏,仝玉琴,等. 有机肥与化肥配施对大棚叶菜产量及品质的影响[J]. 中国瓜菜,2020,33(9):50-53.

[21] 柯建武. 有机肥替代部分化肥对大白菜产量及土壤肥力的影响[J]. 基层农技推广,2020,8(1):44-46.

[22] 高飞. 北京有机肥料质量和重金属含量变化分析. 北京农学院学报,2022,37(2):19-24.

[23] 于静湜,齐长红,陈加和,等. 昌平区草莓产业发展现状及对策建议[J]. 蔬菜,2021 (S1):100-105.

胶体金法快速检测韭菜中三种农药残留

刘敏[1]，张卫东[1]，田雨超[1]，段改莲[2]，纪石宇[1]，李玉勇[1]
（1. 北京市昌平区耕地保护站　102200　2. 北京市昌平区农业服务中心　102200）

摘要：本文为评价胶体金法快速检测韭菜中三种农药残留的检测效果，采用胶体金速测卡对韭菜中克百威、毒死蜱、腐霉利添加不同浓度的样品进行检测，对检出限和稳定性进行验证。最终确定该方法可以进行韭菜快速筛查，适合于现场快速检测。在政府监督抽查等项目的支持下可以优先使用胶体金法快速检测韭菜样品。

关键词：胶体金；韭菜；农药残留

近年来，“毒韭菜”事件频发，引起社会对食品安全的恐慌，甚至谈“韭”色变。通过调查，“毒韭菜”事件的发生，均是种植户为了防治危害韭菜根部的害虫，在韭菜种植过程中大量施用农药等有毒物质，不按安全施药间隔期施用，造成农药残留超标严重，甚至引起消费者食用后急性中毒[1-2]。

农药残留是农产品质量安全监控中涉及面最广、项目最多的风险因素，全国市场监督管理系统和农业农村行政主管部门每年均需开展大量果蔬等农产品中农药残留快速检测工作。以酶抑制法为基础的快速检测技术和标准存在一定局限性，极其容易出现“假阳性”样品[3-4]。现有的农药残留定量检测方法主要依靠气相色谱仪、气质联用仪、液质联用仪等高昂的检测设备，前处理时间长、仪器操作烦琐，无法满足当下既要保证农产品质量安全，又要快速完成检测的需求[5]。

北京市聚焦重点品种，集中整治农药残留问题，组织实施“三棵菜”治理和“治违禁 促提升”专项行动。其中，克百威、毒死蜱、腐霉利是专项行动中重点监督项目。昌平区耕地保护站重点对韭菜中 3 种农药残留胶体金快速检测卡的检测效果进行评价，以期筛选出适用于韭菜的快速检测方法。

1　材料与方法

1.1　样品来源

采集市场上 15 份韭菜样品。

阴性样品：采用 NY/T 761—2008《蔬菜和水果中有机磷、有机氯、拟除虫菊酯和氨基甲酸酯类农药多残留的测定》[6]进行检测，克百威、毒死蜱、腐霉利未检出的样品为阴性样品。

1.2　材料与试剂

克百威、毒死蜱、腐霉利农药标准物质为农业农村部环境质量监督检验测试中心（天津）生产，浓度为 100 mg/L，16 ℃保存使用。

1.3 实验方法

1.3.1 标准定量方法

参照 NY/T 761—2008《蔬菜和水果中有机磷、有机氯、拟除虫菊酯和氨基甲酸酯类农药多残留的测定》[6]，对韭菜中克百威、毒死蜱、腐霉利农药残留进行定量检测。

1.3.2 胶体金快速检测法

韭菜中克百威、毒死蜱、腐霉利农药残留速测法采用深圳市易瑞生物技术股份有限公司研制的快速检测卡，参照说明书操作，试剂等严格在有效期内使用。

1.3.3 检出限实验

在经过定量检测验证结果为阴性的韭菜样品中，添加 4 个浓度的农药标准溶液，分别进行 5 次测定，记录阴阳性数量，计算其灵敏度，当灵敏度达到 100%时，对应的浓度即为该方法的检出限。

1.3.4 样品加标回收实验

在经过定量检测验证结果为阴性的韭菜样品中，添加检出限水平的 3 种农药标准溶液进行测定，其中加标样品 15 个、阴性样品 15 个，记录并分析结果。

2 结果分析

2.1 检出限结果

经过定量检测验证结果为阴性的韭菜样品中，添加 4 个浓度的农药标准溶液，见表 1。

表 1 3 种农药检出限实验结果

基质	添加农药	添加浓度/(mg/kg)	检测结果/(mg/kg)		检出率/%
			阴性(－)	阳性(＋)	
韭菜	克百威	0.005	5	0	0
		0.01	3	2	40
		0.02	0	5	100
		0.03	0	5	100
韭菜	毒死蜱	0.005	5	0	0
		0.01	3	2	40
		0.02	0	5	100
		0.03	0	5	100
韭菜	腐霉利	0.05	4	1	20
		0.1	2	3	60
		0.2	0	5	100
		0.3	0	5	100

GB 2763—2021《食品安全国家标准 食品中农药最大残留限量》[7]规定，韭菜中克百威的最大残留限量为 0.02 mg/kg、毒死蜱的最大残留限量为 0.02 mg/kg、腐霉利的最大残留限量为 0.2 mg/kg。

快速检测卡说明书规定，韭菜中克百威的检出限为 0.02 mg/kg，所以在四分之一检出限值、二分之一检出限值、检出限值、一倍检出限值 4 个浓度进行检出限实验。在 0.005 mg/kg

浓度时，克百威未检出，但是当浓度达到 0.02 mg/kg 及以上时，克百威检出率达到 100%。经验证，克百威的检出限为 0.02 mg/kg。

快速检测卡说明书规定，韭菜中毒死蜱的检出限为 0.02 mg/kg，同样在四分之一检出限值、二分之一检出限值、检出限值、一倍检出限值 4 个浓度进行检出限实验。在 0.005 mg/kg 浓度时，毒死蜱未检出，但是当浓度达到 0.02 mg/kg 及以上时，毒死蜱检出率达到 100%，与克百威规律基本一致。经验证，毒死蜱的检出限为 0.02 mg/kg。

快速检测卡说明书规定，韭菜中腐霉利的检出限为 0.2 mg/kg，所以在四分之一检出限值、二分之一检出限值、检出限值、一倍检出限值四个浓度进行检出限实验。在 0.05 mg/kg 浓度时，腐霉利的检出率可以达到 20%，但是当浓度达到 0.2 mg/kg 及以上时，腐霉利检出率达到 100%，效果显著。经验证，腐霉利的检出限为 0.2 mg/kg。

2.2 样品加标回收结果

参照 NY/T 761—2008《蔬菜和水果中有机磷、有机氯、拟除虫菊酯和氨基甲酸酯类农药多残留的测定》，对 15 个韭菜样品中克百威、毒死蜱、腐霉利农药残留进行定量检测。确定 15 个样品均为阴性样品。

通过采用胶体金法快速检测卡，对 15 份韭菜加标样品、15 份韭菜阴性样品进行检测，结果见表 2。

表 2　3 种农药加标实验结果

基质	添加农药	添加浓度/(mg/kg)	检测结果/(mg/kg)	
			阴性(－)	阳性(＋)
韭菜	克百威	0	15	0
		0.02	0	15
韭菜	毒死蜱	0	15	0
		0.02	0	15
韭菜	腐霉利	0	15	0
		0.2	0	15

定量检测为阴性的样品，经胶体金快速检测卡测定后，也是阴性样品。添加检出限值浓度的样品，经过胶体金快速检测卡测定后，均为阳性样品。因此，经过计算得出，韭菜中克百威胶体金快速检测卡的灵敏度为 100%、韭菜中毒死蜱胶体金快速检测卡的灵敏度为 100%、韭菜中腐霉利胶体金快速检测卡的灵敏度为 100%，且稳定性良好。

3　结果与讨论

3.1 胶体金免疫层析技术原理

在检测微孔中冻干金标抗体，在硝酸纤维素膜的检测线(T 线)和对照线(C 线)处分别包被抗原。样本中若含有目标物质，在微孔温育过程中与胶体金标记的抗体结合，从而抑制了标记抗体与硝酸纤维素膜上包被的抗原结合。若 T 线颜色弱于 C 线或者不显色，表示样品中目标物的含量等于或超过检出限，反之则低于检出限。具体步骤详见说明书。

3.2 胶体金法快速检测韭菜中 3 种农药残留的优点

结合韭菜检测实际工作，胶体金法快速检测韭菜中 3 种农药残留的优势显著。

时间短。农药残留定量检测时间为 2 d,而采用胶体金法快速检测时间为 15 min,检测效率大大提高。

靶向强。传统酶抑制法主要检测有机磷和氨基甲酸酯类农药残留,同时标准中明确规定,韭菜不能使用酶抑制法。而胶体金法可以包被目标农药,符合"用什么检什么"的原则,可以快速锁定目标农药,提高农药监督抽查的"靶向性"。

操作简便。依靠胶体金法快速检测卡说明书,普通种植主体不需要经过专业技术培训,也能进行自检。

作为色谱分析的辅助检测手段。胶体金法快速检测卡的检出限与国家标准 GB 2763—2021《食品安全国家标准 食品中农药最大残留限量》规定的最大残留限量值匹配,可以提高快速测定和定量检测结果的吻合率。首先通过对大量样品初步筛选,锁定可疑样品,极大地提高了定量检测的目标性,是色谱分析的必要辅助手段。

3.3 胶体金法快速检测韭菜中 3 种农药残留的缺点

无相关标准。目前胶体金法快速检测还没有形成国家标准或者行业标准,所以市场上产品化的胶体金快速检测卡性能无法得到有效保证。

检测成本高。胶体金法快速检测成本高,如本实验用到的检测卡,每张价格约为 20 元,一般专项检测项目可以承担,但是普通种植主体价格方面可能不容易接受。

4 结论

本机构通过对韭菜中 3 种农药残留胶体金快速检测卡的检测效果进行评价,确定该方法可以进行韭菜快速筛查,适合于现场快速检测。但是考虑到该方法未形成国标和价格偏高等问题,大范围推广还面临困难。在政府监督抽查等项目的支持下可以优先使用胶体金法快速检测,进而提高农产品质量安全水平。

参考文献

[1] 张星联,邓玉,张蕾,等. 我国韭菜质量安全存在的主要问题及对策建议[J]. 农产品质量与安全,2022(5):70-74.

[2] 温雅君,肖志勇,马啸,等. 韭菜中农药残留状况调查与分析[J]. 食品安全质量检测学报,2020,11(13):4231-4235.

[3] 梁才英. 胶体金免疫层析技术在农药残留检测中的应用[J]. 食品安全导刊,2023(6):175-178.

[4] 叶茂,沈晓玲,陈青舟,等. 胶体金免疫层析法同时检测果蔬中四种农药残留[J]. 食品工业科技,2023,44(6):300-308.

[5] 倪诗瑶,刘欠欠. 草莓农药残留快速检测方法对比分析[J]. 上海农业科技. 2022,1:30-32.

[6] 中华人民共和国农业行业标准. NY/T 761—2008 蔬菜和水果中有机磷、有机氯、拟除虫菊酯和氨基甲酸酯类农药多残留的测定[S].

[7] 中华人民共和国国家标准. GB 2763—2021 食品安全国家标准 食品中农药最大残留限量[S].

2022年昌平草莓农药残留定性和定量分析

万晓霖[2]，田雨超[1]，刘敏[1]，余森华[2]，李艳迎[1]，夏冰[1]
（1. 北京市昌平区耕地保护站　102200　2. 北京市昌平区农业服务中心　102200）

摘要：昌平草莓作为昌平特产及地理标志产品，其质量安全问题长期以来都被重点关注。为了解昌平草莓农药残留状况，2022 年共抽取 7 396 个草莓样品进行定性检测，同时抽取其中 250 个样品进行定量检测，通过定性和定量检测数据分析，均未发现农药残留超标情况。

关键词：昌平草莓；农药残留；定性；定量

昌平区草莓生产条件优越，产品质量突出，远销香港、新加坡等地。同时作为昌平区特产和中国国家地理标志产品，目前已经形成集采摘、加工、销售、文化、科研、旅游为一体的综合性产业[1-2]。但是，事关草莓农产品质量安全的农药残留问题，尤其是 2015 年发生的草莓"乙草胺"事件，对昌平草莓乃至全国草莓产业的不良影响仍未完全消除[3]。为加强昌平区草莓农产品质量安全监管，提升草莓农产品质量安全水平，依据《中华人民共和国农产品质量安全法》《北京市食品安全条例》《北京市食用农产品质量安全监督抽查实施意见》等相关规定，2022 年共抽取 7 396 个昌平草莓样品进行农药残留定性和定量检测，并进行结果分析。

1　材料与方法

1.1　取样方法

样品采集按照 NY/T 789—2004《农药残留分析样本的采样方法》[4]进行抽样，样品制备参照 GB 2763—2021《食品安全国家标准　食品中农药最大残留限量》[5]附录 A 要求的测定部位进行取样。

1.2　检测仪器

农药残留定量检测采用气相色谱仪、高效液相色谱仪；农药残留快速检测采用农药残留快速检测仪。

1.3　检测项目及方法

农药残留定性检测依据 NY/T 448—2001《蔬菜上有机磷和氨基甲酸酯类农药残毒快速检测方法》[6]，检测项目为有机磷和氨基甲酸酯类农药残毒。

农药残留定量检测依据 NY/T 761—2008《蔬菜和水果中有机磷、有机氯、拟除虫菊酯和氨基甲酸酯类农药多残留的测定》[7]。检测项目包括 α-666、β-666、δ-666、七氯、p，p′-DDE、p，p′-DDT、p，p′-DDD、氰氯氰菊酯、林丹、敌稗、乙烯菌核利、三氯杀螨醇、高效氯氟氰菊酯、氯菊酯、百菌清、三唑酮、腐霉利、丁草胺、异狄氏剂、o,p′-DDT、甲氰菊酯、氯氰菊酯、氰戊菊酯、溴氰菊酯、敌敌畏、乐果、甲基对硫磷、毒死蜱、嘧啶磷、倍硫磷、灭菌磷、甲拌磷、地虫硫磷、甲基毒死蜱、杀螟硫磷、溴硫磷、甲胺磷、治螟磷、特丁硫磷、除线磷、甲基嘧啶磷、对硫磷、杀扑磷、甲基硫环磷、巴胺磷、马拉硫磷、水胺硫磷、喹硫磷、杀虫畏、氧乐果、久效磷、磷胺,共 52 项。

2 结果与分析

2.1 草莓农药残留定性检测

农药残留快速检测技术可以测定蔬菜水果中有机磷和氨基甲酸酯类农药残留。农药对胆碱酯酶有抑制作用,其抑制率与农药的浓度呈正相关。正常情况下,酶催化乙酰胆碱水解,其水解产物与显色剂反应产生黄色物质,用分光光度计在 421 mm 处测定吸光度,随时间的变化值计算出抑制率,通过抑制率可判断出样品中是否有高剂量的有机磷或氨基甲酸酯类农药的存在。

2022 年共抽取草莓样品 7 396 个。涉及百善、小汤山、崔村、南邵、南口、沙河、十三陵、马池口、阳坊、流村、北七家、兴寿、城南、城北共 14 个镇街,实现草莓速测全域覆盖。14 个镇街草莓采样量排序表,见表 1。

表 1 草莓采样量排序表

镇街	采样量/个	镇街	采样量/个
兴寿	4 335	流村	182
小汤山	827	南口	141
崔村	457	沙河	101
百善	422	城北	12
马池口	361	城南	10
阳坊	360	北七家	1
南邵	186	十三陵	1

草莓样品采集最多的是兴寿镇,共计 4 335 个,与 2022—2023 年昌平草莓种植计划基本一致,最大程度上实现兴寿镇涉及各村草莓种植户的快速检测全覆盖。样品采集最少的是北七家镇和十三陵镇,仅有 1 个,主要原因是 2022 年疫情期间北七家镇疫情高发致使采样受阻,而十三陵镇本身只有 2 个种植户且种植面积小。兴寿、百善、小汤山、崔村、南邵这 5 个草莓主要种植地区,草莓抽样检测占比达 84.2%。

草莓农残快速检测结果:对 7 396 个草莓样品的有机磷和氨基甲酸酯类农药残毒进行快速检测,检测合格率为 100%。

2.2 草莓农药残留定量检测

2.2.1 草莓中 52 种农药检测结果

在 7 396 个草莓样品中,抽取一定比例进行定量检测。2022 年完成定量检测的 250 个草莓样品,涉及兴寿镇 155 个、小汤山镇 38 个、崔村镇 25 个、南邵镇 32 个,共 8 个基地和 70 个农户。对 250 个草莓样品中 52 种农药的检出分布进行统计,见表 2。

表 2　草莓中 52 种农药检出分布情况

农药名称	检出次数/次	检出率/%
腐霉利	131	52.4
百菌清	46	18.4
三唑酮	17	6.8
氯菊酯	12	4.8
甲氰菊酯	10	4
高效氯氟氰菊酯	2	0.8
溴氰菊酯	1	0.4
磷胺等其他 45 种农药	0	0

草莓中未检出农药 45 种：α-666、β-666、δ-666、七氯、p，p′-DDE、p，p′-DDT、p，p′-DDD、氟氯氰菊酯、林丹、敌稗、乙烯菌核利、三氯杀螨醇、丁草胺、异狄氏剂、o，p′-DDT、氯氰菊酯、氰戊菊酯、敌敌畏、乐果、甲基对硫磷、毒死蜱、嘧啶磷、倍硫磷、灭菌磷、甲拌磷、地虫硫磷、甲基毒死蜱、杀螟硫磷、溴硫磷、甲胺磷、治螟磷、特丁硫磷、除线磷、甲基嘧啶磷、对硫磷、杀扑磷、甲基硫环磷、巴胺磷、马拉硫磷、水胺硫磷、喹硫磷、杀虫畏、氧乐果、久效磷、磷胺。

草莓中检出农药 7 种：腐霉利、百菌清、三唑酮、氯菊酯、甲氰菊酯、高效氯氟氰菊酯、溴氰菊酯。对检出的 7 种农药按照检出率从高到低进行排序，依次为腐霉利＞百菌清＞三唑酮＞氯菊酯＞甲氰菊酯＞高效氟氯氰菊酯＞溴氰菊酯；检出率最高的是腐霉利 52.4%。

2.2.2　草莓中 7 种检出农药最大残留限量分析

对检出的 7 种农药进行最大残留限量分析，见表 3。

表 3　草莓中 7 种检出农药最大药残留限量分析

农药名称	检出最高值/(mg/kg)	最大残留限量/(mg/kg)	是否超标
腐霉利	2.31	10	否
百菌清	0.135	5	否
三唑酮	0.130	0.7	否
甲氰菊酯	0.034	2	否
氯菊酯	0.007	1	否
高效氯氟氰菊酯	0.003	0.2 *	否
溴氰菊酯	0.011	0.2 *	否

注：* 参考浆果及其他小型水果最大残留限量值规定。

根据 GB 2763—2021《食品安全国家标准　食品中农药最大残留限量》的规定，本次检出的 7 种农药，依据草莓及浆果的限量值判定，均未发现超标样品。

腐霉利属于低毒性杀菌剂，主要是抑制菌体内甘油三酯的合成，具有保护和治疗的双重作用。生产中主要用于防治草莓灰霉病。腐霉利在草莓上的最大残留限量值是 10 mg/kg，在 250 个草莓样品中腐霉利检出的最高浓度是 2.31 mg/kg。有研究表明，腐霉利在温室大棚草莓中降解速率较慢，在施药后 27 d 仍有检出[8]。虽然本次未发现超标样品，但是检出次数频繁、检出率高、降解速度慢，依然存在安全风险。

百菌清是广谱、保护性杀菌剂。作用机理是通过与真菌细胞中的三磷酸甘油醛脱氢酶发生作用，与该酶中含有半胱氨酸的蛋白质相结合，从而破坏该酶活性，使真菌细胞的新陈代谢受破坏而失去生命力。草莓生产中经常使用75%百菌清可湿性粉剂，用于防治灰霉病、白粉病。百菌清在草莓上的最大残留限量值是 5 mg/kg，在 250 个草莓样品中腐霉利检出的最高浓度是 0.135 mg/kg，检出浓度远远低于 2/3 残留限量值，且检出值低，不存在安全风险。

三唑酮又称粉锈宁，是一种内吸性强的高效、低毒、低残留杀菌剂。被植物吸收后，能在植物体内传导，对锈病和白粉病具有预防、治疗等作用，在作物上使用较为安全。草莓生产中使用 15%三唑酮烟雾剂、25%的三唑酮可湿性粉剂进行防治草莓白粉病发生。三唑酮在草莓上的最大残留限量值是 0.7 mg/kg，在 250 个草莓样品中三唑酮检出的最高浓度是 0.130 mg/kg，检出浓度低于 2/3 残留限量值，且检出率低，不存在安全风险。

甲氰菊酯、氯菊酯、高效氯氟氰菊酯、溴氰菊酯，4 种农药均属于拟除虫菊酯类农药，且是一类应用非常广泛的杀虫剂，具有高效、低毒、低残留等优点。草莓中检出这 4 种农药，但检出浓度低于 2/3 残留限量值，且检出率低，不存在安全风险。

2.2.3 草莓中有机磷类农药和有机氯类、拟除虫菊酯类农药对比分析

本次检测旨在对 2022 年上市前的草莓初级农产品进行定量检测，及时发现农产品安全问题，提高食品安全意识，保障消费者的健康权益。有机磷类农药和有机氯类、拟除虫菊酯类农药性质不同、检测方法也不同。

本次检测有机磷类农药共计 28 种，包括敌敌畏、乐果、甲基对硫磷、毒死蜱、嘧啶磷、倍硫磷、灭菌磷、甲拌磷、地虫硫磷、甲基毒死蜱、杀螟硫磷、溴硫磷、甲胺磷、治螟磷、特丁硫磷、除线磷、甲基嘧啶磷、对硫磷、杀扑磷、甲基硫环磷、巴胺磷、马拉硫磷、水胺硫磷、喹硫磷、杀虫畏、氧乐果、久效磷、磷胺。有机磷类农药多为禁、限用农药，本次 28 种农药均未检出，说明草莓生产过程中基本不使用有机磷类农药[9]。

本次检测有机氯磷类、拟除虫菊酯类农药共计 24 种，包括 α-666、β-666、δ-666、七氯、p，p′-DDE、p，p′-DDT、p，p′-DDD、氟氯氰菊酯、林丹、敌稗、乙烯菌核利、三氯杀螨醇、高效氯氟氰菊酯、氯菊酯、百菌清、三唑酮、腐霉利、丁草胺、异狄氏剂、o，p′-DDT、甲氰菊酯、氯氰菊酯、氰戊菊酯、溴氰菊酯。本次检出的 7 种农药均为有机氯及拟除虫菊酯类农药，说明该类型农药在草莓种植过程中使用较频繁，草莓生产过程中应该加强对此类农药的用药指导，规范用药，重视农药安全间隔期。

3 结论与讨论

3.1 草莓农残定性检测

继续加大抽检力度。受 2022 年新冠疫情影响，草莓取样时没能完全覆盖到昌平草莓 16 家地标企业。2023 年草莓取样需加大草莓地标企业取样力度，尤其要保证 16 家地标企业的抽样检测频率。同时，继续对兴寿、崔村、南邵、小汤山、百善五个草莓主要种植镇加大抽检力度。

草莓快速检测方法多样化。2022 年草莓快速检测采用酶抑制法，仅测定有机磷和氨基甲酸酯类这一大类农药。由于草莓中色素较多，酶抑制法不能有效去除色素，在检测样品时容易出现假阳性现象。酶抑制法快速检测对农药种类的针对性不足，应按照“用什么检什么”的原则，积极推广使用胶体金免疫层析技术在草莓农药残留速测中的应用[10]。

3.2 草莓农药残留定量检测

重点关注草莓中腐霉利农药残留。本次草莓中检出农药 7 种为腐霉利、百菌清、三唑酮、

氯菊酯、甲氰菊酯、高效氯氟氰菊酯、溴氰菊酯。经过分析，腐霉利检出次数频繁、检出率高、降解速度慢，依然存在安全风险，应作为今后监督抽查或风险监测的重点参数。

加快农药多残留检测项目开发。本次检测 52 种农药残留检测项目，使用方法参照的是 NY/T 761—2008，使用仪器为气相色谱仪。但是近几年检测技术发展迅速，目前在农药残留检测方面，主要使用 GB 23200.113—2018《食品安全国家标准　植物源性食品中 208 种农药及其代谢物残留量的测定　气相色谱-质谱联用法》[11]、GB 23200.121—2021《食品安全国家标准　植物源性食品中 331 种农药及其代谢物残留量的测定　液相色谱-质谱联用法》[12]，气相色谱和液相色谱虽然定量准确，但是易出现假阳性，在定性方面难以实现多种农药同时筛查，加快推进气质联用法在农药多残留检测项目的开发，从而提高检测数据准确度，满足目前的实际检测需求显得尤为重要。

3.3　昌平草莓农产品质量安全状况

2022 年昌平区草莓总体抽样 7 396 个，其中完成农药残留定性检测 7 396 个、农药残留定量检测 250 个。定性检测合格率为 100%，定量检测未发现农药残留超标问题。从检测情况来看，昌平草莓农产品质量安全状况良好。但是草莓生产过程中使用的农业投入品、病虫害防治过程中用到的各类农药、草莓种植主体管理水平参差不齐等因素，依然对草莓质量安全构成风险点，今后还应该坚持定性检测为主、定量检测为辅的方针，继续强化草莓监测力度。

参考文献

[1] 于静湜，齐长红，陈加和，等．昌平区草莓产业发展现状及对策建议[J]．蔬菜，2021，(z1)：100-105.

[2] 陈卫文，麻宏蕊，陈庆江．北京市昌平区设施农业绿色高效发展建议[J]．农业工程技术，2021，41(34)：86-91.

[3] 白瑶，陈思，郭丽霞，等．草莓乙草胺事件风险交流案例分析．农产品质量与安全，2017(3)：81-94.

[4] 中华人民共和国农业行业标准．NY/T 789—2004 农药残留分析样本的采样方法．

[5] 中华人民共和国国家卫生和计划生育委员会，中华人民共和国农业农村部，国家市场监督管理总局等．GB 2763—2021 食品安全国家标准　食品中农药最大残留限量[S].

[6] 中华人民共和国农业行业标准．NY/T 448—2001 蔬菜上有机磷和氨基甲酸酯类农药残毒快速检测方法[S].

[7] 中华人民共和国农业部．NY/T 761—2008 蔬菜和水果中有机磷、有机氯、拟除虫菊酯和氨基甲酸酯类农药多残留的测定．

[8] 薛丽，刘敏，张宏雨，等．温室大棚草莓 7 种农药降解动态[J]．蔬菜，2017(1)：49-54.

[9] 张思远，方琪，焦必宁．果品中有机磷农药联合毒性研究进展[J]．果树学报，2017，34(1)：94-105.

[10] 倪诗瑶，刘欠欠．草莓农药残留快速检测方法对比分析[J]．上海农业科技，2022，1：30-32.

[11] 中华人民共和国国家卫生健康委员会，中华人民共和国农业农村部，国家市场监督管理局．GB 23200.113—2018 食品安全国家标准　植物源性食品中 208 种农药及其代谢物残留量的测定　气相色谱-质谱联用法[S].

[12] 中华人民共和国国家卫生健康委员会，中华人民共和国农业农村部，国家市场监督管理总局．GB 23200.121—2021 食品安全国家标准 植物源性食品中 331 种农药及其代谢物残留量的测定　液相色谱-质谱联用法[S].

农药减量增效现状及发展前景探讨

薛丽[1,2],张卫东[1],李辉[1],王尚君[2],田雨超[1]
(1. 北京市昌平区耕地保护站 102200 2. 北京市昌平区
农业机械化技术推广站 102200)

摘要:本文回顾了2015年农业部提出"到2020年农药使用量零增长行动"以来,我国农药减量增效的主要措施及其成效,分析了我国农药减量增效行动面临的问题和挑战,并展望了我国农药减量增效行动的前景。

关键词:农药;减量增效;现状;发展前景

中国是农业大国,人口众多,解决"三农"问题是全党工作的重中之重。为保障农产品的产量和质量,农药是农业生产中不可或缺的投入品,发挥着至关重要的作用。农药的使用是一把"双刃剑",因为其有一定的危害性,使用不当会造成一定的食品安全问题。本文针对当前农产品生产环节中农药减量增效的现状进行分析,对发展前景进行探讨。

1 农药减量增效的主要成效

1.1 农药用量显著减少、农药品种持续优化

随着农业主管部门提出的"预防为主、综合防治"理念的大力推广,逐渐深入人心,农民在施药方面更加理性化和科学化。2015年我国农药使用量29.95万t,农作物总播种面积1.668亿hm^2,单位面积农药使用量1.795 kg/hm^2;2018年农药使用量为26.84万t,农作物总播种面积1.659亿hm^2,单位面积农药使用量1.618 kg/hm^2。由此看出,农药使用量呈下降趋势,实现"零增长"目标。单位面积农药使用量负增长,降幅9.9%。2021年我国农药使用量与2020年基本持平,为26万t[1-3]。

由于科技水平的提升,一批高活性、低毒低残留的新型农药不断投入使用,农药品种和结构得到了持续的优化。剧毒农药的禁止使用、高毒农药限制使用,大力推广对羟基苯基丙酮酸双氧化酶(HPPD)类除草剂、双酰胺类、新烟碱类杀虫剂、甲氧基丙烯酸酯类杀菌剂等高活性农药。生物农药和高活性农药用量持续增长,化学农药明显减少,农药使用品种持续优化。2015—2020年高毒农药与生物农药使用量见图1和图2。可以看出高毒农药使用量呈现持续下降趋势,生物农药使用量呈明显上升。

1.2 推进施药新技术,促进农药利用率大幅度提升

老式的背负式喷雾器等传统老旧机械,不但施药效率低下,耗费劳动力,且因为无法精准施药造成大量农药资源浪费。农业技术推广部门近些年来通过开展植保无人飞机、大型喷杆喷雾机等新型植保机械和高效常温烟雾施药技术的推广示范,很好地解决了农药利用率低、用

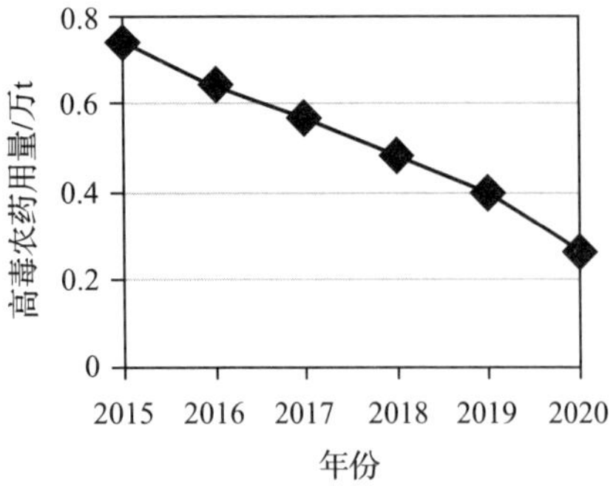

图1　2015—2020年高毒农药使用量

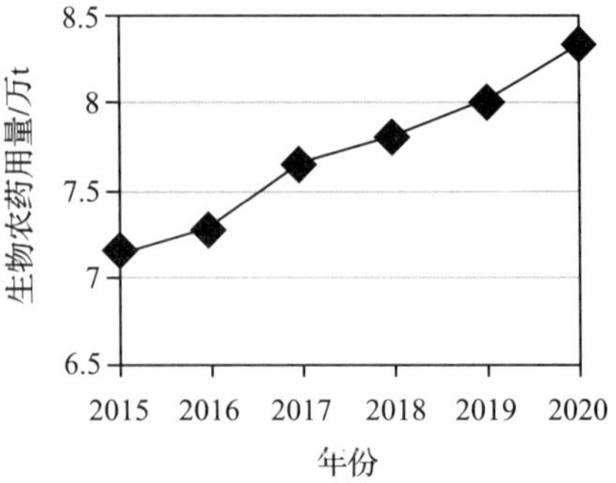

图2　2015—2020年生物农药使用量

水量大、施药时间长等问题，不但提高了作业效率，节约成本，更是实现高效精准施药，大大提升了农药利用率，且操作简单、安全可靠。

1.3　大力推广病虫害绿色防控措施，满足绿色农业发展需求

农业措施方面：选用适宜的农作物品种。根据地理气候条件，选择适宜的抗性品种，适宜的农作物品种具有抗耐病虫害、优质、高产等优点；土壤消毒和轮作换茬在减少病虫害传播方面也有很好的效果。

生态调控方面：田间清洁必须做好做实，及时清除地膜、杂草、病叶以及秸秆菜果残体。棚体通风降湿、深耕细耙等农事细节做到位，保证雨停沟干，畦面不积水，从而减少病害的发生。

物理措施方面：覆盖防虫网，防止病害虫迁入，阻隔病虫害传播；光色性诱捕诱杀技术，利用害虫趋色性和趋光性，采用不同颜色的粘虫板和安装太阳能杀虫灯诱杀害虫。目前光色性一体化诱捕诱杀融合技术也在小范围推广示范。

生物防治方面：生物防治技术是利用食物链的相关性达到“以虫治虫”的目的，利用天敌来提升预防病虫害效果；性信息素诱杀和推广生物农药也是生物防治常用手段。

据监测，自2015—2022年，国家农产品质量安全例行监测总体合格率为97%以上，2022年合格率达到97.6%，农产品安全状况持续保持上升[4]。

2　农药减量增效行动面临问题和挑战

2.1　害虫的抗药性和农药残留危害性风险不容忽视

为了提高农产品产量，病虫害防治最快速最有效率的防治方式就是施用农药。农户在种植过程中会因为施用过量农药或者施用方法不科学等因素，一方面导致作物对农药的过分依赖，从而出现害虫的变异，增加了对农药的抗药性；另一方面也会出现农产品质量安全问题，过量的残留农药危害性风险增强。循序渐进和持续推广农药减量增效行动任重而道远。

2.2　统筹兼顾产量提升与农产品质量安全的矛盾突出

农药减量增效行动中，兼顾产量提升与农产品质量安全在实施初期是一个矛盾体，农业技术推广人员必须理性对待、认清形势。给农户普及科学知识，让农户从心理上能接受，并且一丝不苟地执行下去。只有这一对矛盾做到统筹兼顾了，才能彻底实现农药零增长目标。随着耕地地力和质量提高，大量新型农业技术和农业机械的推广以及农业作业者观念的转变，这一对矛盾会迎刃而解，相得益彰。

2.3 地方财政资金困难，难以落实到位

由于地区经济差异较大，地方财政虽然把这部分资金列入每年的财政计划中，但是由于某些原因，地方财政困难的地区往往很难按量落实到位，农民自筹更是难上加难，项目的推进和持续推广困难很大。

3 农药减量增效前景展望

3.1 持续提升土壤和病虫害监测能力

加强地区病虫害监测，积极推进智能化病虫害监测工具应用，建立农作物重大病虫害台账，形成智能化实时监测网络体系，可以对本地区来年病虫害预警。加强推广高空测报灯、昆虫雷达等新型监测装备的应用，为准确及时高效防治病虫害提供有力支撑[5]。

3.2 大力扶持绿色可持续发展投入品

研发创新绿色可持续发展的农药，持续升级优化农药产品结构[6]。通过轮换用药、科学选用高效低风险农药，升级生物防治和物理防治器械等手段，可以治理病虫害抗性和减少农药污染，达到科学用药、提升产品质量等效果，实现农业可持续发展。截至 2021 年年底，登记在册的生物农药有效成分有 141 个、产品数量 2 105 个。农药品种和结构持续改善[7]。

3.3 推进农药融合发展模式

一是农药技术集成方面。大力开展调研，针对用药问题进行科学分析，深入研发农药减量核心技术深度融合；二是农药融合服务方面。打开职能分离局面，走出管理缺失的困境，探索专业化融合服务模式[8]。

参考文献

[1] 秦萌，任宗杰，张帅，等．从“农药零增长行动”看“农药减量化”发展[J]. 植保导刊，2021，41(11)：89-94.

[2] 中华人民共和国国家统计局．中国统计鉴[M]. 北京：中国统计出版社，2001—2020.

[3] 中华人民共和国国家统计局．中国农村统计鉴[M]. 北京：中国统计出版社，2001—2020.

[4] 魏启文，曾娟，秦萌，等．新时期我国化肥农药减量增效与农产品质量安全提升的探讨[J]. 农产品质量与安全，2023(1)：6-9，14.

[5] 卢海典，刘贤金．种植业生产过程标准体系发展现状与对策建议[J]. 农产品质量与安全，2016(4)：18-22.

[6] 倪学志，于晓媛．耕地轮作、农业种植结构与我国持久粮食安全[J]. 经济问题探索，2018(7)：78-88.

[7] 魏启文．适应形势 创新思路 推进我国植物保护在改革中发展[J]. 植保导刊，2021，41(1)：5-9.

[8] 张慧鹏．大国小农：结构性矛盾与治理的困境：以农业生态环境治理为例[J]. 中国农业大学学报(社会科学版)，2020，37(1)：15-24.

农产品药物残留的初步探讨

田雨超[1]，张卫东[1]，刘敏[1]，田炜玮[2]，王福乐[1]，李玉勇[1]，薛丽[3]
（1. 北京市昌平区耕地保护站　102200　2. 北京市昌平区农业服务中心　10200
3. 北京市昌平区农业机械技术推广站　102200）

摘要：食品安全问题一直是全球关注的焦点，受到各国政府和全社会的高度重视。农药和兽药通过污染食品进入人体，将对人体产生急性毒性和慢性毒性，危害甚至影响后代。目前检测动物源性食品里的农药残留或者检测植物源性食品里兽药残留并不多，本文对植物源性食品兽药药残留及动物源性食品农药残留行初步探讨，期望对今后的研究有所帮助。

关键词：食品安全；植物源性食品；动物源性食品；药物残留

1　食品安全问题现状

随着经济的发展和人民生活水平的提高我国民众的生活方式也在转变，再也不光是吃得饱，而是要吃得健康，吃得营养。研究者不仅仅要研究农作物产量更要研究品质（包括外观，口感）营养和药物残留等各个方面，畜禽养殖也要在兼顾产量的同时保证动物产品检疫合格，饲养环境污染减少。因此食品添加剂过量、农兽药残留超标、生长激素过量使用等食品安全问题也会随着社会发展不断涌现。人类处于食物链最顶端，每个环节出现问题都会直接或者间接危害人类身体健康。近年来，相关的文献报道中我国畜禽产品中农药残留特别是滴滴涕（DDT）、六六六（HCH）、多氯联苯（PCB）和三氯乙烯等，仍有检出甚至超过最大残留限量[1-5]。

在渔业生产中，也常用有机磷农药试剂来杀灭体外寄生虫等敌害生物。人们在生产过程中，大量成分复杂的有毒废水进入水环境，对水生生物造成危害，破坏水域生态环境。近十年来，近岸水域受有机磷农药的污染不断导致了大批的鱼虾贝死亡事故。施用含有重金属的有机肥将引起土壤污染，危害农产品安全。已有报道指出，在红壤和黑土上的长期定位实验研究表明，长期施用有机肥引起了土壤中重金属的显著富集[6]。2022 年第 1 次国家农产品质量安全抽检总体合格率为 97.7%结果显示，蔬菜、畜禽产品和水产品合格率分别为 97%、99%和 97.4%。虽然我国食品安全水平在不断提高，但我国食品安全治理体系仍存在薄弱环节，我国仍处于食品安全隐患凸显和高发期。

2　食品中药物残留的来源与危害

2.1　植物源性食品兽药残留的来源和危害

兽药亦称动物药剂是指施于各种动物的具有预防、治疗、保健、诊断疾病或能提高动物生产性能的药物及其制品[8]。兽药残留是指食用动物在应用兽药(包括药物添加剂)后,蓄积或储存在细胞、组织或器官内或进入乳和蛋等产品中的药物原型以及有毒理学意义的代谢物和药物杂质。兽药残留分为7类:抗生素类、驱肠虫药类、生长促进剂类、抗原虫药类、灭锥虫药类、镇静剂类和β-肾上腺素类。植物源性食品兽药残留来源主要是被污染和有药物蓄积的土壤及被污染的水。

我国食用动物每天排出的粪便量都十分巨大,如果得不到有效处理,会对生存环境造成很大影响,而且粪便中的微生物、致病菌还会危害其他动物或者人体的健康,我国仍存在很多的农户散养问题,动物粪便有时不经处理直接作为农作物肥料使用,植物根系吸收土壤中粪便里的药物进而富集到农作物里。粪便被排放到水环境中还会造成水体严重污染,从而进一步影响人们的生活和生产。畜牧养殖每天都需要排放大量污水,这些污水既有动物尿液,也有养殖场产生的各种废水,一般养殖场都有污水处理系统,将这些废水有效处理之后再进行排放,可极大减轻对环境的影响。但有些养殖场或一些个体养殖户并不处理污水,而是直接将其排放到河流或鱼塘当中,会使水体发生巨大变化,引发水生生物的大量死亡;如果这些污水渗透到地下还会污染地下水环境,如果人使用了被污染的地下水,身体健康会受到严重影响。畜牧养殖过程中动物会遇到各种疫病,在积极治疗的同时,动物也会出现死亡,对于动物尸体必须立即进行无害化处理,但有些养殖户或不规范的养殖场却随意处理动物尸体,导致疫病大范围传播,而且动物尸体在腐败过程中也会产生很多细菌和微生物,这严重影响生态环境,也会间接制约种植业的可持续发展。

2.2 动物源性食品农药残留的来源和危害

随着各级政府部门日益加强对畜禽产品中兽药残留的监控力度、规范兽药生产和使用,兽药残留引起的食品安全问题逐渐得到缓解,但畜禽产品中农药残留问题凸显出来[9]。农药残留不仅影响我国畜禽产品质量安全水平和出口贸易,更重要的是对人体健康带来了直接或间接的危害。人体摄入农药残留超过限量的畜禽产品会引起多种疾病,如甲基汞的靶器官是人脑,有机磷的农药靶器官是神经系统,效应器官是瞳孔,唾液腺和横纹肌等,DDT(滴滴涕)在脂肪中可达到很高的浓度,靶器官为中枢神经系统和肝脏。

农药按用途可分为杀虫剂、除草剂、杀菌剂等,其中杀虫剂在中国应用最广泛。杀虫剂按化学组成及结构分为有机氯类、有机磷类、氨基甲酸酯类、拟除虫菊酯类、新烟碱类等[10]。农药残留指使用农药后残留在生物体、农副产品和环境中的微量农药原体及其有毒代谢物或杂质[11],但农药使用不当既可造成环境污染,也可引起农作物上的农药残留,并通过食物链的蓄积和传递作用进入畜禽机体,从而成为导致畜禽产品农药残留的主要原因[12]。一般情况下,农作物、饲料和畜禽产品三者的农药浓度水平具有相关性。

畜禽产品中的农药残留主要来自饲料中农药残留的转移。农作物的表皮、壳、根茎等部位的农药残留量往往比可食部分高。与人类在食品消费前需要经过一系列脱皮、清洗和烹调等处理不同,畜禽往往直接采食农作物的皮、壳、根等农药残留较高的部位,如果畜禽不能完全代谢饲喂途径进入机体的农药,继而在畜禽自身体内蓄积,饲料中的农药残留直接影响到畜禽产品质量,最终就会引发畜禽产品食品安全问题。国标中对饲料农药残留测定的主要指标就是六六六、滴滴涕。含砷、汞的代谢产物难以降解,长期残存于农田环境和农作物上,短期内无法消除对畜禽饲料的污染影响。

3 存在问题及分析

近年来,国内监测畜禽肉、蛋中有机磷、氨基甲酸酯类、拟除虫菊酯类农药残留的报道较少。有机氯农药极难降解,使用之后在土壤中的残留高达数十年,且容易溶解在脂肪中。因此,鱼、肉、奶中极易积存有机氯,这也是我国目前禁止生产、使用"六六六"、"滴滴涕"等有机氯农药的主要原因。我国1983年开始全面禁止生产DDT、HCH等有机氯农药,但畜禽产品中仍然能检测出有机氯农药残留[13],动物性食品中HCH、DDT残留量显著高于植物性食品[14]。动物粪便中的抗生素及其耐药基因、重金属、病原体等污染物,可以在动物粪便的转运、储存、加工和利用过程中进入农田土壤、地表水和地下水,污染食品,对人类健康构成直接和间接的风险[15]。

鱼肉类样品中的有机磷农药残留水平较高,其他种类样品残留水平相对较低。我国目前暂无动物性食品中有机磷农药残留的限量规定,参照国际食品法典委员会(CAC)规定的最大残留限量(MRL)。目前我国国家标准GB/T 5009.161—2003《动物性食品中有机磷农药多组分残留量的测定》[16],GB/T 5009.163—2003《动物性食品中氨基甲酸酯类农药多组分残留高效液相色谱测定》[17],GB/T 5009.19—2008《食品中有机氯农药多组分残留量的测定》[18]和GB/T 5009.162—2008《动物性食品中有机氯农药和拟除虫菊酯农药多组分残留量的测定》[19]规定了检测方法。国内外研究报道了禽蛋中有机氯类、有机磷类、拟除虫菊酯类、氨基甲酸酯类、苯并咪唑类、苯基吡唑类等农药残留的实验室检测方法。在国家标准GB 19301—2010中规定牛奶农药残留限量仅包括DDT、HCH和林丹3种农药,限量分别为0.02 mg/kg、0.02 mg/kg、0.01 mg/kg。虽然我国已有了一套相对完善的食品卫生标准,但严重缺乏畜禽产品中有机磷、氨基甲酸酯类、拟除虫菊酯类等农药残留限量标准,特别是许多剧毒、高残留的农药没有制定限量指标。

4 应对措施

4.1 研究推广农药兽药替代药物和方法

传统高毒农药非药物替代方式主要是使用各类农药进行替代施用,对食品安全、环境保护、人类健康仍有一定的不良影响。研究推广兽药替代品,推广运用酶制剂替代抗生素,减少违禁药物施用、确保动物源性食品质量安全。从源头上即饲料原材料农作物的生产过程中控制农药残留污染。推行"绿色饲料"、保证原料安全广泛应用微生态制剂、低聚糖、酶制剂、酸制剂、防腐剂和中草药等绿色添加剂。要坚持"预防为主"的原则,预防畜禽发生疾病。进行抗病品种栽培、标准化(精确)栽培技术、昆虫性诱剂诱杀、物理杀虫灯、黄(蓝)色粘虫板诱杀、生物多样性优化种植、田间废弃菜叶处理池、间(轮、套)种技术等非药物替代技术的应用推广。

4.2 执行有机肥替代部分化肥技术

有机肥替代部分化肥技术是实施化肥减量、提质增效的主要途径。在果树、蔬菜等经济作物上推广应用商品有机肥、畜禽粪污堆肥、沼渣沼液等,探索有机肥替代化肥技术模式,提高土壤综合生产能力,减少化肥用量。刘思佳和胡业殊[20]研究显示,施用有机肥可提高土壤pH和有机质含量,50%的有机肥替代化肥处理可以显著提高土壤速效养分含量。汪苏洁[21]提出有机肥替代部分化肥能在减少化肥用量的基础上,增加土壤肥力,维持作物产量,改善作物品质,还可以实现土地的可持续利用和农业废弃物的循环利用。

合理利用有机养分资源,用生物有机肥替代部分化肥,实现有机无机相结合,提升耕地基础地力。动物粪便可以作为有机肥料应用,但是需要经过发酵处理,这样才能将粪便中的病原微生物杀死,之后再将粪便应用在农作物种植中,便可以在节约肥料的同时确保农作物生长效果,不但可以增加种植户的收入,还能够减少环境污染。

4.3 完善检测方法提高检测能力

与国际组织和发达国家相比,我国在畜禽产品农药残留限量标准制定方面存在着较大缺陷。我国畜禽产品中农药残留限量只有六六六、滴滴涕等 8 种,需加强饲料和土壤中药物残留监测的水平,开展畜禽产品中农药残留系统监测,及环境污染监测。畜禽产品中农药残留检测是进行微量或超微量甚至是痕量分析,而且涉及的药物品种多,化学结构和性质各不相同,待测组分也十分复杂,特别是一些农药的有毒代谢物、降解物、转化物、中间产物是国际禁止使用的持久污染物(POPs),需要先进的检测设备和技术。

检测机构要加强相关专业人才的吸收和培养。要定期开展技能提升培训,可聘请权威专家或业内技术骨干传授相关知识,也可与同级单位进行学习取经,不断提升检测人员的专业能力与技术水平。

4.4 建立健全农产品质量安全风险评估体系

引进和消化国外先进的风险评估的科学方法,同时结合我国实际,开展农药残留通过饲料作物进入畜禽产品的转化行为、农药在畜禽体内代谢规律、代谢产物的毒性转化,动物排泄物对土壤环境及地下水影响等领域的研究,加速推进我国食品污染物监测网建立,对农产品从种到收的全过程实施跟踪监测。对每一环节可能出现的问题都能做到有据可查,并能及时准确地找到解决办法,加快推进信息发布的高度透明化,保障农产品质量安全。

5 结论

农药和兽药污染及检测方法相结合进行研究,从长远来看,能否改变食品动物兽药残留的现状,取决于整个社会的重视程度和各方面的协同配合,需要政府、管理部门和监测检疫部门的高度重视和广大民众的支持,提高畜禽产品质量,确保食品安全。虽然我国的科学工作者通过不懈的努力,寻找出各种科学、准确的方法来检测畜禽产品中的农药残留量,但是这并不能彻底改变畜禽产品中农药残留超标的现状,只有严格把握用药的源头,科学、合理地用药才是把控食品安全的有效方法和途径。

参考文献

[1] 吴兰. 饲料安全法律体系的健全:评《国际食品饲料中农药残留限量法规》[J]. 中国饲料,2021(7):154.
[2] 赵云峰,袁宗辉,吴永宁. 2000 年湖北省膳食样品有机氯农药六六六和 DDT 残留溯源分析[J]. 中国食品卫生杂志,2004,(5):397-399,464.
[3] 周东旭,礼晓,杨意峰,等. 六六六在饲养鸡体内的残留水平[J]. 环境科学,2008,29(1):207-211.
[4] 于国光,孙彩霞,张志恒,等. 不同国家/地区鸡肉中农药残留限量的分析及对策[J]. 浙江农业科学,2020,61(10):2136-2137.
[5] 李萍,王绪卿. 肉及蛋类食品中氨基甲酸酯类农药多组分残留高效液相色谱分析[J]. 卫生研究,2002,(6):465-467.
[6] 徐明岗,武海雯,刘景. 长期不同施肥下我国 3 种典型土壤重金属的累积特征[J]. 农业环境科学学报,

2010,29(12):2319-2324.

[7] 李俊．食用农产品质量安全监管与检测技术动态[J]. 食品安全质量检测学报,2021,12(11):4317-4318.

[8] 边连全．农药残留对饲料的污染及其对畜产品安全的危害[J]. 饲料工业,2005,26(9):1-5.

[9] TOMIZAWA M, CASIDA J E. Neonicotinoid insecticide toxicology: mechanisms of selective action[J]. Annual review of pharmacology and toxicology,2005,45:247-68.

[10] 周辉,张志转．中国蔬菜农业污染现状、污染来源及污染防控[J]. 农业灾害研究,2013,3(5):27-38,50

[11] 杨桂强,姚建仁,郑永权,等．饲料污染与食品安全[J]. 饲料研究,2005(3):14-18.

[12] 蔡江,吴回丽,齐德生,等．饲料中农药残留与饲料安全[J]. 河南畜牧兽医,2004,(2):33-34.

[13] 陈树兵．蔬菜和大米中农药多残留分析方法研究及有机氯农药残留水平分析[D]. 南京:南京农业大学,2005.

[14] 吴玉高,李卓阳,方菁．畜禽粪便还田所致环境污染现况及其健康危害[J]. 环境与职业医学,2021,38(11):1284-1290

[15] 中华人民共和国卫生部,中国国家标准化委员会．动物性食品中有机磷农药多组分残留量的测定:GB/T 5009.161—2003[S].

[16] 中华人民共和国卫生部,中国国家标准化委员会．动物性食品中氨基甲酸酯类农药多组分残留高效液相色谱测定:GB/T 5009.163—2003[S].

[17] 中华人民共和国卫生部,中国国家标准化委员会．食品中有机氯农药多组分残留量的测定:GB/T 5009.19—2008[S].

[18] 中华人民共和国卫生部,中国国家标准化委员会．动物性食品中有机氯农药和拟除虫菊酯农药多组分残留量的测定:GB/T 5009.162—2008[S].

[19] 刘思佳,胡业殊．不同比例有机-无机肥配施对黑土土壤速效养分的影响[J]. 农业与技术,2020.40(3):44-46.

[20] 汪苏洁．有机替代对土壤特性和棉花产量形成的影响[D]. 北京:中国农业科学院,2020.

昌平区农业种植废弃物综合利用发展历程的经验与启示

邢广青[1]，陈卫文[1]，武昌[1]，段改莲[1]，李彦君[2]，王揽月[1]
周明源[3]，郭文杰[2]，于腾屿[2]
（1. 昌平区农业服务中心　2. 昌平区农业机械化技术推广站
3. 昌平区农业环境监测站）

摘要：农业废弃物资源化综合利用事关农业清洁生产、农业生态环境保护和农业绿色发展，是“三农”工作的重要内容。本文以昌平区农业废弃物综合利用发展历程为研究对象，通过分析发展历程，总结从无到有，到壮大的过程经验，为今后北京市乃至全国农业废弃物综合利用发展提供经验借鉴。

关键词：农业废弃物；发展历程；综合利用

农业废弃物是人们在进行农业生产过程中所废弃的有机物的总称[1]，主要包括农作物秸秆、蔬菜尾菜、果林枝条、农用地膜、农药包装物、畜禽粪污、农村生活垃圾等。农业废弃物如不能有效处理，会导致环境污染，影响人居环境[2]。相关研究表明，小麦、玉米等 4 种农作物秸秆焚烧产生了大量烟尘颗粒物，并导致区域性雾霾天气的发生[3]。倾倒、堆积或简单填埋的尾菜废弃物将发生腐坏，滋生病虫害，严重污染周边生态环境，成为人居环境治理的顽疾[4]。农作物废弃物在自然条件下分解产生的腐殖质随地表径流进入地下水系统，会导致水体富营养化，引起细菌、病毒传播，成为水环境污染的影响因素之一[5~6]。农业废弃物资源化利用对有效改善农村环境、提高农业资源利用率和提升农民生活环境质量具有十分重要的作用[7]。如何有效处理农业废弃物成为关系到农业农村环境质量优劣的重点问题。

北京市昌平区坚持农业农村绿色发展，以环境政策为指引，以引进推广先进装备与技术为手段，通过合理优化资源环境，推动农业废弃物综合利用向循环产业方向发展。本文通过分析昌平区农业废弃物综合利用发展历程，总结经验和方法措施，为今后北京市乃至全国农业种植废弃物综合利用发展提供技术支撑。

1　昌平区农业种植废弃物综合利用发展历程

1.1　农业种植废弃物背景情况

我国是世界最大的农业生产国，也是世界第一大秸秆产出国，占全球秸秆资源量的近五分之一。根据国家统计局数据显示，近年来，我国农业废弃物的总量不断攀升，常见的农业废弃物可以分为植物类和动物类两种。从植物类废弃物数量来看，我国近十年来粮食作物的播种面积总体呈上涨趋势，2020 年的播种面积约为 1.17 亿 hm^2，产生的农作物秸秆近 8 亿 t。目前处理方式主要有制作肥料、燃料、基质、饲料和材料化利用5种方式。全国农业废弃物存在总体统计不清、农业废弃物资源利用率低、农业废弃物资源转化技术推广不足，产业化程度不高的问题。[9]

1.2 昌平区农业种植废弃物综合利用情况

昌平区位于北京西北部，太行山脉与燕山山脉交汇处，全区总面积1 343.5 km^2，下辖8个街道，14个镇，其中山区795.4 km^2，平原548.1 km^2，共有大田及设施面积2.31万亩，果林种植面积14.8万亩，涉农17个乡镇街道(含北企公司)。经前期调查和专家团队测算，全区农作物秸秆可收集量为1.17万t，综合利用率达99%；全区设施农业废弃物(蔬菜尾菜、藤蔓及草莓秧等)2.56万t；林果废弃物(苹果、樱桃、板栗、柿子等)3.66万t。

1.3 昌平区农业种植废弃物综合利用发展历程

20世纪90年代，农业种植废弃物主要集中在小麦和玉米种植上，农业废弃物处理采用传统焚烧、秸秆粉碎直接还田和作青(黄)贮饲用。

21世纪初，昌平区开始推广牧草产业、建设设施温室和平原造林工作，传统小麦、玉米种植面积急剧减少，昌平区农业废弃物中设施蔬菜尾菜、果林枝条废弃物不断增加。

伴随着“蓝天保卫战”等三个攻坚战启动，2014年昌平区开始引进枝条粉碎、藤蔓粉碎机等设备，并示范推广，先后引进推广100余台(套)小型处理机械，覆盖20个蔬菜、草莓、果品种植基地；随着农村煤改电工作的推进，果林枝条大幅度增加，2019年昌平区开始建立镇级农业废弃物处理站，先后建设阳坊镇、十三陵镇、延寿镇、兴寿镇、流村镇等10个农业废弃物综合利用站并将兴寿镇、流村镇综合利用站升级为区域站。

2 昌平区农业废弃物综合利用支撑

2.1 收集基础数据，建立资源台账

2020年，昌平区以研究编制农作物秸秆资源台账为基础，开展实地调研与数据核算，建立涵盖农作物秸秆、蔬菜尾菜、果林枝条等多种农业废弃物的资源利用台账，摸清了全区农业废弃物资源底数。

2.2 完善顶层设计，总结策略路径

在全面倡导农业废弃物“五料化”(肥料化、饲料化、燃料化、原料化、基料化)利用的基础上，昌平区把主要精力放在肥料化和基料化利用上，形成6条比较鲜明的技术路线：一是推广农作物秸秆粉碎还田保护性耕作技术，重点装备4个农机合作社，开展小麦、玉米秸秆粉碎还田作业，增肥保墒，减少扬尘。二是示范田间智能纳米膜发酵堆肥技术，共在9个园区示范10套智能纳米膜发酵堆肥设备，实现资源内循环。三是离田工厂化制作土壤改良剂技术，引进农业废弃物生化处理成套设备，实现工厂化、规模化生产土壤改良剂。四是板栗枝条精细粉碎制作栗蘑菌棒技术，将板栗树枝条粉碎制成基料，制作栗蘑菌棒。五是林果枝条基料化染色生物质覆盖技术，引进粉碎揉丝染色设备，在农业园区铺设生态道路。六是秸秆青(黄)贮利用技术。

2.3 完善补贴机制，落实扶植政策

2015年昌平区开展农作物秸秆综合利用工作，按照项目推广形式可以分为两个阶段。第一阶段为项目补贴阶段，昌平区主要以项目的形式，引进先进农机具进行试验、示范、并在区内小范围推广；第二阶段为政策完善阶段：2020年，依托中央财政、区级财政两级资金，按照农用

优先、就近就地的原则，推广农作物秸秆综合利用工作。完善了农作物秸秆还田、离田补贴制度。支持各镇建立农业废弃物综合利用处理站开展集中收集处理利用，给予新建或提升资金最高50%奖励；农作物秸秆粉碎还田，补贴35元/亩；蔬菜尾菜和草莓秧等设施农业废弃物离田加工土壤改良剂，补贴200元/t；林果枝条废弃物粉碎原料化、基料化利用，补贴30～100元/t。2023年，按照《昌平区促进农业高质量发展的实施细则》要求，制定《关于开展农业废弃物肥料化利用的分项实施细则》，鼓励按照"一镇一站"的布局新建或提升农业废弃物（农作物秸秆、蔬菜尾菜、果树剪枝等）综合利用站，给予新增投资最高50%的补贴；各镇（街道）农业废弃物综合利用站完成回收农户收集的农业废弃物加工生产的土壤改良剂按照农业废弃物与土壤改良剂2∶1比例兑换，用于农业生产提升地力，给予农业废弃物综合利用站生产并兑换土壤改良剂补贴300元/t。

2.4　新建综合处理站，培育新型主体

根据实际需求，从培育农业大镇建站、合作社升级、生产园区三方面入手推进新型主体建设。在培育农业大镇建站方面，昌平区采用重点区域"一镇一站"的方式，东西两翼升级区域站的总体布局，鼓励农业大镇建立农业废弃物综合利用处理站，并给予奖励支持，共建设兴寿镇、南邵镇、百善镇、崔村镇、十三陵镇、延寿镇、马池口镇、阳坊镇、流村镇10个镇级处理站，1处数据采集管理中心，并升级兴寿站、流村站为区域站，各处理站配备了大中型粉碎、肥料加工、揉丝染色等各类处理加工设备30余套，包括大型粉碎设备9套、大型移动粉碎设备2套、肥料加工设备3套、揉丝粉碎染色设备1套以及配套的装载设备、降尘设备20套，综合利用能力显著提升。在培育合作社升级方面，鼓励全区农机专业合作社对农作物秸秆收储运处理机械进行装备集成升级，新增配套拖拉机、秸秆处理机械等19台套农业机械设备。在培育生产园区方面，支持园区农业废弃物就近就地自行处理，示范推广各类小型处理加工设备110余套，包括推广智能纳米膜堆肥设备10套，新型树枝粉碎机、蔬菜藤蔓粉碎机、蔬菜灭茬设备、GC100E粉碎染色一体机、JK1250/500综合破碎机、ZN-130全液压遥控割草机、BCSK600四轮拖拉机等一系列农业废弃物综合利用机械新装备110余（台）套，涵盖40余个农业园区。全区农业废弃物粉碎基料化利用年处理能力3万 t，土壤改良剂年生产能力7 000 t，揉丝粉碎染色覆盖物生产能力70 000 m^2（平均厚度5 cm厚）。

2.5　统筹多方资源，建立运行模式

充分考虑农户、合作社等各方主体需求和能力，有效整合各方优势，创新探索并建立以"区＋镇＋企业三级合作模式"为主的特色运行模式，即区级农机部门提供技术、设备和政策补贴支持，镇政府协调项目场地使用、水电供应，组织各村收集农业废弃物并送往企业，企业负责废弃物资源化利用及市场运营销售等工作。通过开发"农资宝"APP，实现农户手机预约、扫码登记、称重记录、兑换记录等多种功能，建立了农业废弃物运行的数字化管理模式，实现昌平区农业废弃物"约、收、储、运、产、换"六位一体全流程循环利用运营。

2.6　开展培训交流，扩大宣传

引进秸秆综合利用技术的同时，昌平区还在培训上下功夫，建成一站培训一站，全流程组织全员参训，确保各站可自主运行；社会面采取发放资料、授课及实际操作等方式，进行新机具、新技术培训10余次，累计培训人员600多人次。开展现场宣传活动20余次，面对面宣传咨询700多人次，发放宣传材料3万余份，向各镇发放横幅400条，选取重点园区、合作社安装固定宣传栏52块。在有序推进秸秆综合利用重点区、样板区建设的同时，兴寿处理站还成为农业农村部调研北京市秸秆(尾菜)综合利用、北京市农村厨余垃圾及农林废弃物协同资源化利用技术交流会、区人大代表视察等多项活动的考察参观点,受到各级领导一致好评。借助秸秆综合利用重点区、全量利用示范区的创建,在人民日报 APP、今日头条、BTV 公众号、北京昌平 APP 等中央、市、区媒体相关报道 20 余期,在昌平周刊进行了专版宣传,扩大了秸秆综合利用工作的社会影响。

3 昌平区农业废弃物综合利用发展对北京郊区的借鉴与启示

昌平区农业废弃物综合利用以项目建设为抓手,政策扶持为动力,借助“区+镇+企业”三级合作与农户的积极参与形成的合力,编制了农业废弃物综合利用整体规划,探索出可行的技术路线与方向,实现了区域内农业废弃物综合利用率大幅度提高。综合案例分析,获得如下启示:

一是加强底数判断与政策推广。从案例分析中可以看出,昌平区农业废弃物从最初的推广小型农机具、转变为鼓励各镇建站、针对不同处理方式给予补贴,引导着农业废弃物综合利用的发展方向。可以看出,政策的调整是随着农业废弃物处理技术与人们对农业废弃物认定范围而改变的,同时政策的调整可以更快地引导农业废弃物从减量化向肥料化的方向转变。

二是重视基础研究与实用技术。从昌平区农业废弃物综合利用的案例分析可以看出,注重基础数据的研究与技术创新,完善技术集成与示范推广是实现农业废弃物综合利用的重要发展手段。因此,推动农业废弃物综合利用,需加强农业废弃物循环利用及产业发展的系统研究,推进技术成果转化,实现可持续发展。

三是加强配套技术与循环理念的宣传。昌平区农业废弃物综合利用的发展,需依赖对配套技术的宣传,增强各镇处理站的建设决心;通过各种宣传增强农户对农业废弃物价值的认可与意识的改变。因此,推动农业废弃物综合利用可以借助现代宣传手段,加强对农业废弃物处理技术以及农业废弃物价值潜力的宣传,增强人们对农业废弃物综合利用的决心和动力。

四是建立科学的运行模式与管理机制。昌平区探索出以“区+镇+企业”三级合作的运行模式,同步建立农林废弃物资源台账,推进数字化技术应用,开发“农资宝”APP,试点推行农业废弃物全流程运营。可以看出,推动农业废弃物综合利用,需要探索配套的运行模式和管理机制。

参考文献

[1] 殷学云,崔海成,蒋宏,等. 农业废弃物在非耕地设施中的利用现状及应用前景[J]. 农业工程技术(温室园艺),2015(10):14,16,18.

[2] 油宏康. 菏泽市农业生产废弃物回收利用现状及建议[J]. 现代农业科技,2020(15):187,191.

[3] 朱佳雷,王体健,邓君俊,等. 长三角地区秸秆焚烧污染物排放清单及其在重霾污染天气模拟中的应用[J]. 环境科学学报,2012,32(12):3045-3055.

[4] 腾飞,熊波,张莉,等. 北京尾菜资源化利用技术示范与推广[J]. 农机科技推广,2020,1(1):9-12.

[5] 官会林,张云峰,张无敌,等. 滇池农田废弃物生物处理及资源化利用研究[J]. 农业环境科学学报,2006,(S2):625-628.

[6] 王磊,张乃明,杨育华,等. 滇池流域花卉蔬菜废弃物对湖泊水质影响的模拟研究[J]. 环境科学导刊,2010,29(4):42-45.
[7] 汤庆峰,高峡,李琴梅,等. 农田土壤微塑料污染研究现状与问题思考[J]. 安徽农业科学,2021,49(15):72-78,84.
[8] 汪筱琳,郭丹. 我国农业废弃物资源化处理现状及问题分析[J]. 河北农机,2021(9):167-168.

未来农业展望与探索

未来已来，创新为要。依托特色资源，坚持科技引领，树立全产业链思维，坚持一产往后延、二产两头连、三产走高端发展构想，延长产业链、升级价值链，推动农业高质量发展，切实做好昌平“土特产”文章，对于打造区域农业特色品牌具有重要意义。收入本章的论文，结合职业农民培训、美丽乡村内涵提升、经营模式创新、品牌构建与营销、智慧农业发展、先进装备应用，以及培育农业多种功能、开发农业应用场景等问题，做了深入思考和持续探索，表现出相当的专业敏感性，体现了昌平区农技推广人员强烈的使命感、责任感。

昌平区高素质农民培育工作中的问题与对策

高剑，包卫东，田炜玮，余森华，姚磊
（北京市昌平区农业服务中心　102200）

摘要：本文结合近3年昌平区高素质农民培育工程在具体实施过程中的经验，从学员遴选、基地遴选、农民教育培训管理系统使用、疫情冲击等遇到的问题入手，展开分析阐述，并提出了相应的解决对策，旨在为昌平区高素质农民培训工作提供参考，助力农民增收、乡村振兴。

关键词：昌平区；高素质农民；培训；系统

2020—2022年中央一号文件分别提出了“加快构建高素质农民教育培训体系”与“要加快培育高素质农民”的相关论述。昌平区农业农村局、昌平区农业服务中心认真落实文件精神，坚持党建引领，重点以高素质农民培育抓手、以一二三产业融合发展为路径，以推动高质量发展为主题，紧紧围绕稳“米袋子”、抓“菜篮子”，重点发展蔬菜、草莓、苹果等特色优势产业，推动昌平区高素质农民综合素质能力提升。按照历年北京市农业农村局关于《北京市高素质农民培育工作实施方案》的文件要求，昌平区在2020—2022年，围绕本区草莓、苹果、蔬菜等产业举办高素质农民培训班12个班次，培育高素质农民456人。每个班次根据培训主题不同，累计开展5～15 d不同时长的培训。本文以近3年昌平区高素质农民培育工作为切入点，重点研究培训实施中存在的问题，并提出合理化建议，促进高素质农民培训工作提质增效。

1　存在的主要问题

1.1　场地选择限制

目前，高素质农民培训地点大多选择在酒店、会议中心等政府采购定点单位，普遍距离农民较远，需要住宿，导致学员参加培训期间无法顾及生产。现场教学场地一般都不属于政采定点单位，无法安排相应场地经费的支出，导致能够进行现场教学的场地比较少，农民培训迫不得已选择距离较远的政采定点单位，农民参与的积极性有所下降，影响培训效果。

1.2　学员遴选困难

一是目前昌平区从事农业生产经营的群体普遍年龄偏大，年龄限制导致一部分从事相关产业的超龄学员不能继续参加培训；二是参训次数限制，目前高素质农民培训基本都是通过手机操作扫码入班报名，同一年度学员不能多次参加培训，导致一部分参加过其他高素质农民培训课程的学员不能参训；三是为确保培训班按期顺利进行，承训单位一般需提前半个月进行学员遴选，但部分学员虽经多次筛选确认，“计划不如变化”，临开班前总会有人因故缺席，导致工作被动。

1.3 农民教育培训系统的使用

近年来，农民教育培训管理系统作为培训信息化管理的重要途径，已成为当下高素质农民培训必须要使用的一个平台，但也面临许多现实问题。一是面对系统内大量的内容，各承训单位的业务人员普遍存在使用不熟练的情况，面对系统录入无所适从，不能快速高效完成“农民培训申报系统”学员申报、信息录入、班级建立、学员评价等环节工作；二是参训农民年龄普遍偏大，对“云上智农”APP操作存在一定困难，大量的信息录入让有关学员产生抵触心理，基本都依赖工作人员协助完成；三是按照系统要求，培训老师、实训基地、承训单位、培训学员、主管部门都有各自不同的申报系统，且需独立申报，昌平区农业培训主管部门通过登录管理系统进行审核，但个别老师和多数基地负责人不能熟练应用电脑、手机及网络，不能顺利完成网上注册和信息申报，影响了承训单位的建班和结班评价；四是系统虽然覆盖信息全面但也存在一些待完善的地方，如存在课程录入日期重复无法识别、班级二维码扫码入班开启与停止无法控制，授课教师授课时间重叠无法识别等问题，系统功能有待逐步优化。

1.4 疫情冲击

近几年来，由于新冠疫情影响，农民培训工作受限很大。一是培训在实施过程中，经常由于突发疫情的影响，被迫中止或是临时改期；二是出京、出区进行交流学习变得异常困难，本区内培训资源有限，大多数农业示范社、涉农企业农业产业园都已进行过交流学习；三是农民培训一般是按照农耕农时安排进行，但由于疫情影响，计划的培训如不能如期进行，将会错过最佳培训时间，导致培训效果受到影响；四是为配合疫情防控工作，在遴选培训师资上基本都会遴选本区的师资，减少外区师资授课，尽可能地会减少人员的流动，导致师资遴选上受到一定限制。

2 意见对策

2.1 扩充实训基地

一是本区有条件的涉农企业、合作社要完善培训配套设施，争取纳入政府采购目录，利用自身现有园区资源承担高素质农民培训工作；二是政府负责高素质农民培育工作的组织推动、政策支持和监督管理等重大事项，针对农民培训费用标准进行优化调整，增加现场教学场地费、教材费、教具费等合理性支出标准，从而在组织实施培训中选择更多的实训基地，充分发挥现场教学的优势；三是遴选更多的农业示范基地，予以一定的政策支持，将高素质农民培育作为考核指标，保障在农民培训过程中有更多的示范基地可供选择。

2.2 扎实细致，做好培训学员遴选

一是招募学员时以村级单位或涉农企业为主体报名，主体单位负责对报名学员的初审，尽可能详尽地告知培训时间、内容、地点和要求，确保所筛选的学员能按时参训，同时村级单位、涉农企业需对参训学员负责，保障出勤；二是优先考虑未参加过培训，且有意愿从事种养业和加工业的返乡创业青年、合作社成员、种养大户和家庭农场主，多遴选一些文化程度较高，有多年从业经验的农户，将其培育成为推动乡村振兴的带头人，辐射带动周边产业发展；三是适当放宽遴选条件，对部分超龄学员，但一直从事农业相关产业的学员应纳入培训人员范围，适当增加每年参训次数，让更多的农民学员能参与培训。

2.3 精准施策，切实增强培训效果

一是对专业技能的培训要科学精细谋划，重视实践学习演练，“眼过千遍不如手过一

遍”，要有意识地增加田间实训课，确保每个生产环节都有田间实训过程，让学员通过眼看、手练，真正掌握各环节的关键技术；二是开展分级分类培训，如专业技能培训、管理能力提升培训、营销培训等，在学员遴选的过程中有针对性地选择从事相关工作的人员，做到有针对性培训，提升培训效果以及学员参与度，避免出现学员参训过程、所学内容与工作贴合度不高，学员不重视等现象；三是开设小班、专班培训，便于班级管理，缩短培训周期，有针对性地进行专业知识的讲授，提升培训效果。

2.4 狠抓信息管理系统使用

一是区级农民培训监管部门要加强对承训单位信息管理系统使用人员的培训，并及时登录“农民教育培训信息管理系统”做好各项申报信息的审核工作，对不符合的事项要及时驳回，并通知重报，确保网上申报及录入任务有序、高效地进行；二是承训单位要委派专人进行系统的使用学习，将配备专人作为培训实施的一项重要条件；三是系统维护部门委派专业工作人员，加强对培训系统的维护，解决使用过程中出现的各种问题；四是各级部门要做好信息管理系统应用的宣传推广工作，疏导参训学员的抵触心理，将农民培训信息化管理理念植入具体的培训工作。

2.5 多措并举，开展培育工作

为杜绝疫情等公共卫生事件的影响，需多措并举，拓宽培训渠道。一是应在疫情窗口期抓紧开展农民培训；二是开展线上培训，组织有一定自主学习能力的学员进行线上培训；三是通过昌平区农技推广机构针对农业生产拍摄短视频，通过公众号、抖音号进行分享，进行片段化教学；四是通过昌平区农技推广队伍下乡进行入户指导，发放各类农业生产活页教材，并不定期根据生产需求开展现场观摩会，达到培育效果。

参考文献

[1] 关于做好2020年全面推进乡村振兴重点工作的意见[EB/OL]人民网 2022-02-23[2022-02-23.]http://politics.people.com.cn/n1/2022/0223/c1001-32357468.html.

"美丽乡村内涵提升试验"项目的实践与思考

李萌，翟云霞
（北京市昌平区农业职业技术学校　102200）

摘要：本文以"美丽乡村内涵提升试验"项目为研究对象，介绍了项目立项背景和基本情况，总结了项目开展的政策依据、现实基础和内在优势等，通过对项目具体实施过程的回顾和实践经验的总结，分析归纳了试点村现状对项目开展的制约因素，提出了针对性的对策建议，形成了初步研究成果，可以为后续美丽乡村建设类项目的筹划实施提供借鉴参考。

关键词：美丽乡村建设；油用牡丹；乡村产业链

在全面推进乡村振兴的进程中，美丽乡村建设作为重要的实施板块，对于改善农业生态环境、推进农业农村科学发展具有重要意义。习近平总书记在党的十九大报告中指出："要坚持农业农村优先发展，按照产业兴旺、生态宜居、乡风文明、治理有效、生活富裕的总要求，建立健全城乡融合发展体制机制和政策体系，加快推进农业农村现代化。"

2020—2021年，以推进美丽乡村建设为契机，北京市昌平区农业职业技术学校在十三陵镇麻峪房村，开展了为期2年的"美丽乡村内涵提升试验"项目（以下简称项目）的试点工作。通过该项目的实施，试点村村容村貌、产业结构均得到有效优化，初步形成特色村落品牌。项目在取得良好的社会效益的同时，也有力地推进了昌平区山区休闲农业与乡村旅游发展。

1　项目立项背景

1.1　政策依据

党的十九大报告提出乡村振兴战略总要求，倡导加快生态文明体制改革，建设美丽中国。美丽乡村建设作为美丽中国建设的重要组成部分，是实现农业农村现代化、全面建成小康社会的有效途径和有力抓手。相关政策均明确指出了加快农村产业结构调整、推进农村生态文明建设，对于全面推进乡村振兴具有重要意义，这也是该项目立项的重要政策依据和理论指导。

1.2　现实基础和优势

自2005年以来，北京市昌平区坚持践行"绿水青山就是金山银山"的科学论断，以建设宜居宜业美丽乡村为目标，大力推进农村生态文明建设。项目选择十三陵镇麻峪房村为试点，主要考虑该村地处明十三陵文保区，拥有丰富的自然资源和历史文化资源；多年来在昌平区政府的高效扶持下积极发展新农村建设，以乡村旅游业为主导，整合资源，较好地推进了新型旅游业态的发展和完善；全村完成土地流转，拥有良好的规划和开发基础。通过美丽乡村内涵提升试验项目的实施，可以丰富当地产业内涵，引进推广特色业态，通过产业带动效应，促进乡风文明建设并改善民生，有力地推动了北部山区美丽乡村建设的内涵式发展。

1.3 主要目标和实践意义

项目以“一村一品”为模型内核，充分利用当地生态资源，注重品牌创建和典型挖掘，强化宣传推介与示范推广，通过打造昌平乡村旅游品牌的知名度和吸引力，促进农民就业增收，实现乡村经济可持续发展，助力昌平区新农村建设。通过项目实施，能够深入挖掘市场要素的资源效益，全方位统筹处理生产、生活、生态功能，在加快推进农村生态文明建设的同时，打造特色村落品牌，推进农旅融合发展，创新村民致富增收途径，形成村域经济发展的重要亮点和增长点，为有力推进全区农业农村现代化发展形成示范。

2 项目实施概况

项目顺应昌平区构建“两轴两带、三城多点”产业空间新布局的形势要求，以推进美丽乡村建设为契机，自 2020 年起，分 2 年在试点村深入探索“一村一品”内涵，围绕“科教引领、文旅融合、宜居宜业”的总目标，借助明十三陵景区的自然资源和历史人文资源，因地制宜，引入农业特色业态，并全方位、多样化开发利用，深度挖掘市场需求，借以打造村域小型产业链，同时利用新媒体互动平台开展宣传推介和示范引领，有力地推动了美丽乡村内涵式发展。

2.1 实施路径与创新

十三陵镇麻峪房村地处昌平北部山区，成村于清代，拥有丰富的自然资源和历史人文资源，该村于 1998 年开始从事乡村旅游业的经营工作，被誉为昌平区“京郊民俗旅游第一村”。在二十余年的发展过程中，也逐步暴露出“品味低端、产品单一、缺乏文化内涵”等弊端，在激烈的市场竞争中，急需提升核心竞争力。据此，昌平区农业职业技术学校在麻峪房村进行定点扶持工作过程中，创新了以强化人文内核支撑乡村生态发展的扶持路径：通过适当增加村域景观化载体的植入与修饰，弘扬先进文化，培育乡村旅游新亮点；通过开展创新就业辅导培训，提高村民建设美丽乡村的意愿和能力；通过完善从“输血”到“造血”的长效管理机制，实现乡村经济、文明与生态发展的有机统一。

2.1.1 人文内核支撑乡村生态发展

结合试点村实际，充分利用该村依山傍水的村域景观，通过在水面铺装“汀步”在栈道两侧坡地林下种植油用牡丹，建设牌楼、亲水平台、休憩区等元素，实现外在景观化，内在知识化的观光内涵。

2.1.2 完善长效管理机制

推进美丽乡村建设，村民是主体，“两委”班子成员是“领头羊”。因此必须坚持以村民为主体，以党建为引领，增强学习能力，优化造血功能，形成美丽乡村建设的关键内生动力。项目通过开展形式多样的培训辅导，全面提升村民文化修养和创业创新能力，深化美丽乡村建设的精神内涵，力争从根本上实现村美、民富、可持续发展。

2.2 产业互动与功能互补

2.2.1 引进和推广特色业态

麻峪房村地处北部山区，年平均气温低于市区 5°以上，森林植被覆盖率达 90%，拥有丰富的林下空间。牡丹具有喜凉畏热、喜燥恶湿的生长习性，在光照过于充足的条件下，叶片会产生焦边、卷曲等光抑制现象，光合作用受到严重影响，进而降低作物成活率。结合试点村气候特点和牡丹生长特性，项目尝试探索“上乔下灌”套种模式，在山坡林地试验种植油用牡丹，利用核桃、板栗等乔木的遮盖，有效提高牡丹成活率，延长花期，提高产籽量。项目实施期间，累计种植油用牡丹 6 000 株，成活率在 90%以上。

牡丹籽油富含 a-亚麻酸等多种高品质氨基酸，借助牡丹出油率高的特点研发和推广牡丹籽油相关产品，年亩产收益可达 2 万元。后期通过在山坡林地、村域房前屋后闲置地、街巷边角地的继续推广，逐步扩大种植规模，并稳步健全种植、管理、维护与收益分配制度，在美化环境、满足观赏的基础上，打造小型"牡丹产业链条"，进一步形成集民俗旅游观光与生态经济发展相融合的特色业态。

2.2.2 培育小型乡村产业链

牡丹具有耐寒耐旱耐贫瘠的生长特点，管护成本低，一次种植，可多年收益，利用这一特点，通过建立"土地流转＋合作社"的经营模式，发挥首都现代农业优势，优化牡丹种植管护、产品研发、标准化深加工等环节，深度挖掘林下种植油用牡丹的产业优势，同时以科普小屋、DIY 制作等方式展现牡丹文化内涵。村域小型产业链的培育发展，可以达成以生态产业支撑生态保护的效果，逐步形成新的经济增长点，带动村民致富增收，实现经济效益、生态效益双丰收。

2.2.3 强化创新、创业辅导

以市场为主导的新型职业农民，是实现乡村振兴的内源动力。项目通过在试点村开展核心价值观、农业科技知识、工艺品制作、农产品电商推广等内容丰富、形势灵活的创新、创业培训与辅导，培育壮大新型职业农民群体，打牢农村自治、法治、德治的理论和实践基础，增强农民创业、致富的综合素质和能力，培养出了一批爱农业、懂技术、善经营的乡村产业带头人，逐步实现乡村人才振兴。

2.3 新媒体平台建设、应用与培训

通过项目实施，打造优质的乡村自媒体窗口，对麻峪房村进行多渠道宣传与推介；依托自媒体营销矩阵，加大乡村旅游产品的推介力度。对外通过增设微信公众号日常运营与维护，发布各类动态信息，展示麻峪房村的风土人情。对内开展"手机新农具"培训，借助网络直播、VLOG 短视频等新媒体技术，激发村民参与经营的积极性、主动性，构筑自媒体营销矩阵，实现"线上下单、线下消费"的销售模式。

3 初步成效、存在的问题和反思

3.1 初步成效

项目实施两年期间，根据试点村的实际情况，项目不间断地调整具体实施内容，有序推进了美丽乡村内涵提升，在五个方面取得了初步成效。一是通过支部共建的方式，加强了村"两委"班子建设，借助村校互助、相关政策培训等方式，为麻峪房村提炼规划产业发展新路径。二是坚持村民主体地位，有力地提升了村民素质素养，通过开展农业科技讲堂、手工布艺制作培训、手机新农具培训等活动，实现乡村人才振兴。三是带领村民探索林下种植油用牡丹，打造出小型乡村产业链，促进增收。四是围绕建设美丽乡村风景线，打造了景观亮点，深度促进农旅融合。五是加强新媒体平台建设与维护，通过打通微信、抖音、今日头条等宣传渠道，提升了麻峪房村宣传推介力度。

3.2 存在的问题

项目的有序实施，对于促进试点村产业转型、农民就业增收有一定的帮助，但是由于乡村经济基础薄弱、劳动人口不足等因素的制约，在美丽乡村建设的过程中，还存在发展后劲相对

不足、管理维护主体缺失等诸多问题。麻峪房村人口约 210 人,目前以发展乡村旅游业为主导产业,随着城镇化进程的推进,从事种植、养殖、农产品深加工等农业生产的劳动力人口日渐不足,一定程度上制约了乡村产业链的延伸。同时,在乡村经济基础薄弱的情况下,存在"重建设,轻管理"的现象,一旦脱离政府经费扶持,将出现产业萎缩的局面。

3.3 反思与对策建议

3.3.1 鼓励企业进村,促进村企合作发展

在美丽乡村建设的推进过程中,利用政策扶持,将优秀的涉农企业引进乡村,鼓励村民成立专业合作社,利用外部资源优势,壮大村集体经济发展,是解决乡村经济基础薄弱、产业发展后劲不足的有效手段。将内、外部资源同时融入乡村产业链,依托外部资金、技术优势,通过村民劳动就业、资产收益、股东分红等方式,实现资源变资产、创新致富增收的目标。村民和村集体实现"双富裕"是乡村治理体系建设、实施乡村振兴战略的关键支撑点。

3.3.2 做好制度建设,完善长效管理机制

要巩固美丽乡村的建设成果,制度建设是保障,建立健全长效管理机制势在必行。各地应结合实际,通过建设经费保障机制、效益考核机制等科学的管理体系,逐步形成完善的美丽乡村建设制度细则,确保美丽乡村建设推进到位、效果理想。美丽乡村建设项目的落地实施,通常需要多部门的通力合作,但在实际推进过程中受到种种客观条件的制约,存在推诿扯皮等阻碍建设的情况,用科学的制度来约束各部门协同工作,对于完善乡村治理体系、全面推进乡村振兴有重要意义。

4 结语

美丽乡村的内涵提升试验项目,在昌平区打造国家级全域旅游示范区的大环境下,依托村镇资源建立并逐渐完善乡村旅游产业链,建设了美丽宜居新乡村,深度发展了休闲农业和民俗旅游,将为昌平区全面推进乡村振兴贡献力量。

参考文献

[1] 中华人民共和国国家质量监督检验检疫总局,中国国家标准化管理委员会. GB/T 32000—2015 美丽乡村建设指南[S].

[2] 北京市昌平区国民经济和社会发展第十三个五年规划纲要[EB/OL]. 北京市人民政府门户网站 2021-11-16. http://www.bjchp.gov.cn/cpqzf/xxgk26717ghjhzt/sswgh/cp5512377/index.html.

[3] 马宇然. 乡村振兴战略背景下都市型现代农业的可持续发展研究——以北京市昌平区为例[J]. 科技和产业,2020,20(4):125-128.

[4] 张昌志. 北京市昌平区休闲农业旅游发展研究[D]. 兰州:西北师范大学,2019.

[5] 姚彬. 北京市昌平区都市型现代农业发展模式的研究[D]. 北京:中国农业科学院,2015.

浅析北京农业嘉年华带动周边农业生产及经验总结

祝宁，齐长红，何秉青，刘雪莹，韩立红，谷星宇
（北京市昌平区农业技术推广站　102200）

摘要：北京农业嘉年华是充分体现一二三产业融合的载体，带动了产业发展，实现了农民增收，助力乡村振兴。本文以北京嘉年华为例，总结了举办经验和方法，分析了过程中存在的问题，并提出下一步的发展建议，以期更好地发挥带动作用，提升北京农业的多种功能和价值。

关键词：北京；农业嘉年华；乡村振兴

“十四五”时期是北京落实首都城市战略定位、建设国际一流的和谐宜居之都的关键时期。北京作为首都，在农业方面始终坚持大城市带动大京郊、大京郊服务大城市发展方略。《北京市“十四五”时期乡村振兴战略实施规划》提出，要推进都市型现代农业高质量发展，强化科技创新引领，不断增强重要农产品稳产保供能力，提升供给质量和水平，深挖农业多种功能和价值，全面提高农业效益和竞争力。

农业嘉年华是以都市型现代农业为基础，以现代市场需求为导向，以现代农业科技装备和技术为支撑，以农业创意为手段，以互动体验为形式，以农业科普为抓手，以当地特有的历史文化风情、民俗文化体验、特色创意旅游为特色，紧扣时代脉搏，打造现代都市农业的欢乐盛会，展示现代农业科技发展新成果，充分发挥现代农业的多功能性，使农业产业更好地服务于市民，服务于农民。集产业发展、区域带动、农文旅结合为一体的都市农业新业态，最终实现引领现代农业发展、促进农民增收。

北京农业嘉年华从 2013 年首届举办以来，已举办了 7 届，均取得了较好的社会、经济和生态效益。受新冠疫情影响，2020—2022 年北京农业嘉年华取消开放。下一步昌平区将以北京农业嘉年华与农民丰收节相结合的方式开展活动，共同打造集农业生产、休闲观光、科普教育等多功能于一体的都市型现代农业盛会，推动农业产业更进一步发展。

1　北京农业嘉年华概况

北京农业嘉年华是北京历史上首次举办的关于都市型农业的展示盛宴，从 2013 年首届以来至 2019 年共举办了 7 届（表 1），地点在昌平区兴寿镇草莓博览园，占地面积 1 000 亩，其中包括 4.45 万 m^2 的现代化连栋温室和建筑面积 5 万 m^2 的场馆。2012 年成功举办了第七届世界草莓大会后，为充分利用大会留下的硬件条件，全面展示北京市都市型现代农业成果，带动昌平区经济发展，由北京市农村工作委员会、北京市科学技术委员会、昌平区人民政府等共同主办的首届农业嘉年华拉开了序幕。活动的开展受到了国内外高度关注和游客的一致好

评，更是巩固了昌平草莓的品牌地位，推动京郊农旅产业升级。

2013年首届北京农业嘉年华是将嘉年华的娱乐方式融入农业节庆活动中，是拓展都市现代农业实现形式、发展方式、运行模式的一种新探索、新实践，打造一个突出农业主题，体现农业生态、生产、休闲、教育、示范等多功能于一体的都市型现代农业盛会。借助嘉年华的新模式，创造性地把娱乐体验、农业观光、采摘旅游、创意设计等元素融入农业，实现了农业与旅游休闲、文化创意、采摘餐饮等产业相互促进，进一步延伸了农业产业链、价值链和就业链。农业嘉年华这一形式使都市与农村、市民与农民紧密地联系在一起，深受广大农民和市民的欢迎，被誉为"农民的节日，市民的盛会"，其举办的主题词为"自然，融合，参与，共享"，自然，不仅体现了现代农业的生态要求，也更贴近北京市民亲近自然、享受自然的心理需求；融合，包含了现代都市型农业一二三产融合的必然趋势；吸引了更多企业、商业机构和社会各界的关注、支持和参与；共享，强化了农业嘉年华让生产者和消费者共享多功能农业带来的物质及精神的丰硕果实。

表1　2013—2019年北京农业嘉年华情况汇总

年份	布局	接待游客人数/万人	总收入/亿元
2013年	三馆两园	101.7	1.8
2014年	一展两区三乐园	98.6	2.17
2015年	三馆两园一带	118.8	3.03
2016年	三馆两园一带一谷	133.6	2.22
2017年	三馆两园一带一谷一线	136.9	2.74
2018年	三馆两园一带一谷一线	112.86	2.84
2019年	三馆三园一谷一线	110.72	2.47

2　带动周边的主要做法以及取得的成效

2.1　重视时间选择，带动草莓采摘

农业嘉年华的宗旨是"服务市民，富裕农民"，因此在策划举办时间时，对市民和农民的关注时间进行了多重分析。昌平区以草莓产业为农业经济主导产业，温室草莓促成栽培的采摘期主要集中在每年的12月至次年的4月，采摘销售旺季在1—3月，价格较高，一般在100～240元/kg。春节过后，草莓采摘价格逐渐下降，且随着温度的升高，产量增长较快，为了促进草莓销售，农业嘉年华举办的时间定为每年的3月中下旬至5月上旬。草莓采摘主要以昌金路沿线草莓生产基地为载体，通过活动的策划，进行沿路两侧景观的提升改造，借助农业嘉年华的氛围，让游客走进草莓园体验，增加草莓采摘园的游客量，让游客了解、认识昌平草莓的品牌特点。昌平草莓的采摘可以一直持续到5月底，延长了采摘期。价格比同期增长了20%。

2.2　提高昌平草莓知名度

"草莓飘香"活动是第二届农业嘉年华时推出的亮点活动，一直延续，已经成为农业嘉年华的固定项目。活动中，购买农业嘉年华全价票的游客便能领取"草莓采摘券"一张，到活动授权兴寿、崔村、小汤山、百善、南邵5个镇的草莓观光采摘园采摘，每张"草莓采摘券"可免费采摘草莓500 g。草莓飘香活动的设置不仅让市民走进草莓园体验采摘，品尝新鲜草莓，更是拓宽

了昌平区农户草莓销售渠道，为偏僻位置的农户增加了游客量，第二届农业嘉年华期间共有9万余名游客参与了此项活动。第三届后还在园区内设置草莓飘香活动接待站，为游客提供优质的草莓换购和采摘体验服务，这些换购草莓主要从昌平区各大合作社以及种植户统一收购，每天配送到指定位置，让游客在逛嘉年华的同时就能吃到新鲜的昌平草莓，每届均有17万余人参与此项活动。

2.3 带动农民绿色就业

昌平区以举办农业嘉年华活动为契机，带动农民增收的同时更是推进解决农民就业问题，农业嘉年华展会活动内及关联项目累计提供就业岗位2 000多个，主要包括主场馆草莓博览园的安保、绿化、保洁等日常工作以及园区周边商业、餐饮服务等相关项目。依托周边3.2亩精品草莓产业基地，兴寿镇、麦庄村等一批草莓专业镇、专业村，以及“天翼”“天润园”等一批龙头企业的发展，带动了周边2 000余户农民实现就业增收。

2.4 促进一二三产业融合

农业嘉年华的举办，不仅惠及昌平区草莓种植户，同时也带动了周边民俗旅游的发展。首届草莓嘉年华带动民俗旅游超过同期，兴寿镇、小汤山镇等周边地区，实现民俗旅游收入1.17亿元，同比增长10%以上。

农业嘉年华对周边各个农家乐做了战略性规划，将各景区、农庄、农户整合到一起，将各自的特色品牌共同形成“农业嘉年华”的大品牌，在强调农业项目特色上，进一步突出山水田园特色和人文文化景观。同时每一年的农业嘉年华兼收并蓄，不断更新品牌内涵，挖掘特色旅游产品，更具市场吸引力。

结合小汤山温泉文化节，昌平区旅游委员会推出相应的优惠活动，向市民推荐不同模式的旅游线路优惠套餐，借助农业嘉年华，提高昌平温泉的知名度，扩大在市民中的影响。

第五届农业嘉年华专门设立延寿镇和乐多港两大分会场，延寿生态观光谷的建立主要以农业嘉年华活动带动沟域经济发展为宗旨，是北京市重点规划发展的沟域之一。该镇地处燕山山脉，风景优美、古迹众多。依托大杨山国家森林公园、银山塔林、延寿寺等旅游资源，开展各种系列宣传活动，引导市民前往旅游，带动当地生态观光和旅游休闲产业发展，带动山区农民增收。以昌平全域旅游为总体指导思想的京北黄金旅游线，在乐多港设置分会场，打造集吃、住、游、购、娱等旅游要素的精品旅游线路，旨在辐射带动昌平全域旅游的发展。

2.5 完善生态环境 提供优质服务

农业嘉年华活动开展以来，带动了周边地区的环境改善，全面实施了周边生态环境和景观提升工程，进一步塑造了昌平东部地区的景观地标，改善了设施农业生产环境，加大了对草莓等设施农业的规范化、景观化、园区化改造力度，进一步改善了农业生产环境，提高了设施农业生产品质，拓展了农业生态价值。农业嘉年华活动改善了周边环境秩序，持续开展市容、交通、旅游等环境秩序整治，营造了整洁优美的城乡环境。同时，农户养成了自觉改善园区环境，保障产品质量，提升城乡文明程度的意识。

2.6 车身广告提高品牌认知

为了能够让更多市民了解昌平区草莓产品，提高农民收益，昌平区农服中心投入近百万元，组织投放公交车车身广告，在南三环至北五环，东五环至西五环之间行驶，覆盖全市人员密集区域。车身广告的投放，让更多市民认识昌平区草莓产业，带动市民加入昌平区草莓采摘中来，提高了昌平区草莓品牌的市场认知度。

2.7 草莓服务队增强草莓种植水平

为了保证昌平区草莓产业的健康发展，昌平区农业服务中心组建了8只草莓服务队，涵盖昌平区各镇各村。草莓服务队自上年度草莓消毒开始，延续整个草莓生产季并对农户进行服务。通过草莓服务队的服务，草莓品质、单位产量都有所增加，确保游客采摘到质优价廉的昌平草莓，保证了嘉年华活动的顺利进行，促进了昌平草莓产业的健康绿色发展。

2.8 草莓政策补贴促进产业健康发展

草莓政策是引导草莓产业健康快速发展的必要手段，昌平区按照2016年出台的农业产业政策对草莓种苗、基质、立体栽培、半基质栽培、肥料、菌剂、农药等制订了详细的补贴计划，产业政策的实施极大地调动了莓农的种植积极性。

2.9 有效保障草莓产品安全

为了确保草莓的安全性，除了技术指导外，昌平区监测检测部门通过“定期检测”+“不定期抽查”等模式对全区草莓进行抽样农残检测。特别是在嘉年华期间每天对东部六镇的草莓进行农残检测，检测结果为合格率100%，有效保障了游客安全。

3 农业嘉年华带动周边就业增收面临的主要困境和问题

随着农业嘉年华逐步发展成为常态化、规模化、产业化的展示模式，对周边镇的农民就业增收起到了相当大的带动作用，但也存在一些问题，主要表现在以下几个方面：

3.1 投机取巧的小商贩，影响昌平草莓品牌

随着昌平草莓品牌的名气越来越大，前往的游客较多，很多不法商贩在通往嘉年华会场的路口摆摊，兜售“昌平草莓”，但很多路边卖的所谓“昌平草莓”是从外地市场进货，高价出售，冒充昌平草莓，其质量和口感均不能与昌平草莓相比。这种现象不仅影响昌平区草莓种植户的经济效益，更是对昌平草莓的品牌形象造成了严重的影响。

3.2 交通压力大，交通设施有待改进

因农业嘉年华位于昌平区兴寿镇靠近六环主路的位置，因此大多数游客选择自驾的形式出游，在嘉年华开幕期间经常会出现周边道路堵车的现象，影响了游客的积极性。场馆周围均设有停车场，但距离场馆位置较远。

3.3 就业不稳定，临时性工作占多数

因农业嘉年华开幕时间为每年的3—5月，很多就业岗位具有很强的临时性，大部分工作也只涉及某一段时间，并没有完全解决周边镇农民的就业问题。

3.4 配套服务不健全

市民游览完嘉年华，到周边进行休闲采摘，是很多市民首选方案。游客到草莓采摘园采摘草莓，除了享受采摘的乐趣以外，更多地会选择就近进餐和住宿，而昌平区具备餐饮住宿于一体的草莓采摘园还很少，不能满足嘉年华期间广大市民的需求。

3.5 嘉年华对全区草莓休闲采摘的带动不平衡

活动期间，农业嘉年华周边草莓采摘园销售火爆，很多采摘园出现无草莓可采，而昌平西部乡镇流村、南口、阳坊等镇以及嘉年华核心区域以外的秦屯、上西等较远的村，对草莓销售的带动作用明显减弱。

4 下一步思路和相关建议

北京农业嘉年华目前已举办七届，通过活动的成功举办，充分展示了农业用生态方式传递

文化、用生活方式诠释休闲、用生产方式满足消费的目的和内涵，农业嘉年华已经成为北京都市型现代农业的一张靓丽名片。为不断推动都市型现代农业发展升级，应进一步巩固和发展农业嘉年华的品牌效应，持续有效地做好昌平草莓的带动作用，努力将农业嘉年华办得更有特色、更具代表性、起到更好的增收示范带动作用。

4.1 内容常态化，一年四季都可看

农业嘉年华的举办时间为每年的 3—5 月，客流主要集中在这几个月。嘉年华结束后还应继续利用设施资源进行其他相关活动的组织和实施，一方面能达到不断吸引游客的目的，继续发挥农业嘉年华的影响力；另一方面也能使周边镇的农民就业问题得到解决，增加农民收入。展商可根据自身需要，继续在场馆内进行商品展销展卖，使游客随时都能买到新鲜、优质的农产品。不断推进“互联网＋农业”的发展模式，促进园区与电商平台融合，塑造品质有保障、安全可追溯的昌平草莓形象。

4.2 发展以农业嘉年华为中心的精品农业旅游产业

为有效提升昌平区旅游产业的知名度，充分发挥一二三产业结合的带动作用，应不断借助农业嘉年华的活动平台，充分挖掘昌平区旅游特色，不断推出“农业＋旅游”等系列活动，提供攻略、解决交通、安排行程，推进民俗村、特色景点、休闲采摘的发展，带动昌平区全域消费水平提高，打造绿色生态旅游产业。

4.3 加大监管力度，保证草莓质量

农业嘉年华附近的昌金路沿线为草莓休闲采摘体验带，游客在农业嘉年华游玩之后，往往会到温室内采摘新鲜草莓，为了保证草莓的质量及安全，还应继续加大农产品的监测和监管力度，严格把关，形成长效保障机制。

4.4 完善配套服务

结合市民对昌平区采摘的新需求，政府需要与时俱进，对全区具备住宿餐饮建设条件的园区给予一定的政策倾向，完善餐饮住宿等配套服务，让游客在采摘的同时能够享受更多的服务。

4.5 改善草莓采摘环境

针对草莓采摘环境不理想这一现象，各草莓采摘园应彻底清除园区内乱堆乱放问题，做好周边环境卫生；在适当区域增设卫生间等公共设施；在采摘区域内适当进行园林绿化提升昌平区的整体形象。

参考文献

[1] 巩艳明，何小凡，司跃腾，等．农业嘉年华发展地摊经济助力乡村振兴[J]. 农村经济与科技，2020，31(19)：162-163.

[2] 栗亚飞，冯文佳，王萌萌，等．浅析农业科技创新在农业嘉年华的作用[J]. 现代园艺，2019，13：193-195.

[3] 张瑜，么秋月．北京农业嘉年华尽显科技魅力[J]. 农业工程技术，2016(7)：37-38.

新型太阳能吸热涂料对日光温室温度影响的研究

李忠明[1]，祝宁[2]

（1. 北京市昌平区农业职业技术学校　102200　2. 北京市昌平区农业技术推广站　102200）

摘要：为了提高日光温室冬季温度，保证草莓和蔬菜的正常生长，将新型太阳能吸热涂料涂刷在日光温室后墙，测试其对温室温度及种植蔬菜产量的影响。试验结果表明，使用吸热涂料的温室（简称 E3）在全天各时段的温度，相比对照棚（简称 E6），平均温度可提高 2～10 ℃；E3 内种植的宝塔菜花产量较 E6 可提高 16.4%，经济效益每亩可增加 1 395 元。

关键词：日光温室；吸热涂料；温度

在北方设施蔬菜栽培中，日光温室发展迅速，仅昌平区目前就已突破 16 000 栋，但是随着种植种类的不断增多，对日光温室增温保温能力的要求也越来越高，而日光温室的短板就在于冷热不均，在极寒天气不能满足喜温蔬菜和草莓的阶段性温度需求，如果增加空气源热泵或暖气等增温设备投资过大，因此在不追加投资的前提下，如何使用简单可行的技术手段，实现增温是一个值得探讨和研究的方向。

本试验通过在温室后墙涂刷黑色环保吸热涂料，利用黑色材料吸热快、散热也较其他颜色快的原理，同时利用黏土红机砖蓄热能力强的性质，通过热传递，将大量热能导入砖砌体起到蓄能作用，从而提高红砖墙的吸-蓄-放热能力，达到快速提高温室内温度的目的，满足栽培作物的生长需要，增加产量产值，提高农民收入。

1　材料及方法

1.1　试验材料

本次试验用的黑色环保吸热涂料，选择北京荣力恒科技有限公司涂料，涂料参数见表 1。

表 1　RLHY-2337 型涂料参数

项目	要求	项目	要求
颜色	黑色	硬度	5H
防腐蚀	好	抗拉强度	2 500 KPA
附着力	Ⅰ级	耐腐蚀	好
湿热试验	2 000 h	附着力	Ⅰ级
耐水性	72 h 不起泡	太阳能吸收率	0.95
适用温度	－50～150 ℃	老化试验	2 000 h

1.2 试验方法

选择建造结构、种植作物一致的温室进行对比试验，在试验棚(E3)的后墙涂刷涂料，对照棚(E6)为常规管理棚室，未做任何处理，两栋日光温室除涂料外，其他管理均一致，种植作物为宝塔菜花。

使用徐州法拉电子科技有限责任公司 ZW720V4.0 型温湿度记录仪对两栋温室的温度进行监测和记录；在涂刷涂料前（2020 年 1 月 6 日）对两栋温室同一天内的温度进行测量；涂料涂刷后，分别于晴天（2020 年 1 月 13 日）和阴天（2020 年 1 月 16 日）对两栋温室不同时间段的温度进行测量。采收时每个棚室选取 10 株菜花进行单球质量测定，并分析产量和经济效益。

2 结果与分析

2.1 涂料对温室温度的影响

在涂刷涂料前对 2 栋温室的温度进行监测和对比，如图 1 所示，两栋日光温室内温度基本处于一致。

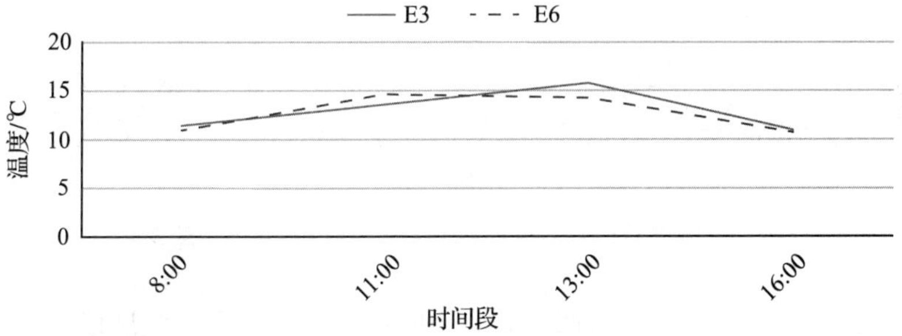

图 1 E3、E6 温室内温度数据对比情况(2020 年 1 月 6 日)

如图 2 所示，在晴天天气下，E3 温度在任何时段都高于 E6。8:25，E3 温度高出 E6 8.3 ℃；随着太阳光照的增强，温室内温度升高，11:28，E3 达到 29.1 ℃，比 E6)高出 12.2 ℃；14:28 温度最高，E3 温度为 31.2 ℃，E6 的温度上升到最高(20.7 ℃)，二者相差 10.5 ℃；17:28，E3 温度为 13.5 ℃，高于 E6 7.8 ℃。

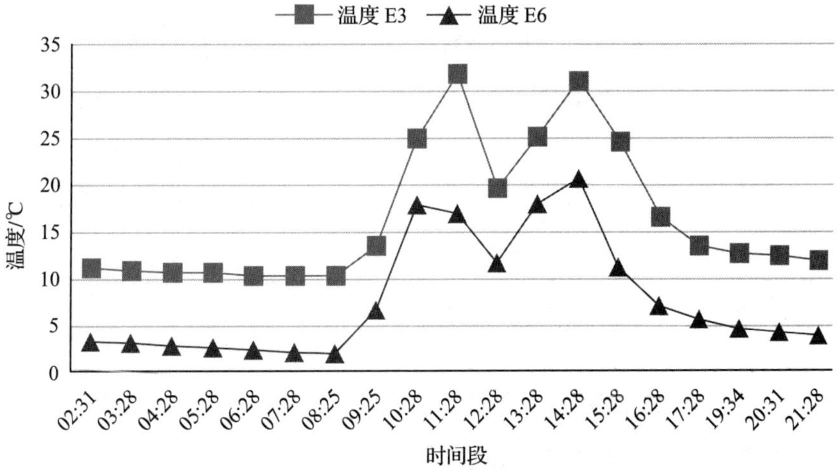

图 2 涂刷后(2020 年 1 月 13 日晴)E3、E6 室内温度对比

如图3所示，在阴天天气，E3温度在任何时段均高于E6。8:09，E3温度高出E6 2.5 ℃。无光照条件下，11:00，E3达到最高温的16.2 ℃，比E6的12.3 ℃高出3.9 ℃；之后随着打开温室风口，两栋温室温度都呈下降趋势；15:03关闭风口后，E3温度为15.2 ℃，E6温度比E3温度低3 ℃。随后，二者的温度变化趋于平缓。

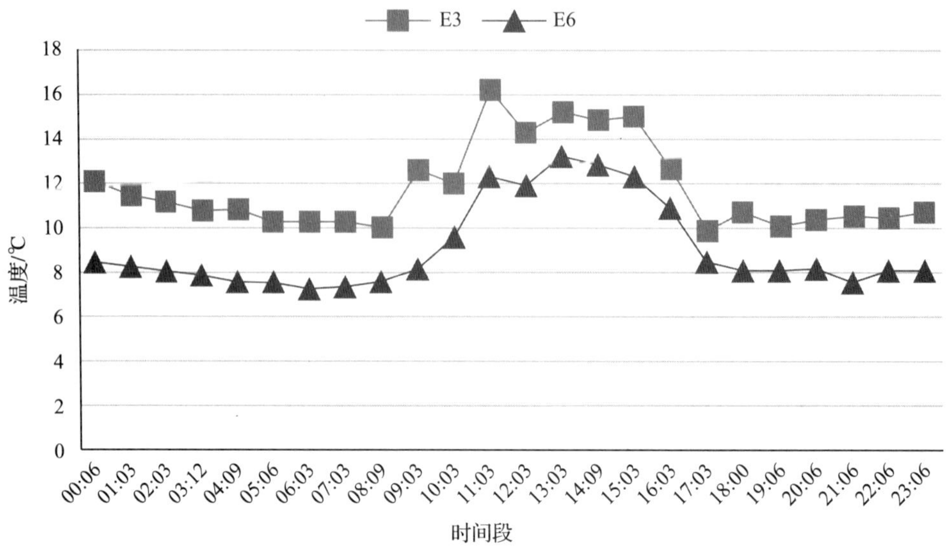

图3　涂刷后(2020年1月16日阴)E3、E6室内温度变化

除对比不同时段的温度外，还对两个温室内的最高、最低、平均温度以及20 ℃和15 ℃以上的时间段进行统计。由表2可知，在晴天情况下，E3最高温比E6高11.3 ℃，最低温比E6高8.3 ℃，平均温度高出9.8 ℃，且室内持续20 ℃以上可以近6 h，这就为草莓或者喜温蔬菜创造了良好的生长发育所需环境，为北京地区极寒天气下提高温室温度起到了重要的补充作用，而E6只保持27 min。由表3可知，在阴天时E3最高温比E6高3.0 ℃，最低温比对照高1.8 ℃，平均温度高1.9 ℃，温室内持续15 ℃以上温度可以达到2 h 23 min，而E6未出现高于15 ℃的时段。

表2　晴天　温度极值及高温时段对比(2020年1月13日)

处理	最高/℃	最低/℃	温度平均值/℃	20 ℃以上时段
E3	32.0	10.3	21.2	5 h 51 min(10:01—15:52)
E6	20.7	2.0	11.4	27 min(14:48—15:15)

表3　阴天　温度极值及高温时段对比(2020年1月13日)

处理	最高/℃	最低/℃	温度平均值/℃	15 ℃以上时段
E3	16.2	9.9	11.8	2 h 23 min(10:40—13:03)
E6	13.2	8.1	9.9	0

2.2　涂料对温室种植菜花产量的影响

对两栋温室的菜花产量进行测定，通过表4可以看出，E3平均单球质量为1.56 kg，E6为

1.34 kg;折合每亩为 4 548.56 kg,E6 为 3 907.10 kg,E3 产量比 E6 增加 16.4%。

表 4　不同处理菜花产量比较

处理	平均单果重/kg	棚产量/kg	亩产量/kg
E3	1.56	2 386.8	4 548.56
E6	1.34	2 050.2	3 907.10
增量	16.4%		

2.3　经济效益分析

对两栋温室的成本和经济效益进行分析,通过表 5 可以看出,使用涂料后增加的材料及人工涂刷的成本每亩共 1 170 元,菜花价格按照 2 月平均价格 8 元/kg 计算,扣除成本,涂刷涂料后的 E3 温室每亩的收益增加 1 395.84 元,较 E6 提高 8.9%。

表 5　不同处理每亩成本及效益产量比较

处理	材料成本/元	涂刷人工费/元	产量/kg	收益/元
E3	1 070	100	4 548.56	17 024.24
E6	0	0	3 907.10	15 628.40

3　结论与讨论

在草莓和越冬蔬菜整个生育期中,从每年 12 月到次年 2 月的保温至关重要,且此时正值元旦、春节期间,草莓、蔬菜价格较高,提升日光温室的温度,保证冬季蔬菜的正常生长对于增加经济效益有重要意义。经过田间试验和综合对比可以发现,新型环保太阳能吸热涂料在日光温室后墙的应用,能够明显提高温室内温度,平均可提高 2～10 ℃。本试验以种植菜花为例,冬季温室内温度提高后,可有效提高产量,减去涂刷材料和人工成本后还可增加 8.9%的经济效益,是值得推广的冬季日光温室增温措施。

参考文献

[1] 李天来. 日光温室蔬菜栽培理论与实践[M]. 北京:中国农业出版社,2014.
[2] 刘鑫,王斌. 建筑与装饰工程施工工艺 M]. 北京:机械工业出版社,2013.
[3] 李天来,邹志荣,马承伟,等. 节能日光温室设计规程[M]. 北京:中国农业出版社,2017.
[4] 周长吉. 温室工程实用创新技术集锦[M]. 北京:中国农业出版社,2016.

昌平区无公害农产品认证企业转型发展对策探讨

王娅亚，徐明泽，路河，周明源，田硕，刘宝文，高丽，田振华

（北京市昌平区农业环境监测站　102200）

摘要：随着政策的调整，无公害农产品已不再认定和换证。为了做好昌平区无公害农产品认证企业的过渡发展和转型，提升昌平区“三品一标”工作质量，升级昌平区农产品质量安全管理水平，强化质量安全管控能力，本次研究在全面总结了昌平区无公害农产品生产及现状的基础上，提出了相关对策，以期为昌平区无公害农产品认证企业的转型提供参考。

关键词：昌平区；无公害农产品；转型；发展

无公害农产品是指产地环境、生产过程和产品质量符合国家有关标准和规范的要求，经认定合格的未经加工或者初加工的食用农产品。根据北京市农业农村局《关于进一步做好“三品”相关工作通知》文件精神，自2021年起，本市已不再对未认定企业和产品开展无公害农产品认定，证书到期的企业可自愿申请开展复查换证，证书有效期截止2023年12月31日。如何做好无公害农产品过渡期的工作，是“三品一标”工作以及农产品质量安全工作的重中之重。“三品一标”认证工作是昌平区强化农产品质量安全管理的重要标志，对于促进农户、企业和其他组织提高生产与管理水平，从源头上保障农产品质量安全具有十分重大的意义[1]。

1　昌平区无公害农产品生产现状

1.1　昌平区基本情况

昌平区位于北京市西北部，区域总面积1 352 km^2，其中山地面积800 km^2，占总面积的60%，农户总数81 165户，农村劳动力人口28 042人。由于昌平区属于暖温带大陆性季风气候，年平均日照时数2 684 h，年平均气温11.8 ℃，年平均降水量550.3 mm。得天独厚的自然资源和人口资源条件，为昌平区农林牧渔等基础产业提供了有利条件。

1.2　农产品产业基本情况

昌平区充分利用当地特色创建“一花三果”（百合花、苹果、草莓、柿子）的品牌效应，形成了西部山区传统林果带和花卉产业带、东部地区精品林果带和草莓产业带。昌平区有果园种植面积12 000余亩，粮食作物面积16 000余亩，蔬菜种植面积8 000余亩，瓜果种植面积6 000余亩。各类农产品均能周年生产、周年上市。

1.3　无公害农产品质量认证情况

2022年，昌平区共有无公害农产品认证主体98家，172个认证产品，认定产地规模1 376.48 hm^2。其中种植业85家，145个认证产品，认定产地规模1 323.9 hm^2。渔业9家，23个认证产品，认证产地规模48.6 hm^2，年产量300.5 t。畜牧业4家，4个认证产品，认证

产地规模 3.98 hm^2，年产量 7 550 t。认证产品覆盖蔬菜、食用菌、草莓、西甜瓜、粮食、畜产品、生鲜牛乳、鱼类等，覆盖种植业、畜牧业、渔业，覆盖范围广。无公害农产品具体认证主体数量、认证产品、产量以及产地规模情况见图 1。

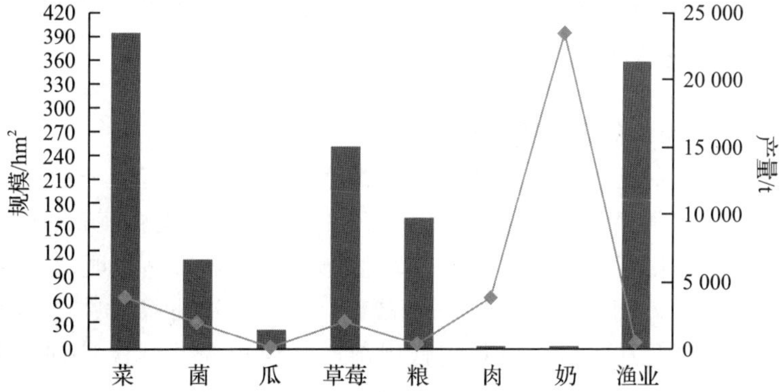

图 1　昌平区无公害农产品认定产量及规模

从产品认证结构上来看，无公害农产品认证主要集中在蔬菜上，蔬菜认证率占昌平区认证农产品的 51.15%。渔业、粮油产品，尤其是畜牧类以及具有地方特色的无公害农产品认证较少，其中粮食类和畜牧类都仅占 2.3%。从区域上来看，无公害农产品认证覆盖兴寿镇、崔村镇等 12 个镇街，各镇认证产品分布如图 2 所示。从图中可以看出兴寿镇认证企业为 22 家，38 个产品，分别占全区的 22.45%，22.09%，认证面积最大。作为昌平区农业重点镇，兴寿镇草莓认证主体为 18 家，占昌平区全部草莓认证主体的 40.91%。

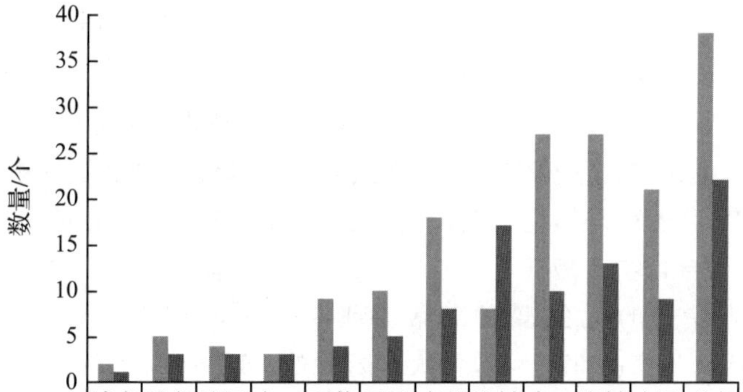

	城南街道	延寿镇	沙河镇	十三陵镇	百善镇	马池口镇	南邵镇	流村镇	南口镇	崔村镇	小汤山镇	兴寿镇
认证产品数量	2	5	4	3	9	10	18	8	27	27	21	38
认证主体数量	1	3	3	3	4	5	8	17	10	13	9	22

图 2　昌平区无公害产品各镇分布情况

2　无公害农产品认证企业转化认证情况

在无公害农产品认证企业中，9 家认证企业为绿色认证企业，而且全部为种植业，占全部认证主体的 0.09%，14 家为有机认证企业，全部为种植业，占全部认证主体的 14.29%，14 家为“昌平草莓”地理标志农产品用标企业，占全部认证主体的 14.28%。

自2021年起，北京市不再对未认定企业和产品开展无公害农产品认定工作。各个认证企业开始寻求转型。自2021年起，有9家无公害农产品认证企业成功申请有机农产品认证，认证转换成功率占无公害认证主体的9.18%，成功认证29个产品；3家无公害农产品认证企业成功申请绿色食品认证，认证转换成功率占无公害认证主体的3.06%，成功认证8个产品。

3 发展转型对策

3.1 规模企业向绿色食品认证转变

根据中国绿色食品发展中心最新文件精神，绿色食品认证规模要求如下：粮油作物产地面积500亩(含)以上，露地蔬菜(水果)产地面积200亩(含)以上；设施蔬菜(水果)产地面积100亩(含)以上。全国绿色食品原料标准化生产基地、地理标志农产品产地、省级绿色优质农产品基地内集群化发展的蔬菜(水果)申请人，露地蔬菜(水果)产地面积100亩(含)以上；设施蔬菜(水果)产地面积50亩(含)以上；土壤栽培食用菌产地面积50亩(含)以上；基质栽培食用菌50万袋(含)以上。肉牛产出栏量或奶牛年存栏量500头(含)以上；生猪年出栏量2 000头(含)以上；鱼、虾等水产品湖泊、水库养殖面积500亩(含)以上；养殖池塘(含稻田养殖、荷塘养殖等)面积200亩(含)以上。“昌平草莓”作为国家地理标志农产品，其种植业申报认证规模按照露地蔬菜(水果)产地面积100亩(含)以上；设施蔬菜(水果)产地面积50亩(含)以上标准执行。目前，种植业产地规模超过50亩的无公害农产品认证企业为20家，占全部认证主体的20.4%。对于规模企业，应加大政策宣传，鼓励规模企业积极认证，争取鼓励一家，认证一家。畜牧业、渔业，囿于北京都市农业的发展，其规模基本难以达到绿色食品认证要求。

3.2 小规模企业向有机食品认证转变

有机农产品是根据有机农业原则和有机生产方式及其标准生产加工，且通过合法的有机产品认证机构获得认证并颁发证书的产品。有机农业要求，在动植物生产过程中不使用化学合成的农药、化肥、生产调节剂、饲料添加剂等物质，以及基因工程生物及其产物，而且遵循自然规律和生态学原理，采取一系列可持续发展的农业技术，协调种植业和养殖业的平衡，维持农业生态系统持续稳定的一种农业生产方式。未达到绿色食品认证规模的无公害农产品认证企业，可优化自身种养殖环境，在符合有机农产品要求后，通过第三方有机认证机构进行认证。

3.3 成立联合社扩大规模

昌平区目前在册的无公害农产品认证主体中，合作社为29家，占全部认证主体的29.59%，合作社认证产品67个，占总认证产品的38.95%，其余皆为生产规模相对较小的中小型企业。规模较小的合作社，可通过成立联合社，扩大生产规模。

3.4 加大补贴政策

围绕农业投入品、检测、包装、运输等农业全产业链条，形成区级专项补贴政策。并通过科技项目支撑，引导农户使用绿色投入物，培养农户依规生产，实现标准化生产，保障农产品安全。

3.5 加强宣传培训

通过入户宣传、专题培训、观摩学习、指尖微信、政策宣传等多种方式，进行多视角、广范围的宣传培训。建立“待认证企业+散户”培训体系，从产业政策、证后监管、认证流程、标准化生产等角度，实施精准培训。开展农产品绿色生产操作规程进企入户示范，通过生产操作规程制度上墙、发放农事记录本、绿色防控技术手册、风险防控手册、标准化生产技术系列要点、树立技术指导牌等形式，为企业和农户进行技术宣传和培训。多维度宣传培训，提高待认证企业的积极性，培养散户的绿色生产意识，提升整体农产品质量安全生产水平，在规范企业按标生产、提升企业品牌的同时，带动农户增收。

3.6 创新孵化服务

孵化服务工作，需要不断进行创新，对符合绿色食品、有机农产品认证条件的企业进行摸底调查和孵化服务，对散户进行绿色技术指导服务。孵化服务工作实施"三步走"思路。第一步对接孵化主体，对于有认证意愿的主体，建立一户一策制度，明确对接工作人员开展上门服务，对接孵化对象；第二步确定孵化方向，通过了解申报主体种植结构、销售定位、市场发展等生产经营情况，分析其生产现状和认证潜力，厘清企业发展规划和方向，从而确定孵化认证方向。第三步做好孵化跟踪，根据企业的孵化认证意向，督促基地按照认证标准落实生产技术和管理制度，对标补短，指导主体企业完成认证申报材料的填写，有针对性地解决主体认证中面临的问题，提高孵化率。

参考文献

[1] 肖湘雄．大数据：农产品质量安全治理的机遇、挑战及对策[J]．中国行政管理，2015 (11)：5.

加快昌平区农机专业合作社发展探究

赵玉茹，王尚君，李彦君
（北京市昌平区农业机械化技术推广站　102200）

摘要：随着社会经济的不断发展，以及社会各界对农机专业合作社的认识逐步加深，广大农民也对其表现出极高的关注和热情。本文为全面了解和掌握昌平区农机专业合作社的发展现状及制约因素，以便于提出更好的发展思路和规划，进一步发挥农机专业合作社在现代农业发展中的作用，开展农机合作社探究。

关键词：农机合作社；现状；制约因素；探究

1　全区农机专业合作社现状

近几年来，昌平区农机专业合作社发展初具规模，人员、机具的配备率不断提高，逐步成为昌平区农机社会化服务的重要力量。截至2021年底，全区规模比较大的登记在册的农机专业合作社共计4家，合作社拥有的各种农业机械总共160台（套），从业人员60余人，合作社内专业农机手20余人，2021年完成作业面积11 730亩。其中北京东瑞盛农机专业合作社主要负责本区马池口、南口、阳坊等地区的深松、青贮、收获等农机作业，并在2018年入选北京市农机合作社示范社。

北京克满农机专业合作社和北京百悦阳光农业发展有限公司主要负责昌平区东部地区和中部地区的深松、播种、收获和秸秆综合利用等系列农机作业项目。北京基业长宏农业有限公司负责崔村及沙河镇农机社会化服务作业项目。

2　合作社在现代农业生产发展中的具体措施及取得的成效

农机合作社的建立和发展，提高了农业机械化综合水平，昌平区小麦、玉米等主要粮食作物综合耕收机械化率分别达100%和93%，秸秆综合利用率达99%。随着农机专业合作社的快速发展，服务能力和水平有了大幅度提高，在农业生产过程中的作用也越发凸显，在昌平区产生了一定的成效，主要有以下几点：

2.1　促进了粮食增产和农民增收

农机专业合作社拥有相当数量的大、中、小型农业机械，通过采用标准化作业、订单作业、跨区作业、跨省作业等方式，提高了粮食等主要农作物的机械化作业水平，一定程度上促进了粮食增产和农民增收。

2.2　加快了新机具新技术推广

农机合作社是农机新技术、新机具推广的助推器和加速器。由于合作社的成员大多是懂技术、会经营的新型职业农民，他们具备较强的农机操作技能，容易接受新型农机具和农机技术，为农业新技术新机具的推广应用提供了有效载体，所以许多新机具、新技术均要首先通过在农机专业合作社进行示范，才逐步得以推广。近几年来，昌平区先后依托农机专业合作社推广了草莓生产关键环节机械化破垄、灭茬、起垄、耕整地技术；保护性耕作技术；秸秆机械化处理和综合利用技术；土地深松机械技术等农机化新机具、新技术。

通过在农机专业合作社开展玉米、小麦、大豆等机播、机收机械化技术应用，展示该技术具有深浅一致、行距稳定、覆土良好、作业效率高、劳动强度低、节约作业成本等特点。

秸秆机械化处理主要是推行机收、机播与秸秆粉碎还田“一条龙”服务作业，前期联合收割机收割，同步实现秸秆粉碎入地，后期进行机播，把麦茬进行翻耕，同时立即种植玉米，既省时又省力，杜绝了焚烧秸秆，保护大气环境，兼顾生态效益、工作效益。

2.3 促进了土地规模化经营

农机专业合作社拥有机械数量多、性能稳定、配套优良、规模化生产能力强等优势，通过推动耕、种、收、运“一条龙”作业服务模式，解决了农户生产收获难题。

2.4 加快了农村劳动力转移

农机专业合作社的建立和各类农业机械的广泛应用，提高了农业生产效率，尤其缩短了“三夏”“三秋”生产周期，助力大部分农民从繁重的农事劳动中分离出来，促进了农村劳动力转移就业，缓解了农村劳动力季节性短缺的问题。

2.5 完成田间日观摩培训

在草莓季开展机械化起垄、破垄等现场田间日、蔬菜全程机械化技术现场会等活动，组织全区农机合作社成员进行观摩、学习、交流，以便查找不足。同时，利用新型职业农民培训、推广农机新技术等机会，多次组织农机合作社成员开展农机新技术、新机具培训班，从而不断提高农机合作社人员的技术水平和整体素质。

农机合作社通过土地托管、订单作业，逐步实现由分散零星作业向集中规模化作业转变。此外，由于部分镇完成了土地流转或是增加了复垦复耕地块，也促使规模化作业进程得以加快。

3 制约农机合作社发展的因素

目前，昌平区农机合作社正处于发展阶段，但在资金、土地、政策等方面还存在一些具体的制约性因素。

3.1 资金筹措困难

壮大发展农机合作社需要配备足够数量的先进农业机械化设备，老旧设备也需要得到相应的维护或更新换代以及聘请专业工作人员，均需大量的资金投入。实际上，当前农机合作社面临着资金不足、筹措困难的尴尬境地，缺少发展资金，阻碍了合作社的生存和发展。

3.2 农机库房建设用地难以解决

农机专业合作社普遍面临的是农机库房建设用地审批困难，致使大型农机具无处存放，常年风吹日晒雨淋，造成机具老化、损耗严重，影响正常使用。

3.3 社会化服务内容相对单一

在调研过程中发现，目前农机专业合作社能为周边农户提供的社会化服务内容较少，仅限于提供单纯的农机作业，作业模式基本上为被动式的上门服务。以草莓种植为例，农机专业合作社能提供的服务基本上为机耕、机械起垄等相对单一的机械化作业，针对农户而言，劳动强度相对较大的栽苗、采摘等服务一般不能实现，也在一定程度上限制了农机专业合作社的发展。

3.4 地块大小不一且碎片化

有些村的耕地地块小且分散，增加了农机作业的成本和难度，不利于机械化作业。因此，研发与推广小型农业机械或者整合连片土地，是未来开展宜机化作业的重要出路。

4 推进农机合作社发展的一些意见

大力推进农机专业合作社的发展，有利于解决当前农村劳动力不足、土地抛荒严重、农民增收乏力等突出问题。通过探究，为进一步促进昌平区农机专业合作社良性发展，应该积极做好以下几点。

4.1 加大政策扶持

针对农机合作社在发展过程中存在的问题要及时制定相应政策的措施，统筹考虑，整体推进。将农机合作社在发展过程中所亟须的建设用地纳入当地政府用地总体规划中，同时鼓励农机合作社通过承包土地，实现规模化经营，逐步建立现代农业示范基地，促进现代农业示范基地发展壮大。在购机补贴上，继续加大资金补贴力度，安排项目计划时要优先考虑农机专业合作社，以扶持促更新，满足现代化农机发展要求。

4.2 加大培训力度

农机专业合作社普遍存在专业人员储备不足、综合能力水平不高，缺少对应的农机培训，相关部门要积极抓好合作社人员培训工作，通过多种渠道和形式，加强宣传引导，让更多的年轻人逐步成为新一代职业农民。

重点培养一批高水平的农机专业合作社带头人，提高他们的理论知识水平、科技知识水平和经营管理能力，发挥他们在发展农机合作社中的骨干作用。

4.3 坚持典型带动

要将基础条件好、管理能力强、规范经营、社会影响好的合作社作为重点进行培养，力争发展成为全区的先进典型。同时，将其建设及发展经验作为典型，在全区范围内进行推广宣传，从而以点带面、辐射全区，实现农机专业合作社全面健康快速发展。

4.4 加强规范建设

鼓励农机专业合作社开拓外埠市场，多与内蒙古、河北、山西等地的种植企业和农民开展合作，与他们建立长期的农机作业服务合作关系。

拉长服务产业链条，从单纯的耕、种、收方面的服务向更宽领域延伸，延伸到产后的粮食收储、运输、加工、销售等，不断拉长服务产业链条。

4.5 拓宽服务领域

昌平区农机专业合作社还处于发展的起步阶段，要想提高全区农业机械化水平，要尽可能走农机合作社的道路，农机合作社不但为农业生产的各个环节提供了帮助，而且为农业机械化的农业强国建设贡献力量。

参考文献

[1] 任士杰．农机合作社的发展现状与对策分析[J]. 前沿观察，2020.

昌平区农业绿色发展的几点措施

周明源[1]，段改莲[2]，王揽月[2]，陈卫文[2]，王娅亚[1]，金艳杰[1]，邢广青[2]，崔艳[3]
（1. 北京市昌平区农业环境监测站　102200　2. 北京市昌平区农业服务中心　102200
3. 北京市昌平区畜牧水产技术推广站　102200）

摘要：昌平区农业产业主要包括种植业和养殖业两个方面，且以种植业比重较大，生产过程中可能出现水环境污染、土壤污染、大气污染和资源浪费问题，针对可能出现的问题，昌平区通过控制源头减少污染；对农药包装和废旧农膜进行回收；对其他农业废弃物进行综合处理以及提升农业技术水平和发展循环农业等一系列措施促进昌平区农业绿色发展。

关键词：农业；绿色；发展；措施

1　昌平区农业绿色发展可能存在的问题

1.1　水环境污染

多种因素可导致农业生态水环境被污染，主要有以下原因：

水产养殖追求高利润，养殖密度高，导致养殖水体遭到严重破坏。水产养殖中的污染类型主要有以下几种。营养物污染，即在水产养殖时，运用投入外源性饵料的方法进行养殖，高密度养殖易导致过量投饵的问题。残留饵料、肥料、动物粪便等含有丰富营养的物质越积越多，成了水产养殖自身污染的主要污染物类型。这些物质可能导致水体富营养化，降低水体自净能力，造成水体更大污染。药物污染，在水产养殖过程中为了避免动物发生疾病和水体破坏，会向水体中投入药物，投入的药物可能导致水体污染。底泥富集污染，水产养殖难以更换养殖地点和进行彻底清理，养殖区底泥中富含营养元素等，底泥中残留大量饵料，随着养殖时间的不断消逝而逐步积累，既会影响水产动物的生存环境，也会扩散至周围水体，导致水体富营养化。

畜牧生产过程中会有很多污水排放，一旦污水排放到水域里，便会形成污染[1]。畜禽粪便作为主要的畜牧生产排污物，如果没有完善设备进行无害化处理，那么粪便中含有的大量污染物质和有害物质便会直接导致环境污染。未经处理的污水中会含有大量的病毒微生物，一旦流入河流或者渗入地下水中，便会迅速恶化水源，破坏水质结构。如果污水流入生活用水区域附近的河流中，不仅会危害人们的身体健康，而且会使水体营养过剩，也就是富营养化，会破坏生态平衡，对于河流内的生物也会造成致命打击。

过量的化肥、农药施用，在灌溉、降水过程中，通过地表径流和地下渗透，造成水体污染。且因化肥和农药等因素造成的水体污染具有分散性、随机性、难监测和难治理的特性。

1.2 土壤污染

农业生产中对土壤造成污染的主要有农药、化肥和白色污染这几个因素。

由于缺乏农业知识，为了追求高产量，农民通常会通过施用化肥促进作物生长，他们不了解过量施用化肥的危害。化肥中除了作物所需的营养元素外，还含有许多其他元素和杂质。过量施用化肥，不能被作物吸收的元素和杂质会残留于土壤中，不仅会对作物生长起到反作用，还会使土壤受到污染。过量施用化肥会加剧土壤酸化、盐碱化、板结，破坏土壤理化性质，从而降低农作物的产量和品质。

和肥料污染因素类似，农药中有很多成分也无法被植物吸收利用，会在土壤中沉积，污染土壤甚至水源。在农药施用过程中，因操作者知识水平、施用工具、农药使用量等诸多因素影响，造成农药利用率不高，浪费的农药对土壤造成污染。

土壤中另一种污染物是塑料制品。塑料制品包括废弃农膜、塑料袋、废弃农药包装等，极难降解，在土壤中残留会影响作物的生长，影响作物对水分、养分的吸收，造成减产[2]。

1.3 大气污染

农业生产会产生温室气体，主要产生甲烷、氧化亚氮和二氧化碳 3 种气体，种植业、土壤、畜牧业和农业投入品均可成为温室气体的产生来源。二氧化碳的排放主要来自农业生产过程中直接或间接的能源消耗、农作物根系的呼吸和有机质的腐烂分解等。动物肠道发酵和动物粪便主要产生甲烷；农田土壤施肥等主要产生氧化亚氮。

土壤采用传统方式开垦为农田会影响土壤的碳汇能力，如果农田管理粗放，会更加严重地影响土壤的碳汇能力。农田粗放式管理不仅会降低土壤的碳汇能力，同时会释放出大量的二氧化碳，造成温室效应。

农用地进行耕作或裸露都会造成扬尘污染，加之北京冬春季大风的影响，农用地扬尘严重。

1.4 资源浪费

种植过程中经常会发生水资源利用率低、化肥施用过量和利用率低、农药利用率低等问题，资源浪费的同时容易造成环境污染。

过量施用有机肥和化肥、过量施用农药等问题，在带来环境污染的同时，食品安全问题的风险也在随之增加。

2 昌平区农业绿色发展的具体做法

2.1 控制源头、减少污染

对于畜牧水产养殖排污方面，昌平区示范推广养殖源头提质增效技术，在畜禽饲料中添加植酸酶、酵母培养物等添加剂，从源头实现动物健康、无抗减排养殖；推广“微生物菌剂”除臭消毒技术和“环境改良剂”环境控制技术，使养殖舍氨气、硫化氢等有害气体的排放得到有效控制。

对于化肥过量施用造成的环境污染，昌平区已经多年实施测土配方施肥技术，根据土壤养分和作物需肥量进行施肥，减少肥料浪费和淋溶，减少化肥的投入量，增加有机肥的投入，减少污染的同时改良土壤质地。

对于病虫害防控，昌平区推行病虫害绿色防控技术，通过多种措施提升种植户的栽培技术水平，实现农艺防治、物理防治、生物防治相结合，辅助化学防治的方法进行病虫害综合防控，以达到减少化学用药的目标；同时通过政策性补贴推广高效低毒的化学农药来提高农药利用率。

2.2 农业废弃物处理

通过财政项目对农药包装废弃物进行回收处置，依托6家有农药销售资格的企业对农药包装废弃物进行回收，减少白色污染和农药污染。在辖区内开展废旧地膜回收处置工作，布设回收网点，按照新旧比1∶2的比例进行补贴兑换，减少废旧地膜带来的白色污染。

对于种植业和林业产生的秸秆和果树枝条等农业废弃物以及畜禽养殖粪污等排泄物，采用"农林废弃物＋畜禽粪污"综合利用的模式，建立农业废弃物综合处理站，将二者混合后发酵，生产土壤调理剂，可用于改良土壤，实现双废全部资源化利用。

2.3 提升农业技术水平、减少浪费和污染

对辖区内农民开展田间培训和农业技术提升专项培训，不断提高农民的专业素质，从而提高农业技术水平，实现更加科学合理的病虫害防治措施。提升农业科学技术水平，不断推广先进的施肥设备和施药设备，从而提高肥料和农药的利用率。促进种业发展，推广抗性强的品种来降低农药和肥料的投入；发展水肥一体化设备和技术，减少水资源浪费，提高肥料利用率。

2.4 多措并举减少大气污染

积极发展低碳农业和智慧农业，提高低耗高效的农业设施比例。持续推进化肥减量增效，继续降低化肥施用总量，减少甲烷、氧化亚氮等温室气体的排放。提升农业碳汇能力，加强耕地资源保护，开展土地综合治理，增加土壤有机碳储量。

强化耕地扬尘管控，推广少耕免耕播种、秸秆粉碎还田覆盖和农机深松整地等保护性耕作技术，用减少地表裸露的方法抑制扬尘。推广多项农作物秸秆综合利用技术。

2.5 发展循环农业促进绿色发展

以绿色食品、有机农产品和地理标志农产品为主体，全面规范农产品生产行为[3]，实施一系列的规范行动，全面推进农产品按标生产、全程规范化。通过全程按标生产和推广循环生产模式促进农业绿色发展。

参考文献

[1] 成俊文．畜牧业生产污染与畜牧业可持续发展[J]．农村科学实验，2020 (9)：2.
[2] 唐义友．浅谈白色污染[J]．内江师范学院学报，2005(S1)：278-279.
[3] 豫新．培育品牌，增创河南农业新优势[J]．农村·农业·农民(A版)，2017(7)：8-9.

浅谈昌平都市农业应用自动化技术的现况与对策

谷林，郭文杰，于腾屿

（北京市昌平区农业机械化技术推广站　102200）

摘要：都市农业是大都市中部、都市郊区和大都市经济圈内，以适应现代化都市生存与发展需要而形成的现代农业。可是由于一系列原因，自动化技术在农业领域的应用还处于滞缓态势。本文结合近几年在昌平区农机推广工作中遇到的问题，分析现况并提出相应的对策。

关键词：都市农业；自动化技术；现况；对策

"都市农业"的概念，是20世纪五六十年代由美国的一些经济学家首先提出来的。都市农业是指地处都市及其延伸地带，紧密依托并服务于都市的农业。它是大都市中部、都市郊区和大都市经济圈以内，以适应现代化都市生存与发展需要而形成的现代农业。都市农业是以生态绿色农业、观光休闲农业、市场创汇农业、高科技现代农业为标志，以农业高科技武装的园艺化、设施化、工厂化生产为主要手段，以大都市市场需求为导向，融生产性、生活性和生态性于一体，高质高效和可持续发展相结合的现代农业。但是在实践中，城市化的快速推进也出现了一些问题，那就是"城进农退"，城市周边农村人口大量涌入城市，农村留守人员逐步减少，对当地农业造成不小的冲击，这些地区的农业迫切需要转型和升级。而都市农业是为满足城市多方面需求服务的，尤以生产性、生活性、生态性功能为主，是多功能农业，发展水平较高，位置在大城市周边，可以环绕在市区周围的近郊，也可能镶嵌在市区内部。都市农业紧密依托城市的科技、人才、资金、市场优势，进行集约化农业生产，为国内外市场提供名、特、优、新农副产品和为城市居民提供良好的生态环境，并具有休闲娱乐、旅游观光、教育和创新功能的现代农业；对农户而言，它可以深度开发农业资源，调整农业结构，提高农户收入。

1　昌平区都市农业和乡村旅游发展现状

根据《昌平区第三次全国农业普查主要数据公报》显示，截至2016年年末，昌平区依托农村地域、农业生产、农事活动，从事都市农业和乡村旅游的经营性单位和个体经营户共2 119个。其中，经营性单位414个，占比19.5%；个体经营户1 705个，占比80.5%。民俗旅游挂牌单位65个，占全区都市农业和乡村旅游单位的15.7%；民俗旅游挂牌户566个，占全区都市农业和乡村旅游个体经营户的33.2%。

在规模农业经营户和农业生产经营单位中，将物联网技术应用于农业生产经营的有20个，占全部规模农业经营户和农业生产经营单位的1.6%。使用自动化监测、控制技术的温室占地面积32.9 hm^2，占温室占地总面积的8.1%，使用自动化监测、控制技术的大棚占地面积

4.0 hm^2，占大棚占地总面积的 2.9%，使用自动化监测、控制技术的畜禽养殖用房面积 0.48 hm^2，占畜禽养殖用房总面积的 0.8%，使用自动化监测、控制技术的渔业养殖面积 0.07 hm^2，占渔业养殖总面积的 0.2%（表 1）。

表 1　物联网技术应用　　hm^2

	全区
温室占地面积	407.4
使用自动化监测、控制技术的温室占地面积	32.9
大棚占地面积	139.0
使用自动化监测、控制技术的大棚占地面积	4.0
畜禽养殖用房面积	57.0
使用自动化监测、控制技术的畜禽养殖用房面积	0.48
渔业养殖面积	26.7
使用自动化监测、控制技术的渔业养殖面积	0.07

从以上数据可以看出，自动化技术在农业生产经营活动中的应用程度还普遍偏低。随着各大高校、高新技术企业和未来科学城入驻昌平，在今后的日子里昌平注定要和“科技”二字结缘，那么未来在昌平发展的都市农业中也免不了需要一些“科技”元素。近年来，昌平农业正处在转型和结构调整阶段，农户对自动化技术还没有足够的认识，使用意识不强，再加上政府投入力度比较小，致使自动化技术占比一直处于低水平，这种落后的生产力水平远远不能满足将来都市农业和经济发展需要。

2　昌平区在自动化技术发展中存在的主要问题

2.1　农户的科技文化素质比较低

根据调查显示，在昌平区从事生态休闲农业和乡村旅游的投资人受教育程度普遍偏低，其中高中（中专）及以下学历的有 1 866 人，占比 88.1%；受教育程度为大专和大学本科的投资人 242 人，占比 11.4%；受教育程度为研究生及以上的投资人 11 人，占比 0.5%。

2.2　自动化技术带来的经济效益不明显

自动化技术带来的经济效益受成本和收益的双重影响，再加上农业与生俱来的特点是投资大，见效慢，且需要长期投入。只有农户节省的劳动力、增加的经济收入等收益远超于自动化产品的使用成本时，才会得到农户的认可，自动化技术才能得到有效推广。

2.3　农机补贴可供休闲农业选择的范围窄

现在实施补贴的一般为大型机具，对于平原地区大有益处，而对于地处山区或半山区的生态休闲农业毫无用处，这是因为休闲农业的特点所致。此外，农业自动化设备投入大，农户买不起，适宜休闲农业的小型自动化产品，却得不到相应的补贴或者补贴很少。因此，农机购置补贴政策对生态休闲农业来讲助力微弱。

2.4　法规建设和管理机制不完善

自动化类产品在农机推广、质量监督、维修规范方面管理不够完善，缺少有力的措施和手段，缺少法律约束机制，导致生产厂家、农户的合法权益得不到保护。

3 对策与措施

3.1 培养新型职业农民,加强农村职业教育

促进昌平区与有关农业高校合作办学,联合培养农村需要的大专生甚至本科生,如昌平区农业职业学校可与北京农学院继续教育学院合作,在昌平设立相关分部等,使高等、中等职业教育衔接,普教与成教、职教相互融合。在个别专业,直接招收40岁以下的具有高中或中专文化程度的有志农民进入大学学习。

3.2 激发农户使用自动化技术的热情

抓住国家实施农机补贴的发展机遇,主要是借助国家补贴资金的发放,充分调动农户购买自动化产品的积极性,大力引进新设备、新技术,并提供相应优惠政策,例如从事都市农业和乡村旅游的经营性单位或个体经营户可以优先或低息贷款等政策,努力营造良好发展环境。同时按照公开、公正、规范的原则,严格执行补贴政策,保障农户及时、足额获得购机补贴。

3.3 发挥好农机推广公益性职能和推广网络优势

抓住京津冀协同发展的有利契机,借鉴周边农业在自动化技术生产方面的先进经验和模式,沟通协调、引进消化,促进昌平区都市农业应用自动化技术的有效提升和跨越式发展,以重点技术的试验示范和宣传培训为切入点,发挥好农技推广的公益性职能和网络优势,采取多种形式进行技术的宣传培训和推广辐射应用,将技术和成果真正落实到农户中去,带动并鼓励农民用起来,实实在在创造效益。

参考文献

[1] 牛文元. 中国新型城市化报告[M]. 北京:科学出版社,2012.

浅谈昌平区智慧农业发展

田炜玮

（北京市昌平区农业服务中心　102200）

摘要：当下农业产业发展受限于从业人员匮乏、老龄化、农业用地减少等问题，通过利用高新技术和互联网技术，发展智慧农业从而改变传统的生产方式，是当代农业发展的必然趋势。昌平区农业若要实现产业提质增效、资源充分利用与农业科技贡献率的稳步上升，均需要通过“智慧农业”的技术集成进行提速。

关键词：昌平区；智慧农业；发展

我国农业的基本现状是“大国小农”，农业产业发展仍然受限于从业人员匮乏、老龄化、农业用地减少等问题，利用高新技术和互联网技术发展智慧农业，改变传统生产方式，是当代农业发展的必然趋势之一。新时期，以农业信息化和人工智能为基础的“智慧农业”应运而生。“十四五”时期是开启全面建设社会主义现代化国家新征程、向第二个百年奋斗目标进军的第一个五年，是实现巩固拓展脱贫攻坚成果同乡村振兴有效衔接、加快农业农村现代化的关键时期。农业现代化，关键是农业科技现代化。党的二十大报告指出，要全面推进乡村振兴，坚持农业农村优先发展，巩固拓展脱贫攻坚成果，加快建设农业强国。2022 年中央一号文件提出要推进智慧农业发展，促进信息技术与农机农艺融合应用，以及国家“十四五”规划、《国务院关于加快推进农业机械化和农机装备产业转型升级的指导意见》（国发〔2018〕42 号）、北京市人民政府印发《关于做好 2022 年全面推进乡村振兴重点工作的实施方案》《北京市昌平区“十四五”时期乡村振兴战略实施规划》等文件，为加快昌平区智慧农业与智能装备创新与应用，推进人工智能、5G、物联网、大数据、区块链等新一代信息技术在农业领域的研发应用，既指明了方向，也规划了路径。

1　智慧农业概述

智慧农业是以信息和知识为核心要素，通过互联网、物联网、大数据、人工智能和智能装备等现代信息技术与农业跨界融合，实现农业生产全过程的信息感知、定量决策、智能控制、精准投入、个性化服务的全新农业生产方式，是农业信息化发展从数字化到网络化再到智能化的高级阶段。智慧农业产业链，是现代信息技术与农业生产、经营、管理和服务全产业链的生态融合和基因重组，可以从生产、营销、销售等环节彻底升级传统的农业产业链，提高效率，改变产业结构。智慧农业以智慧生产为核心，智慧产业链为其提供信息化服务支撑，即农业全产业链中的营销、物流、消费成为智慧农业生产的可靠的信息支撑网络，引导农业生产实现信息化决策、高效化生产、差异化服务。

2 我国智慧农业发展现状

我国智慧农业起步较晚，农业机械化、作业智能化程度远低于其他领先国家，依旧处于成长初期，市场空间广阔。由于我国制定了全方位的产业扶持政策，财政投入不断增加，推动了智慧农业市场的快速发展。虽然全国区域间普及水平有所差异、市场竞争格局分散，但智慧农业的智能化水平正在稳步提升。

3 昌平区智慧农业发展

随着农村社会经济的进一步发展，各级政府对农业生产“现代化，标准化，规模化，绿色化”的需求将越来越迫切。“无人农场”作为现代农业发展的重要组成部分，将以科技开发、示范、辐射和推广为主要内容，以促进区域农业结构调整和产业升级为目标，在地区经济中越来越多地发挥传统农业向现代农业转变的典型示范作用。目前，智慧农业园区的规划、建设与运营正在向生态循环农业和科技融合创新目标靠近，内化政策利好导向明显、资源要素聚集效应增强、农业科技成果产出与转化能力逐步提升、农业生产方式升级步伐加快，急需将“5G、物联网、移动互联网、云计算、大数据、人工智能”等现代信息技术与传统农业生产相结合，借助农业信息化软硬件产品实现智慧化的生产管理、科学实验、智能监控和运营服务，助力现代农业园区实现智慧化跨越式发展，推进国家农业现代化进程。

昌平区农业园区的数量近年来不断增多，但在种植经营过程中，园区管理和生产信息化水平低的问题比较突出，农业生产过程中化肥、农药的施用不合理，资源浪费现象严重，管理理念落后，对设施农业的控制也缺乏科学性。通过智慧农场建设，推动先进技术在昌平区的落地转化和应用推广，提高园区的智能装备和决策管理水平，实现对农产品生产的智能化控制，可大大节约经营成本，提高产品品质与产量，增进园区收益，提高区域产业竞争力，对于将园区打造成为智慧农业建设的全国样板，引领带动京津冀地区乃至全国现代农业发展意义重大。

3.1 智慧粮田建设

立足昌平区城市新区发展的功能定位，围绕昌平区乡村振兴发展的“一带四区”格局，以打造现代化都市农业生产区为目标，以千亩双高智慧农场建设为抓手，做好重要农产品稳产保供，稳住农业基本盘，推进高标准农田建设和高效节水灌溉；以农业科技创新为关键突破口，助力籽种产业，发展智慧农业，提高农业质量效益和竞争力，引领昌平区科技农业发展，树立昌平区都市型现代农业发展典范，擦亮首都城区农业发展的“金名片”。昌平区作为北京市建设全国农业科创城的重要组成部分，担当全国现代农业发展的“排头兵”。高标准智慧农田作为现代农业发展的重中之重，集中打造一个集高效节水、智慧农机与新品种示范的高产、绿色、智慧的未来农田，必将在引领国内农业发展、转变现代农业发展方式上体现“昌平担当”。

3.1.1 北京“双高”农田建设样板区

以稳产高产为基本要求，开展地块合并和土地平整，加大有机肥施用量，稳步提高耕地地力，推广应用绿色防控和农业废弃物循环利用技术，加强生物多样性保护；完善农田道路系统和农田输配水和排水系统，发展高效节水灌溉。探索以智慧农业为引领，以科技赋能农业创新的融合发展模式，带动北京市高标准农田建设高质量发展，打造高标准农田和高效节水灌溉建设样板。

3.1.2 智慧农场建设引领区

打造农业生产新场景，配套覆盖主粮作物耕、种、管、收全过程的农机无人作业，实现平地、深耕、旋耕等作业智能化。建设基于物联网的玉米、小麦精准种植系统，实现玉米、小麦精准化种植管理。构建无人农场数字化综合管理云平台，建设无人农场综合运营指挥中心，实现农场"管-控-看-学-推"全覆盖，凸显科技引领、模式创新与可示范推广作用，打造玉米、小麦无人农场建设引领区，积极探索和稳步迈向"农业 4.0"时代。

3.1.3 新品种试验示范区

依托中国农科院作物科学研究所、北京农林科学研究院、中国农业大学等科研院所的优势品种育种团队，重点开展粮食新品种的种植示范，通过比较对照品种、产量、水肥配比分析、形状测试等，筛选出优良品种，打造新品种试验示范基地。

3.1.4 复耕复垦可持续发展模式的示范区

守住国家粮食安全底线，进一步推进乡村振兴，坚持"农田就是农田，而且必须是良田"的理念，开展复耕复垦地力提升行动，通过打造高标准农田，全力守好"粮袋子"。通过科技创新带动无人农场的建设，实现藏粮于技、藏粮于地，形成复耕复垦土地的可持续发展新模式。

3.2 智慧草莓园建设

草莓是昌平区设施农业的主要优势特色农产品。由于昌平区特殊的地理环境和气候条件，昌平区草莓几乎都在日光温室里种植。经过二十多年的发展，昌平区的草莓种植规模已经发展到目前的 5 000 余栋(标准温室)，昌平农业已经形成了以草莓生产为中心的"草莓产业链"和"草莓文化"，草莓产业已成为昌平区农业的主导产业和农民致富增收的新途径。

目前，昌平区草莓产业已基本完成农业 2.0(机械化农业)建设，已具备实施农业 3.0(智慧农业)的条件，依托数字技术，构建现代草莓栽培技术体系，发展信息化和智能化草莓园，对于提高昌平区草莓产业竞争力具有重要意义，也是加速缩短与发达地区差距、提高草莓产业竞争力的迫切需要，同时也是对农业 4.0(智能农业)技术的探索。

在昌平区打造智慧草莓应用场景，主要建设内容包括五大系统、一个平台(温室环境自动控制系统、设施水肥一体化控制系统、草莓生产管理系统、销售营销系统、农业品牌化推广系统)，实现资源数据一个库、生产经营一条链、决策指挥一张网和信息服务面对面，切实满足智慧农业建设的现实需求。

3.3 智慧菜园建设

智慧菜园建设以露地甘蓝、辣椒为研究对象，打造标准化、智能化的无人农场示范，通过智能决策系统、智慧物联网、无人拖拉机、作业机器人等实现农场全生产过程的数字自主化管理。

3.4 智慧苹果园建设

苹果作为昌平区"一花三果"的组成部分之一，种植面积 2 万余亩，在昌平区农村经济发展中占有重要的地位。但是，昌平区果树种植和果园管理总体水平与先进国家、地区还有较大差距，尤其是果园数字化、信息化和智能化管理技术差距更大。

目前，智慧苹果园是用数字化信息技术，对农业所涉及的对象和全过程进行可视化表达和信息化管理的现代农业。智慧苹果园把果园的生产、管理、经营、服务等看成一个有机联系的系统，把数字技术综合、全面、系统地应用到果园生产经营系统的各个环节，提高果园管理水平，并达到合理利用农业资源，降低生产成本，改善生态环境，提高果品产量和质量的目的。

传统果园的浇水、施肥、打药，果农全凭经验、靠感觉。先进的智慧果园生产基地，果树是否需要浇水、施肥、打药，如何保持精确的浓度，如何进行环境控制，一系列作物在不同生长周期曾被“模糊”处理的问题，都有信息化智能监控系统实时定量“精确”把关，果农只需进行简单操作或按程序预设操作，如此一来就能种果树、结好果。

智慧农业不仅为农产品生产园区提供了便利，更将消费者与产品密切联系起来。依靠智慧农业系统，消费者可以通过扫描产品上的二维码、条形码查询产品原产地认证信息、生产单位信息以及在生长过程中的情况，各类信息一目了然，让消费者吃着放心、买得舒心。

参考文献

[1]汪浩，朱长宁，谢加封，等．智慧农业的实现途径研究[J]．生物学杂志，2017，34(3)：92-94.

[2]谢昌玲，刘睿，李伟，等.智慧农业在现代农场中的发展前景探讨[J].南方农业，2015，9(36)：239-240.

数字农业在昌平区的应用展望

于畅[1]，齐长红[1]，陈明远[2]，韩立红[1]，祝宁[1]，雷伟伟[1]，何秉青[1]，朱雪娇[1]
（1. 北京市昌平区农业技术推广站　102200　2. 北京市昌平区农业服务中心　102200）

摘要：党和国家高度重视数字农业建设，先后做出实施大数据战略、数字乡村发展战略、大力推进“互联网＋”现代农业等一系列重大部署安排，指明了数字农业发展的目标要求、主攻方向和重点任务。数字农业是我国现代农业发展的重要内容，也是实现农业增效、农民增收的必然选择。

关键词：数字农业；应用展望

1　数字农业在昌平区的应用现状

1.1　普通种植户设备应用情况

昌平区近年来种植草莓 5 000 余栋，平均年产量 621.2 万 kg，平均产值 3.19 亿元[1]，涉及昌平区的 13 个镇、70 个村、1 500 余种植户。昌平区蔬菜现有设施蔬菜种植温室 5 000 栋左右，分布在百善镇、马池口镇、小汤山镇、南邵镇等 15 个镇。农民应用的智能环境调控设备有两类，一是小型温湿度监测仪，二是基础的自动放风设备。小型温、湿度监测仪可做基础的温度、湿度监测，测量数据作为自动放风设备的运行依据。自动放风设备可设定理想温、湿度范围，该技术根据大棚温度的高低自动调控开、关风口，保持理想温度、降低湿度。

1.2　大型种植园区设备应用情况

昌平区大型种植园区应用的智能环境调控有：园区大棚风机、卷帘智能控制系统、水肥一体化系统。大棚风机、卷帘智能控制系统可以使棚室长时间保持作物最适宜生长的温度、湿度、光照。水肥一体化是灌溉与施肥融为一体的农业新技术，可以根据不同的作物的特点，把水分养分定时定量，按比例直接提供给作物，保证作物水肥管理的科学性与精准性。

2　数字农业在昌平区推广应用存在的壁垒

2.1　农民缺乏对数字农业的理解与认识

以昌平区为例，农民年龄在 44～55 岁，大部分农民的文化知识水平偏低，普遍靠经验种植，缺乏对前沿数字农业技术的认识和了解；同时对利用现有的技术和知识，以及处理和解决农业生产中所遇问题的能力不强。多年的传统种植方式的惯性思维使得农户对农业种植数字化接受程度不高，认为数字农业不如人工操作灵活准确，使推广数字农业较为困难。

2.2　设备应用投入成本高

数字农业设备根据想要达到的自动化程度不同，前期一次性投入成本在几千到十几万元不等。以环境控制类为例，就分为智能控制设备、卷膜通风控制设备、二氧化碳发生控制设备、视频监控设备、补光控制设备等若干项。该类设备前期投入较高并且还要考虑后期设备的维护等持续性投入。所以，从短时间来看，投入成本相对较高，使中小型企业承担困难。

2.3 系统不稳定导致数据不准确

数字农业系统架构包括感知层、传输层、处理层、监管层和应用层，涉及电子测量、自动化控制、计算机网络、通信，以及APP等。要实现数字农业产业化，就需要大量的应用设备和物联网系统，数据测量有误差、自动化控制反应慢都会造成作物生长受限，不能达到最理想的效果，不同作物有不同的管理方式，同一作物不同品种的管理也不尽相同，研发一套智慧农业系统的技术门槛较高、耗时较长。

3 数字农业应用在昌平区的前景展望

3.1 通过重点示范建立集成园区

建立数字化水平高的集成示范园区，包含智能控制设备、卷膜通风控制设备(可实现日光温室本地、远程、智能多种卷膜控制模式)、卷被智能控制设备(可实现日光温室本地、远程、智能多种卷被控制模式)、二氧化碳发生控制设备(根据日光温室环境中二氧化碳浓度水平结合作物生长所需，完成二氧化碳的自动补充)、补光控制设备(在温室安装部署补光灯并接入远程控制平台，充分发挥植物光合作用的潜力，提高作物品质及质量)、水肥一体化控制设备等。为农户示范、科普、考察、参观使用，以点带面提升农民数字化认知。

3.2 推广低成本、本土化的数字农业

根据昌平区设施农业的情况，推广性价比高的设备。农户对农业数字化接受度不高，首要因素就是前期投入过大，且认为应用复杂、自己难以操作。昌平区设施农业冬季主要种植草莓，大部分农户需要管理多个草莓棚，草莓果实品质与产量受温度影响较大，所以需要人工随时掌握棚室温度，并用开、关风口的方式使棚室保持适宜温度。以此为切入点，从APP或入门可查看的电子温、湿度仪为例进行科普，管理人员通过PC端、手机APP管理草莓种植基地。环境监测信息、土壤监测信息，都直接显示在手机上。以往需要走完所有棚室才能弄清楚各棚室的情况，如今运用现代化手段，农作物生长的土壤温度、环境温度等情况一目了然。农民可以直接发现需要进行农事操作的棚室，节省了时间、提高了效率。当农民在数字农业中发现可以令自己的工作更便捷并真正受益后，也将为后续数字农业功能的推广降低难度。

3.3 开展培训提升农民素质和数字农业应用效果

开展提升农民素质和数字农业应用效果的培训有以下途径：一是通过讲座授课，让农民了解现在数字农业应用设备的先进、应用的普遍性；二是以数字农业重点示范集成园区为培训地点，让农民实地考察数字农业种植的科学性与精准性，与农民进行田间技术交流；三是丰富宣传内容，既通过报纸、广播等传统媒体，也通过网站、微信等现代媒体，开展如昌平区数字农业发展的宣传，营造浓厚的宣传氛围，为农业信息化技术推广打下坚实基础。

3.4 全区范围内实现农业数字化

通过重点示范集成园区的建立与符合昌平区实际种植情况的数字农业的推广，实现农户通过应用数字化、现代化的技术，减少劳动力投入以及经济成本投入，减轻从业人员的劳动强度，以更少的投入创造更高的经济价值，给农民带来幸福感，从而实现产业可持续发展。在人才引进方面，要提高政府的重视程度，出台人才引进的优惠政策[2]。用数字农业改变人们对农

民难当、农作物难管、农活难做的认知，让人们了解在现代化手段的帮助下种植作物比原来容易得多，吸引更多的年轻人回乡投身农业、回乡创业，解决务农人员紧缺、农事操作者的老龄化问题。数字农业重点园区由于实现了农业数字化与现代化，提高了园区农产品品质与整体产能，增强了农产品的质量安全可信度，推进标准化生产、品牌化营销，创造出更多的经济效益。

数字重塑世界，数字领跑未来。我国是农业大国，数字农业是我国由农业大国迈向农业强国的必经之路。通过推广与普及数字农业，农户或大型园区都能解放双手、提高产量、提升品质，实现农民的共同富裕。在农民和园区的共同努力下，农业也将获得更加蓬勃的发展。

参考文献

[1] 于静湜，齐长红，陈加和，等．昌平区草莓产业发展现状及对策建议[J]. 蔬菜，2021(S1)：100-105.
[2] 郑秋铭．黑龙江省农业科技政策实施中存在的问题与建议[J]. 吉林农业，2019(9)：87，108.

现代智能温室在北京的现状以及发展趋势

何秉青，祝宁，齐长红，陈加和，麻宏蕊，李利锋，谷星宇，刘民，蔡连卫，于畅，朱雪娇 张旭
（北京市昌平区农业技术推广站 102200）

摘要：智能温室的出现为我国设施农业的发展指明了方向，颠覆了人们对传统种植业的看法，提高了单位土地面积的产出，真正实现了蔬菜的周年生产。但是在引进初期也出现了一些问题，例如温室的设计和建造工艺缺乏，无土栽培技术落后，高投入低产出等。智能温室作为田园综合体的重要组成部分和我国农业的未来发展方向，只有系统地解决现阶段出现的问题，才能更好地促进现代农业的发展，助力乡村振兴。

关键词：智能温室；乡村振兴；设施农业

1 智能温室介绍

智能温室，又叫连栋温室或现代温室。智能温室的核心是控制中心。控制中心一般由信号采集系统、中心计算机、控制系统三大部分组成。利用这三大系统可以直接调节温室内光、温、水、肥、气等诸多因素，可以精准地为植物生长创造最适宜的生长环境，适用于各类蔬菜种植、种苗繁育、名贵珍稀花卉培育等，可以实现周年生产，为农业发展带来新的推动力，是都市现代农业的典型代表之一[1]。

现代智能温室与一般的温室相比较，具有如下优点：①用途广泛，功能强。智能温室可根据生产实际需要，安装各种智能化装备，并可以作为育苗基地、花卉栽培温室、植物工厂以及生态观光温室等使用。②科技含量高，管理高效。通过温室内外安装的各种传感器，将温室内外的气象因子显示到计算机上。通过设定的参数，智能控制系统会做出分析与控制，达到自动化管理。③省时省工，生产效率高。温室内的环境控制和灌溉可以通过智能控制系统实现自动化，因此仅需要较少的人工负责日常的植株管理，生产效率大大提高。④蔬菜产量品质高，经济效益突出。因为温湿度、水肥以及管理更为精细化，因此蔬菜产量和品质能提高20%～40%，同时可以生产反季节蔬菜，经济效益更加突出。

2 存在的问题

目前，智能温室在我国发展速度很快。21世纪90年代初有大量的智能温室从荷兰引进到中国[2]，国内已有多个省市建造了智能温室，单体面积也越来越大，但是仍存在不少问题。这些问题主要体现在以下几方面：

2.1 建造成本过高

荷兰的玻璃温室蔬菜种植已经有上百年的历史，建造成本相对较低，在这百余年中，玻璃

温室蔬菜的栽培都是由家庭农场经营。每家农场平均拥有玻璃温室 9 600 m^2[3]。在中国，目前建造一座玻璃温室至少需要花费几千万元人民币。很少有个人或者企业能够承担，因此目前大部分温室都属于各地政府所有。

2.2 国内农业院校科研实力薄弱

荷兰瓦赫宁根大学是欧洲重要的大学之一，在农业方面，瓦赫宁根大学及研究中心的文献引用量在世界范围内排名第三；无土栽培技术对国内种植者来说相对陌生，国内很多种植者接触得比较晚，经验相对比较少，从业人员数量少，待遇偏低，跟外国专家学习过程中需要克服语言障碍等。

3 经济效益低

以番茄为例，荷兰等国的中型果产量可以达到 60～80 kg/m^2 及以上，樱桃番茄可以达到 30～40 kg/m^2。相反，国内中型果的产量为 20～30 kg/m^2，樱桃番茄的产量为 10～15 kg/m^2。番茄的生产季是从每年的 9 月到第二年的 7 月，大概从 11 月底起，第一批番茄果实就可以上市，每年的冬季是番茄价格最高的时候，这段时间的收益在整季总销售额中占有很高的比例，第二年露地番茄上市之后，对温室番茄的冲击很大，价格减至全年的最低水平。人工费、水电费、材料费、植保、燃气费等是主要的支出项目，煤改气政策的推行，使燃气费用在总支出中占比很高，加温能耗成本占智能连栋玻璃温室生产总成本的 40%以上[4]。

4 缺少专业化服务公司

在荷兰等国，几乎与栽培相关的工作都有专门的服务公司。如果种植者想要嫁接苗，只要把砧木和接穗种子给专门的育苗公司，在规定的时间内育苗公司就会把嫁接苗交付给种植者。如果栽培过程中出现任何问题，有专门的栽培咨询公司可以为客户找出原因，并给出相应的措施。温室内的栽培操作需要高素质的工人来完成，温室管理者可以让专业化服务公司来帮忙找工人，这些服务公司提供定制化的服务，会按照管理者的需求寻找符合条件的工人。在国内，很少有提供专业化服务的农业公司，温室管理者需要负责温室内的气候控制、工人管理、育苗工作。同样，工人不仅需要完成好自己的工种，同时还需要负责喷药和维修等工作。

5 解决问题的途径

为了更好地促进智能温室在我国的健康发展，可以从以下几方面进行改进：

5.1 降低温室建造成本

只有更多的国内公司投身于温室建造行业中，引进国外先进建造技术，不断创新，优化生产工艺，选择优质环保材料，才能逐步降低建造成本。生产的材料不仅可以满足本土需求，为建造更多的温室奠定基础，而且可以出口到国外，不断增强国内企业在全球的竞争力。

5.2 降低冬季加温成本

番茄是喜温作物，在北方冬季阴雪天气和夜间必须要加温。目前，大部分温室通常采用燃烧天然气供热的方式，但是成本过高。因此，为了保证连栋温室工厂化生产良性发展，必须要降低加温成本。可以从以下几方面进行改进：①玻璃温室选址在附近有地热或者余热的地块，降低天然气的消耗量。②增加多重保温设计，增加白天蓄热和减少夜间热量散失。③合理的温室温度管理策略，尽量减少夜间的能源消耗[4]。

5.3 培育本土优秀的种植者

好的温室是成功的一半,优秀的种植者是决定整个生长季成功的关键因素。由于国内的无土栽培种植者经验相对不足,为了实现弯道超车,必须坚持先引进来、后走出去的原则。有实力的园区或者公司可以聘请国外优秀专家指导工作,同时这些园区应该注重本土技术员的培养,让国内的技术员尽快掌握先进的栽培技术。其次国内农业科研院所应加强与世界一流大学以及研究机构的合作交流,定期举办学术交流活动,通过互派留学生的方式建立长期合作机制。

5.4 疏通产品流通

以北京市为例,很多大面积的智能温室主要分布在郊区,远离人口密集的小区,目前仍然存在优质的蔬菜不能及时供应到各大超市以及便民蔬菜点等问题。

眼下市民对温室无土栽培生产的蔬菜认可度越来越高,尤其是冬季对新鲜蔬菜的需求度很高,因此政府及相关部门应该改善蔬菜流通渠道,牵头保证温室生产的各类蔬菜顺利进入各类市场。

5.5 增加蔬菜附加值

大部分蔬菜保鲜期有限,采收之后储存时间过长,品质会变差,营养价值变低,因此可以对一部分蔬菜进行加工,提高附加值。例如,可以对不耐储存的番茄进行深加工,把番茄经过高温灭菌之后装瓶,制作番茄酱。

6 未来展望

荷兰设施农业是国外发达农业的典型代表,在面积狭小的国土上,创造了无数的奇迹。我国是农业大国,规模化、设施化、智能化和标准化是未来我国的农业发展方向。都市型现代农业越来越受到大众的认可,建造高标准的连栋温室,内部采用先进的栽培技术以及配套现代化的硬件设备,有助于生产出安全高品质的农产品,提高单位面积的产量。这样能够带动农村发展,促进农民增收,助力乡村振兴。

参考文献

[1] 杨其长．我国智能设施园艺技术突破之路在何方？[J]．中国农村科技,2018(1):37-39.

[2] 黄景华，王霞光，贺清国．荷兰 Venlo 型智能蔬菜栽培温室成本效益分析[J]．农业工程技术，2017，37(34)：35-37.

[3] 吴佳．荷兰玻璃温室蔬菜种植的五大特点[J]．农村科技，2005(3)：55.

[4] 袁伟．北方智能连栋玻璃温室供暖节能研讨:以宏福乌兰察布农业园区为例[J]．农业工程技术,2022,42(7):20-24.

京郊特色农业品牌营销模式研究——以“红泥乐农场”企业品牌为例

崔全胜
（北京圣泉农业专业合作社 102202）

摘要：随着现代农业发展和消费市场的变化，品牌建设已经成为农业企业发展的重要内容，如何打造品牌并做好品牌营销是影响企业发展的主要问题。本文通过对“红泥乐农场”品牌现状进行研究，提出以“一园带多园、一品带多品”的思路，以培育红泥乐农场品牌核心，创新打造“品牌＋社区＋休闲体验＋电商＋科普”的营销模式，推动品牌价值提升和品牌价值效益转化，为京郊特色农业品牌营销提供新借鉴。

关键词：农业品牌；营销模式；“红泥乐农场”

北京圣泉农业专业合作社创办于2015年，拥有“红泥乐农场”企业品牌。所属红泥乐农场占地约7.5 hm^2，拥有32个日光温室标准大棚。作为致力于城乡融合发展的新型农业经营主体，多年来，合作社秉持“坚持绿色发展、助力农民增收、服务市民生活”的价值理念，依托红色土壤资源，打造“红泥＋阳台蔬菜”的特色农业产业，主要产品为盆栽蔬菜和红泥文化产品。先后获得国家级绿色种植示范基地、北京市农民专业合作社示范社、北京市农业好品牌、北京市绿色防控科普教育示范基地、北京市农民科技实训基地、北京市中小学生社会大课堂、全国百名示范农民田间学校等30多个荣誉称号。

1 企业优势与劣势

1.1 企业优势

1.1.1 拥有“红泥乐农场”企业品牌

“红泥乐农场”的土地是红色土壤，具有富铁高、黏性强等特点，红泥土经检测含铁量是普通黄土的12倍，抓住红泥土的这个特性，合作社于2015年注册了“红泥乐农场”商标，大力培育“红泥＋”现代农业产业，深入开展富铁蔬果生产，优选种植了草莓、葡萄、樱桃、无花果、猕猴桃、食叶草、灵芝、食用菌、栗蘑、藜麦、秋葵、食用菊花、食用玫瑰、紫背天葵、叶用甘薯等30多种食药两用及芳香蔬果产品，深受市场欢迎和市民青睐。2017年，合作社的“红泥乐农场”商标被评为“北京农业好品牌”。

1.1.2 拥有红泥传统文化资源

合作社所在的红泥沟村是北京唯一的红泥土产地，在开展富铁蔬菜生产的同时，合作社基地聘请中央美术学院、清华大学美术学院博士、硕士研究生及当地民间工艺大师，集艺术品研发、博物馆展呈、艺术衍生品及礼品生产、创意设计、手工互动、科普教育等于一体，建立了红泥工作室，深入挖掘红泥沟村红泥乡土文化，围绕农业、农村、农民题材开展反映农村生活的艺术创作，致力打造出大众“看着美、买得起、用得好”的红泥泥塑产品，打造出特有的“红泥文化”。工作室现可制作生产红泥手工艺品五大类 30 多个产品，既发扬了传统文化，又有效提升了企业品牌价值。

1.1.3 拥有阳台蔬菜新型实用专利

合作社在阳台蔬菜生产方面拥有两项新型实用专利，一是阳台蔬菜专用营养土栽培袋，二是小型可移动可伸缩栽培架。合作社依托这两项专利，一是大力开展盆栽蔬菜生产研发，制定了盆栽蔬菜教程，研发了盆栽食叶草、盆栽韭菜、盆栽芹菜、盆栽甘蔗、盆栽药食同源植物、盆栽芳香植物等不同种类盆栽蔬果，畅销北京 130 多个社区和星级酒店。二是打造阳台农业，以盆栽蔬菜为主，合作社与社区和中小学联合，线上线下普及盆栽知识，通过引入“绿色”“富铁”“科普”等元素，指导种植活动进行，引领市民和学生利用阳台空间种植既能观赏又能食用的有机蔬果，推广 1 m^2 绿色蔬菜种植理念，把绿色理念引入家庭，让鲜菜随采随吃。同时，推广可食用地景（空中菜园），面向机关、学校、企业等销售推广，既装点环境，也能观赏、食用，实践低碳环保的生活理念。

1.1.4 拥有优质的休闲观光环境

合作社所在的昌平区是北京市全国休闲农业与乡村旅游示范区，盛产昌平苹果、昌平草莓，南口镇红泥沟村是北京美丽乡村，在著名的居庸关长城脚下，紧靠十三陵景区、乐多港休闲度假区。合作社还结合红泥传统文化，积极利用基地的蔬菜、草莓、灵芝等农产品资源，结合市民乡村旅游需求，大力发展休闲观光农业，2016 年被评为“最受网民喜爱的草莓采摘园”，现在农场每年接待市民达到 15 000 人次。

1.1.5 拥有丰富的科普培训资源

在农业培训方面，合作社是北京老兵创业基地、北京市农业广播电视学校实训基地、昌平分校直属工作站、农民科技教育实训基地、新型职业农民培训基地、农广校挂牌的农民田间学校，是全国示范农民田间学校。近几年来，结合阳台蔬菜产业，合作社“以农民为中心、以田间为课堂”，为农民提供农业技术教育培训，共开展全国新型职业农民及职业经理人培训超过 8 000 多人次，还为内蒙古自治区、吉林省、河南省、湖北省开展了新型职业农民培训，为上海、天津、石家庄、长春、太原等地区的高素质农业人才进行了绿色蔬果种植技术和绿控知识的培训。

同时，合作社积极为退伍军人服务，向退伍军人推广盆栽蔬菜技术，让广大退伍军人也能在农村的广阔天地干出一番事业。在农业科普方面，合作社是北京市昌平区科普教育基地、青少年科普教育示范基地、北京市农村科普示范基地和社区教育基地，是海淀区青少年学生校外活动基地、昌平农广校评定的社区教育中心。几年来，合作社积极开展农业科普进校园、进社区、进单位，以及中小学生和居民到基地等，开展阳台科普教育活动，定期举办“蔬菜盆栽科普沙龙”活动，聘请蔬菜专家坐镇，针对阳台和室内蔬菜种植的方法及技巧，为青少年学生和市民讲解、演示并分享国内外现代家庭种菜的模式。每年在 20 余所学校开展进校园科普教育活动，每年接待全市中小学生 5 000 人次。

1.2 企业劣势

1.2.1 对品牌运营缺乏经验

企业成立时间不长，“红泥乐农场”品牌主要以商标形态向外界展示，对于如何打造品牌、培育品牌和品牌营销缺少必要的知识和经验，存在守着品牌看品牌、拿着品牌轻品牌的现象，是企业发展进程中必须要补的短板之一。

1.2.2 缺少品牌运营所需人才

企业组织管理结构简单，以合作社社长为总负责人，设副经理 2 人，没有健全的运营部门机构，基本都是当地合作社成员负责运营，缺少专门人才支撑，没有形成有效的品牌运营规划。

1.2.3 缺少品牌联合运营机制

企业在当地与农户进行产品联合生产，但与当地合作社、园区没有形成固定的品牌共建、共享、共运营的良性机制，一些所谓的联合营销，也是临时性的产品组织和人员聚集，而在产品价格、经营收益等方面没有制定一致的经营约束制度。

2 面临的行业市场情况分析

2.1 全国行业市场

连续多年出台的中央一号文件，都提出要加强特色农业建设，加快发展乡村特色产业，因地制宜发展多样性特色农业，倡导“一村一品”“一县一业”。积极发展富民乡村产业，支持各地立足资源优势打造各具特色的农业全产业链，建立健全农民分享产业链增值收益机制，形成有竞争力的产业集群，推动农村一二三产业融合发展。近年来，国家农业农村部聚焦“开发一批乡土特色产品、发掘一批乡村能工巧匠、打造一批乡土特色产品基地、培育一批乡土特色产品品牌”等重点任务，加力推进，加快打造乡土特色产业，“一村一品”建设取得长足发展。与此同时，对一些人口密集、土地紧缺的城市，发展阳台农业尤为适用，阳台菜园不仅解决了社会对于纯天然的绿色果蔬产品的需求，还能增加房屋面积的利用程度，为美化房屋、净化空气带来新的选择，为城乡一体化发展提供了重要的实践基础。

2.2 北京市行业市场

北京是超大型城市，呈“大城市、小农业，大京郊、小城区”的城市特色，人民生活品质追求越来越高，精神享受越来越丰富，城市居民也希望去郊区，参观美丽乡村，体验农事活动乐趣，更希望享受绿色环境，每天能够吃上新鲜蔬菜。据统计，北京市有休闲观光园区 1 200 多个，农业观光和乡村旅游收入超过 38 亿元。历年召开的北京农村工作会，均提出坚持都市型现代农业发展方向，要着力推动农业高质量发展，抓好都市现代农业，发展智慧农业、生态农业、精品有机农业，大力发展特色农业和乡村旅游。

2.3 区域行业市场

昌平区十分重视发展现代农业，着力打造“一花三果”精品农业。在发展形式上，作为全域农业休闲旅游示范区，昌平区重视特色农业和休闲观光农业建设，在阳台农业、盆栽蔬菜等方面不断加大支持力度，积极引导市民开展休闲采摘。

3 “红泥乐农场”品牌营销策略

3.1 品牌营销战略

树立“红泥乐农场”品牌导向，以“红泥＋阳台蔬菜”特色农业产品为主线，按照“品牌引领、农技保证、城乡互动”的基本思路，联合当地 5 家合作社或园区，根据农产品上市季节性特点和红泥产品特色，组织开展“红泥＋阳台蔬菜”特色农产品主题推广活动，包括社区推介、休闲观光、产品体验、科普培训和电商销售等，以“一园带多园、一品带多品”的形式，带动和盘活周边农业产业，引导市民走进农业、走进郊区，实现“市民下乡、产品进城”，让放心农产品上餐桌，以此更好地提升“红泥＋阳台蔬菜”特色农业的品牌影响力和社会消费水平。

3.2 品牌营销模式

主打“红泥乐农场”品牌，组织10～20家本地优质农产品生产园区、筛选20种优质特色农产品和红泥产品、制订10条农业休闲采摘观光路线，围绕“红泥＋阳台蔬菜”开展特色农产品营销，每年按季节组织开展40次特色产品推广活动，包括10次现场产品推广活动、10次休闲路线体验活动、10次科普培训推广活动、10次社区和电商平台推广活动，实现品牌辐射全镇乃至全区，品牌价值和企业效益大幅度提升，促进当地农业增效、农民增收。

3.3 营销组织与管理

3.3.1 营销组织

成立营销活动团队，设经理1名，副经理2名，成员10名。

3.3.2 管理方式

实行经理负责制，重大事项经由经理办公会研究决定。建立健全各项管理制度，包括活动组织制度、产品管理制度、活动安全管理制度、财务管理制度、质量安全制度、游客安全管理制度等。

3.3.3 融资管理

营销活动所需资金200万元，由圣泉农业合作社出资50万元，其他5家合作社各出资30万元联合开展运营，所获收益按出资比例分配。通过资本运作，推动企业营业收入增长，实现投资各方共赢。

4 风险控制

合作社经营面临的主要风险来自对政策变化的理解程度和市场需求变化的把握程度两个方面。在政策方面，合作社将积极配合政府管理部门，加强内部和活动管理，确保合法合规运营，并积极准确领会政策扶持方向，优化和调整生产经营的内容和方式。在市场需求变化方面，合作社将进一步提高产品质量，加大优新产品的研发力度，在产品品种、生产方式、生产环境和服务内容等方面坚持高标准、不断创新，更加契合和满足市民消费需求。

5 品牌发展规划

以“红泥乐农场”品牌营销策略为依托，合作社将更好地适应乡村振兴和城市发展形势，在立足“红泥＋阳台蔬菜”特色产业的基础上，争取政策支持，建立联合运营机制，大力推进产业创新，促进农业产业丰收、农民增收致富。未来规划的重点，主要有三个方面。

一是发展康养农业。随着人们物质生活水平不断提高，大家越来越重视健康和养生，城市居民可以到郊区旅游、呼吸新鲜空气、品尝新鲜农产品，或者退休后到郊区生活。随着北京乡村振兴战略规划的大力实施，郊区村庄变得越来越整洁、农田越来越美，这将吸引更多的城市居民走进乡村、体验农业、享受美景。合作社依托现有产业和美丽乡村建设，瞄准城镇化发展形势和城乡居民对美好生活的需要，把促进农业产业与康养休闲有机结合，作为下一步产业升级和创业创新的目标。

二是建立社区农业体验馆。积极寻求与城市社区合作，建立集展示推介、产品销售、品尝体验和科普培训为一体的社区农业体验馆，建设一扇“都市农窗”，让京郊农业、阳台蔬菜和传统文化走进市民社区、贴近市民生活，让市民近距离感受现代农业发展的魅力，满足市民对绿色美好生活向往，进而促进企业发展和整体实力提升。

三是加快人才引进，建立品牌运营团队。联合科研院所和大学院校，积极招聘，吸纳品牌、计算机、网络营销等方面的专门人才，走“人才兴品”战略，推动企业品牌走上更强的发展之路。

6 结论与建议

围绕“红泥乐农场”企业品牌，以合作社联合经营为依托、按季节组织营销活动，创新了京郊特色农业品牌营销方式，形成“品牌＋社区＋休闲体验＋电商＋科普”的营销模式，适用于当前产销环境，有利于发挥企业品牌的带动和引领作用，推动合作社之间优势互补、产品互济、人才互动、渠道互通，更好地实现品牌价值与效益最大化。

建议：一是政府高度重视品牌建设与培育，支持企业联合品牌运营模式，在运行机制、人才引进、活动保障和产品安全等方面给予相应的政策支持；二是建立区域品牌共建与管理体系，扶持产品品牌、企业品牌，打造区域公用品牌，形成品牌叠加效应，扩大市场影响力和知名度；三是强化品牌监管和市场化运营，确保品牌产品质量，确保品牌运营良性、可持续发展，最终形成可复制、可推广的京郊特色农业品牌营销模式，助推北京乡村振兴。

参考文献

[1] 孙娇．乡村振兴视角下特色农产品品牌推广创新模式研究[J]．现代商业，2020(24)：13-14.

[2] 戴程．区域农产品品牌建设影响因素及对策研究[J]．山西农业大学学报(社会科学版)，2020，19(3)：101-108.

[3] 赵友森，穆月英，赵安平，等．北京市农业供给侧结构性改革面临的问题与对策[J]．农业展望，2018，14(12)：20-27.

[4] 廖梦洁，齐林．基于互联网环境的农产品品牌增值策略研究[J]．农业经济，2020(7)：121-123.

农民专业合作社发展与共同富裕
——以北京鑫城缘果品专业合作社为例

崔维国

（北京鑫城缘果品专业合作社　102200）

摘要：本文以北京鑫城缘果品专业合作社为例，对农民专业合作社的整体概况、成立的动因、背景、发展历程以及合作社成立以来为农户提供的服务等方面对合作社的发展及共同富裕的途径进行了详细论述，以期为助力乡村振兴，发展农民专业合作社提供有效参考。

关键词：专业合作社；鑫城缘；服务

1　整体概况

北京鑫城缘果品专业合作社位于昌平区草莓产业基地核心区兴寿镇西新城村，是一家集果品生产销售、农业社会化服务、社会大课堂、都市农业科普教育于一体的股份制农民专业合作社，合作社于2008年3月20日成立，现有社员243户，带动周边500户农户就业，社员主要分布在西新城、东营、西营、秦家屯、桃林、沙陀、麦庄、辛庄、香屯等9个自然村，服务面积1 000亩。

合作社自成立以来获得各项荣誉共46项。2009年注册了鑫城缘商标。2011年通过申请成为昌平区首批"昌平草莓"国家地理标志保护使用单位。2014年被评为国家级农民合作社示范社，2020年被评定为全国优秀农民田间学校，2021年被中国农业大学确立为北京科技小院，2021年被确立为全国农业社会化服务创新试点，全国蔬菜生产全程机械化试验示范试点。

2　合作社成立的背景、动因和发展历程

2.1　成立背景、动因

北京鑫城缘果品专业合作社位于北京市昌平区兴寿镇，早在2002年兴寿镇就开始种植草莓，随着政府农业政策的引导，到2008年兴寿镇各个村庄都建设了草莓种植小区，草莓生产初具规模，随之问题也不断显现。①草莓生产面积暴增，草莓的销售成了难题；②随着北京都市农业的发展，京郊采摘旅游业也迅速发展，为迎合采摘业的发展，不仅要获得高产还要生产出优质、绿色安全的草莓，这对农户生产技术水平提出了更高的要求，生产技术创新迫在眉睫；③都市现代农业的发展意味着农业不只是生产业还要与三产充分融合，小农经济下怎样实现一产和三产的融合发展，农户们需要样板。针对这样的问题，在2008年北京鑫城缘果品专

业合作社成立了，合作社的成立旨在组织广大社员一起进行生产技术创新、打造统一品牌扩宽销售渠道、探索一产三产融合发展模式、打造都市现代农业、增强市场竞争力。

2.2 发展历程

北京鑫城缘果品专业合作社成立于2008年，成立之初致力于进行生产技术的创新，主要探索怎样引领农户生产绿色无公害的草莓，2009年通过无公害认证并注册鑫城缘商标。

2009—2011年，合作社致力于扩宽销售渠道，成为北京城乡超市、本来生活等多个大型企业的草莓供应商，草莓销售渠道得到了保障。2012年世界草莓大会在北京市昌平区兴寿镇顺利召开，昌平草莓被确定为国家地理标志性产品，北京鑫城缘果品专业合作社被确定为昌平草莓授权使用单位，“草莓”变得不一般，草莓大会结束后，北京都市农业嘉年华每年定期召开，兴寿这个小镇热闹了起来，游客络绎不绝，合作社从2012年开始致力于都市型现代农业建设，探索怎样实现草莓从农产品到农业礼品的转型。通过不断努力，到2014年北京鑫城缘果品专业合作社被评为国家级农民专业合作社示范社，大大提高了草莓的生产效益。随着都市农业的进一步发展，都市农业的定义被充分实现，都市农业教育，休闲农业体验成为发展的主流，2014年北京鑫城缘果品专业合作社致力于探索农业体验课程开发和农民教育，不仅要将农业当成体验传递给消费者还要带领农民加强学习，成长为新型农业职业经理人，让农民成为让人尊重的职业。合作社还打造自己的网络销售平台，实现农业物联网，让消费者看得见农业生产过程，并且能通过网络平台下单，直接配送至消费者手中，实现了从农田到餐桌的信息圈。

3 合作社成立以来开展的服务

3.1 以创新为目标打造草莓产业发展新亮点

北京鑫城缘果品专业合作社依托农业技术部门进行技术创新示范，进行规范化草莓种苗的生产，向专业化、规模化发展，利用春秋大棚进行遮雨式育苗、立体架式基质育苗，每年为昌平区草莓种植户提供优质种苗300万株。合作社在园区开展了有机肥培肥、测土配方施肥、草莓园综合节水、草莓水肥一体化等技术示范，草莓葡萄间作、草莓蔬菜轮作等种植示范。逐步形成北京市合作社组织中具有一定特色的农技推广科技示范展示基地。合作社与高校建立了良好的联系，2012年被确立为甘肃农业职业技术学院教学实践基地，2014年被确立为中国农业大学科技小院，通过教学实践基地的建立，更多的教授和大学生参与到技术创新的队伍中来，为草莓产业的创新发展注入新鲜血液。

3.2 以技术为依托为草莓生产提供全过程、多方面、一体化的服务

合作社2016年成立了农业社会化服务队，为草莓生产提供全过程，多方面，一体化的服务。鑫城缘农业社会化服务队提供产前的种苗繁育服务、土壤消毒服务、棚室消毒服务、机械化起垄旋耕服务；产中的病虫害绿色防控服务、水肥一体化施肥套餐服务、专家巡棚服务；产后的果品销售服务、植株残体无害化处理服务。服务队还承担了废旧地膜回收和农药包装废弃物回收工作，为农户提供废旧地膜以旧换新和农药包装废弃物有偿回收服务，提高农户环保意识，减少农业生产面源污染，带领农户实现草莓生产规范化、标准化、可持续化。2020年被评为全国农业社会化服务创新试点。

3.3 以田间学校为平台培育高素质农民

合作社在2015年通过校社合作成立了北京鑫城缘果品专业合作社田间学校，为农民提供最专业的技术培训服务。田间学校为农民提供自下而上的培训服务，培训内容来源于农民需

求，针对农民的生产问题，邀请专业的技术人员进行指导，与此同时田间学校的培训注重实地观摩，联合各部门聘请专家到生产一线进行技术指导服务，开设专家坐诊日，为农户提供免费技术服务。自 2015 年田间学校成立以来，每年开办培训 20 余场，培训高素质农民 2 000 余人。

3.4 以创收为动力，拓宽草莓销售渠道

在进行技术创新的同时，合作社组织农户拓宽销售渠道，组织农户学习网络销售，开网店，做营销，带领农户举办采摘活动，大批量地接待采摘游客，为农户分配采摘游客。50 人以上的团队，采取分户、分片采摘，由合作社统一价格，统一管理；50 人以下的团队，根据游客需求选择种植规模、果品质量来采摘，每年接待采摘游客 20 万人次。草莓全年平均销售价格由原来的每斤 10～15 元提升到 25～30 元，实现每户平均增收 2 万元，大大提高了农户的经济收益。

3.5 技术为纽带，协力做好扶贫工作

合作社在服务昌平区农户的同时，北京鑫城缘果品专业合作社 2018 年与河北省尚义县结对帮扶，为河北省尚义县新型职业农民举办草莓种植技术培训班，将草莓种植技术传播至河北省尚义县。合作社在 2018 至 2021 年将草莓育苗技术推广到内蒙古太仆寺旗，带动当地 200 多户农户发展草莓育苗产业，销售太仆寺旗草莓苗 1 000 万株。2021 年与新疆维吾尔自治区和田地区和田市伊里其乡阿热坎特村对接扶贫，将草莓立体基质栽培技术全方位落地实施，带动当地草莓产业发展。

北京鑫城缘果品专业合作社通过服务带动农民增收致富，合作社将适用于昌平区新的草莓、蔬菜品种、技术、装备形成示范并集中推广，推动品种培优、品质提升、品牌打造和标准化生产，提高农业生产现代化、智能化水平，提升农业技术集约化和信息化水平，降低生产成本，改善生态环境，提高农产品产量和质量，增强鑫城缘合作社的带动服务效果，带动昌平区草莓、蔬菜产业创新发展。

参考文献

[1] 中共中央国务院关于做好二〇二三年全面推进乡村振兴重点工作的意见[EB/OL]. 人民网 2023-02-14[2023-02-14]. http://sn. people. com. cn/GB/n2/2023/0214/c186331-40300026. html.

[2] 北京市“十四五”时期乡村振兴战略实施规划[EB/OL]. 北京市人民政府，2021-08-12[2021-08-12]. https://www. beijing. gov. cn/zhengce/zhengcefagui/202108/t20210812_2467323. html.